Design für Testbarkeit, Fehlersuche und Zuverlässigkeit

Abkürzungsverzeichnis

ATE	Automatische Testausrüstung
ATPG	Automatische Testmustererzeugung
BCP	Boolesche Constraint-Propagation
BDD	Binäres Entscheidungsdiagramm
BMC	Begrenzte Modelprüfung
BSC	Boundary-Scan-Zelle
BST	Boundary-Scan-Test
CDCL	Konfliktbasiertes Klausellernen
CDW	Komprimiertes Datenwort
CNF	Konjunktive Normalform
CuT	Schaltung unter Test
DDU	Dynamische Dekompressionseinheit
DFD	Design für Debug und Diagnose
DFR	Design für Zuverlässigkeit
DFT	Design für Testbarkeit
DuT	Gerät unter Test
EDA	Elektronischer Entwurfsablauf
EDT	Eingebetteter deterministischer Test
FDM	Fehlererkennungsmechanismus
FF	Flip-Flop
FSM	Endlicher Zustandsautomat
IC	Integrierter Schaltkreis
IG	Implikationsgraph
IJTAG	Internal Joint Test Action Group
IR	Befehlsregister
JTAG	Joint Test Action Group
LPCT	Test mit geringer Pin-Anzahl
MCL	Maximale Codewortlänge
MDL	Maximale Datenwortlänge
MO	Speicher-Ausgang
PB	Pseudo-Boolesch

PBC	Pseudo-Boolesche Einschränkung
PBO	Pseudo-Boolesche Optimierung
PI	Primärer Eingang
PO	Primärer Ausgang
RTL	Register-Transfer-Ebene
RTP	Abgelehntes Testmuster
RTPG	Zufällige Testmustererzeugung
SAT	Boolesche Erfüllbarkeit
sat	erfüllbar
SBI	Einfache Bit-Injektion
SFF	Scan Flip-Flops
SoC	Ein-Chip-System
TAP	Testzugangsport
TAT	Testanwendungszeit
TDI	Testdateneingabe
TDR	Testdatenregister
TDV	Testdatenvolumen
TMS	Testmodusauswahl
TO	Zeitüberschreitung
UDW	Unkomprimiertes Datenwort
unsat	unerfüllbar
VecTHOR	Testdaten Transmission mit erhöhter Kompression basierend auf TAP-Controllern
X-Wert	Beliebiger Wert

Symbole

$\mathcal{A}$	Aktivatorsignal
β	Nutzen einer Ersetzung
$\boldsymbol{b}_i$	Bit in Testdaten
$\bullet$	Boolescher UND-Operator
$+$	Boolescher ODER-Operator
$\odot$	Auflösungsoperator
$\mathcal{B}$	Satz von Booleschen Werten {0,1}
ν	Boolesche Variable
$\oplus$	Boolescher XOR-Operator
ω_L	Konfliktklausel
$\Phi_{\#CDW}$	KNF; Wörterbuchbeschränkungsklauseln
cdw_i	Komprimiertes Datenwort
c_i	Stück des komprimierten Datenworts
C	(Sequentielle) Schaltung
ω	Klausel
Φ	KNF; Satz von Klauseln
Φ_{uC}	KNF; Vollständigkeitsklauseln der Abdeckung
$\mathcal{E}$	Gleichheitsvergleichssignal
$\mathcal{K}$	Konflikt
$\mathcal{C}$	Eingebettete Wörterbuchkonfiguration
$\mathcal{S}^*$	Vollständiger Zustandsraum der sequentiellen Schaltung
$\mathcal{D}$	Komprimierte Testdaten
$\boldsymbol{S_D@l}$	Zustand des Wörterbuchs zur Zeit l
S_D	Zustand des Wörterbuchs
$\varnothing$	Leeres Codewort
$\mathcal{Z}$	Datencontainer von EPs
EP	Äquivalenzeigenschaft
$\widehat{FF}$	Flip-Flop mit einzelner transienter Störung
$\mathcal{F}$	Fehlersignal
G	Satz von Toren

$\boldsymbol{L}$	Gesamtzahl der hierarchischen Ebenen des sequentiellen Schaltkreises
Ω	Eingabetestvektor
IN	Satz von Eingaben
σ	Suchfunktion für Codewörter
ψ	Abbildungsfunktion
r_s	Maximale Anzahl von Neukonfigurationen
Φ_{ME}	CNF; wechselseitige Ausschlussklauseln
$\neg X; \overline{X}$	Boolescher Negationsoperator
t_i	Nächster Zeitpunkt
t_i	Aktueller Zeitpunkt
$\mathcal{N}_{det}$	Anzahl der erkannten Fehler von $\mathcal{N}$
$\mathcal{N}$	Größe der Fehlerliste
N	Menge der nicht robusten Flip-Flops des sequentiellen Schaltkreises
$\boldsymbol{T}$	Anzahl der Scan-Ketten
$\widehat{\mathcal{N}}$	Anzahl der testbaren Fehler von $\mathcal{N}$
$\mathcal{O}$	Optimierungsfunktion
OUT	Satz von Ausgaben
p_s	Maximale Partitionsgröße
P	(Generische) Partition
$\mathcal{P}_{RAND}$	Gieriger (greedy) Algorithmus-basierter Partitionszähler
γ	Ersetzung des Datenworts
Φ_{RET}	CNF; Neuausrichtungsklauseln
$\overline{\Omega}$	Übersetzter Testvektor
$\mathcal{R}$	Robustheit der sequentiellen Schaltung
$\widehat{S}$	Erreichbare Zustände der sequentiellen Schaltung
$\mathcal{P}_{SAT}$	SAT-basierter Partitionierungs-Enumerator
γ	Einfache Bit-Injektion
SE	Satz von sequentiellen Elementen
$\mathcal{M}$	Testmuster-Metrik zur Qualitätsbewertung der Partition
$\boldsymbol{udw}_i$	Unkomprimiertes Datenwort
$\mathcal{I}$	Unkomprimierte (eingehende) Testdaten
W	Satz von Leitungen

Abbildungsverzeichnis

Tabellenverzeichnis

Algorithmen

Kapitel 1
Einführung

Seit mehreren Jahren zielt der Entwurf und die Herstellung von ICs nicht mehr darauf ab, Geräte zu produzieren, die eine bestimmte Aufgabe erfüllen. Stattdessen werden hochkomplexe Anwendungsszenarien ins Visier genommen, die mehrere heterogene Funktionen erfordern, die gleichzeitig auf dem Chip implementiert werden müssen. Zu diesem Zweck wurden erfolgreich SoC-Designs entwickelt, die mehrere verschachtelte Module enthalten, was zwangsläufig zu einer zunehmenden Komplexität im Sinne der Transistoranzahl führt. Ein wichtiger Schritt in diese Richtung ist die fortlaufende Reduzierung der Merkmalsgröße des verwendeten Technologieknotens, das impliziert, dass ein einzelner Transistor stark miniaturisiert wird.

Tatsächlich postulierte Gordon E. Moore bereits 1965 das Mooresche Gesetz [Moo65]. Dieses Gesetz sagt voraus, dass sich die Anzahl der Transistoren in einem IC alle 18 Monate verdoppeln wird, was zwangsläufig bedeutet, dass die Integrationsdichte auf Transistorebene stetig erhöht werden muss. Verglichen mit frühen Mikroprozessoren wie dem Intel 4004 (1971) [Cor11] mit 2250 Transistoren und $10\mu m$-Technologieknoten, enthalten moderne High-End-Mikroprozessoren wie der AMD Zen 2 Epyc Rome (2019) [Muj19] mehr als 39,5 Milliarden Transistoren mit 7nm-Knoten, was das vorhergesagte exponentielle Wachstum der Transistoranzahl bestätigt.

Mehrere Verbesserungen im EDA ermöglichten das Design von hochkomplexen ICs. Diese Komplexität wurde eingeführt, um die anspruchsvollen beabsichtigten Anwendungsszenarien zu bewältigen, d.h. die bereitgestellte Funktionalität und weitere nicht-funktionale Anforderungen wie die verfügbare Rechenleistung oder das resultierende Leistungsprofil. Einerseits skaliert die Komplexität mit der Transistoranzahl und andererseits müssen weitere Aspekte berücksichtigt werden, die zu neuen anspruchsvollen Aufgaben während des modernen IC-Designs und Tests führen. Diese Aufgaben werden im nächsten Absatz diskutiert. Obwohl die Transistoranzahl exponentiell steigt, bleibt die Nacktchip-Größe nahezu konstant. Folglich muss die Größe eines einzelnen

S. Huhn und R. Drechsler, *Design für Testbarkeit, Fehlersuche und Zuverlässigkeit*, https://doi.org/10.1007/978-3-031-45319-9_1

Transistors – die Merkmalsgröße in Bezug auf den verwendeten technologischen Knoten – stark verkleinert werden. Betrachten Sie den oben gegebenen Vergleich zwischen dem Intel 4004und dem AMD Zen 2 Epyc Rome, der einen Schrumpfungsfaktor von mehr als 1000x zeigt.

Die Realisierbarkeit solcher hochkomplexen Systeme führte zur Entwicklung von komplexen SoC-Designs, die mehrere anspruchsvolle Aufgaben gleichzeitig erfüllen können. Diese Systeme werden auch in sicherheitskritischen Umgebungen eingesetzt, beispielsweise in der Automobilbranche zur Implementierung von Komponenten wie fortschrittlichen Fahrerassistenzsystemen. Einer der wichtigsten Schritte, neben dem Entwurf und der Herstellung dieser Systeme, betrifft den Test der produzierten Geräte. Der Schaltungstest wird immer relevanter, da die Gesamtkomplexität des Designs zusammen mit der Komplexität des Herstellungsprozesses selbst zunimmt. Folglich bildet die Durchführung eines Fertigungstests für jedes Gerät einen wesentlichen Schritt, um sicherzustellen, dass während der Herstellung keine Defekte aufgetreten sind. Ein solcher Defekt führt zu einem inkorrekten funktionalen Verhalten und kann daher möglicherweise zu katastrophalen Folgen im Bereich der sicherheitskritischen Systeme führen oder, selbst in nicht-kritischen Anwendungen, zu Kundenrücksendungen und einem Verlust an Reputation.

Hochwertige Tests werden von den ATPG-Werkzeugen [Rot66, Lar92, Dre+09, EWD13] generiert, die auf verschiedenen Fehlermodellen wie dem Haftfehler modell [Eld59, GNR64] arbeiten. Ein Fehlermodell spiegelt eine Abstraktion von den physischen Defekten wider, die nicht mit vertretbarem Aufwand genau modelliert werden können. Eine notwendige Voraussetzung für die Erzeugung dieser Tests ist die vorherrschende Testbarkeit des Designs. Verschiedene DFT-Maßnahmen werden in das Design eingeführt, um eine hohe Testbarkeit zu gewährleisten. Die zunehmende Designkomplexität führt zu einem signifikanten Anstieg des TDV und damit der TAT. Dieser Anstieg ist noch kritischer beim Testen von sicherheitskritischen Anwendungen wie Automobilsystemen, die eine Null-Fehler-Politik durchsetzen.

Neben den qualitätsorientierten Aspekten ist ein entscheidender Aspekt die resultierenden Kosten des späteren Geräts, die innerhalb bestimmter Margen bleiben müssen, um die Marktnachfrage zu erfüllen. Ein Anteil von etwa 30 % der Gesamtkosten entfällt auf die Testkosten [BA13], das noch mehr ist, wenn eine Null-Fehler-Politik verfolgt wird. Diese Testkosten skalieren direkt mit verschiedenen Faktoren wie der erforderlichen Testzeit pro Gerät oder der Anzahl der Geräte, die parallel getestet werden können. Der TDV beeinflusst beide Aspekte stark. Verschiedene Testkompressionstechniken wie [Raj+04] wurden entwickelt, um eine signifikante Reduzierung des TDV während des Hochvolumen-Fertigungstests, d.h. während des Wafer-Tests, zu erreichen. Diese Techniken sind jedoch bei Anwendungen wie dem LPCT nicht anwendbar. Folglich sind der TDV sowie die TAT während dieser Tests sehr hoch, da die reguläre Testkompression nicht anwendbar ist. Die TAT führt zu hohen Testkosten und – unter bestimmten Bedingungen – kann der TDV die gesamten Speicherressourcen der Testausrüstung überschreiten und daher ist der Test überhaupt nicht anwendbar, das die

Testabdeckung reduziert. Eine solche Reduzierung der Testabdeckung schadet der Null-Fehler-Politik im Bereich der Automobiltests und muss daher strikt vermieden werden. Diese Null-Fehler-Politik erfordert unter anderem Burn-in-Tests. Aufgrund der einschränkenden Umgebung während eines solchen Burn-in-Tests, bei dem nur eine begrenzte Anzahl von Pins zugänglich ist und ein hohes Maß an Parallelisierung erforderlich ist, um die Testkostenmargen zu erfüllen, handelt es sich hierbei um eine Art von LPCT.

Das vorgestellte Buch bezieht sich stark auf Lösungstechniken im Bereich von SAT, das die Frage stellt, ob eine befriedigende Lösung für eine boolesche Formel existiert. Das SAT-Problem ist das erste Problem, das 1971 von Cook als $\mathcal{NP}$-vollständig bewiesen wurde [Coo71]. In den letzten 30 Jahren wurde viel Forschungsarbeit in die Entwicklung von SAT-Lösern investiert, die es ermöglichen, eine erfüllende Lösung zu bestimmen oder zu beweisen, dass keine solche existiert. Obwohl das zugrunde liegende Problem $\mathcal{NP}$-vollständig ist, sind die verfügbaren SAT-Löser meist in der Lage, die Instanzen in angemessener Laufzeit zu lösen. Eine leistungsfähige Erweiterung von SAT betrifft die Einführung eines PBO, das nicht nur eine befriedigende Lösung identifiziert, sondern eine optimale (bezogen auf eine gegebene Optimierungsfunktion und ausgewählte Optimierungsziele). Diese SAT-basierten Techniken wurden übernommen, um die BMC [Bie+99b] zu realisieren, eine Technik, die ursprünglich für die funktionale Verifikation von digitalen Schaltkreisen durch den Nachweis oder Widerlegung bestimmter zeitlicher Eigenschaften entwickelt wurde. In diesem Buch wird BMC verwendet, um den Zustandsraum einer beliebigen sequenziellen Schaltung zu analysieren und Zustände zu bestimmen, in denen abgeleitete Äquivalenzeigenschaften gelten, die einem neu entwickelten Konzept folgen.

Dieses Buch kombiniert diese formalen Techniken, um die aufkommenden Herausforderungen in Bezug auf die Zunahme von TDV sowie TAT und die erforderliche Zuverlässigkeit zu bewältigen. Genauer gesagt, konzentriert sich dieses Buch auf die Entwicklung von VecTHOR. VecTHOR schlägt eine neu gestaltete Kompressionsarchitektur vor, die eine codewortbasierte Kompression, ein dynamisch konfigurierbares Wörterbuch und ein Lauflängenkodierungsschema kombiniert. VecTHOR erfüllt einen leichten Charakter und ist nahtlos in einen IEEE 1149.1 TAP-Controller integriert und soll diesen erweitern. Ein solcher TAP-Controller existiert bereits in modernen Designs und daher kann eine signifikante Reduzierung des TDV und des TAT um 50 % erreicht werden, indem der reguläre TAP-Controller mit VecTHOR erweitert wird, das die resultierenden Testkosten direkt reduziert. Darüber hinaus wird ein vollständiges Retargeting-Framework entwickelt, das dazu dient, bestehende Testdaten off-chip zu retargetieren, einmalig vor der Übertragung.

Das vorgeschlagene Retargeting-Werkzeug ermöglicht die Verarbeitung beliebiger Testdaten und kann daher nahtlos mit kommerziellen Testgenerierungsabläufen gekoppelt werden, ohne dass bestehende Testmuster neu generiert werden müssen. Verschiedene Techniken wurden implementiert, um wählbare Kompromisse zwischen dem resultierenden TDV, dem TAT und der erforderlichen Laufzeit des Retargeting-Prozesses zu bieten. Diese Techniken umfassen einen schnellen heuristischen Ansatz und eine formale Optimierung SAT-basierte Methode durch Aufruf mehrerer Ziel-Funktionen. Um auch große Mengen von Testdaten mit der formalen Technik zu bearbeiten, die bekanntermaßen rechenintensiv ist, wurde ein neuer Partitionierungsansatz entwickelt, der den aktuellen Zustand des eingebetteten Wörterbuchs berücksichtigt und darüber hinaus eine Ziel-Funktion anwendet, um den Bedarf an zeitaufwändigen Konfigurationszyklen zu bestimmen.

Ein gängiges Verfahren, um die weiter steigenden nicht-funktionalen Anforderungen an die Rechenleistung zu erfüllen, besteht darin, die Taktfrequenz zu erhöhen. Dieser Ansatz wurde bereits seit mehr als einem Jahrzehnt auf dem Markt für Zentralprozessoren gesehen und führt zu einer Frequenz von 4+ GHz. Eine höhere Taktfrequenz führt jedoch zu einem verkleinertem Fertigungsfenster. Neben diesem führt das resultierende Leistungsprofil, d.h. der Stromverbrauch während verschiedener Operationen, immer mehr Bedeutung, da in jüngster Zeit neue Anwendungsfelder hinzugekommen sind, in denen strenge Leistungseinschränkungen gelten. Beispiele für diese Anwendungen sind mobile oder Internet-der-Dinge Geräte. Eine Möglichkeit, diese Leistungseinschränkungen zu erfüllen, besteht darin, die Betriebsspannung der Transistoren zu senken, das die Anfälligkeit weiter erhöht, da die Spannungsmarge eines einzelnen Transistors reduziert wird. Typischerweise führen diese Maßnahmen zu Nebenwirkungen wie einer höheren Anfälligkeit gegenüber transienten Fehlern, die unter bestimmten Umgebungsbedingungen wie Hochenergiestrahlung oder elektrischem Rauschen auftreten. Bestehende Maßnahmen zum Schutz von Schaltkreisen wie die Triple Modular Redundancy [BW89, SB89], die jedoch einen großen Hardware-Mehraufwand von mehr als 3x einführt oder andere Ansätze wie Razor [Ern+03, Bla+08], die die Worst-Case-Latenz des Schaltkreises stark beeinflussen. Ein weiterer wichtiger Aspekt betrifft die resultierenden Gesamtkosten des Geräts, das im Grunde ein widersprüchliches Ziel zwischen niedrigen Kosten, zuverlässigem Design und hochwertigem Testen darstellt.

Der Forschungsschwerpunkt von Kap. 8 dieser Arbeit entwickelt eine neue Methodik, um die Robustheit von sequenziellen Schaltkreisen gegenüber transienten Fehlern erheblich zu erhöhen, ohne einen großen Hardware-Mehraufwand einzuführen oder die Latenz des Schaltkreises messbar zu beeinflussen. Anwendungsspezifisches Wissen wird durch Anwendung von SAT-basierten Techniken sowie BMC erzielt, das die Synthese von hoch effizientem FDM ermöglicht.

Zusammenfassend führt das modernste Chipdesign mehrere Maßnahmen wie die Verkleinerung der Merkmalsgrößen ein, die das Design von hochkomplexen IC mit bis zu 40 Milliarden Transistoren ermöglichen. Weitere Techniken wie die Erhöhung der Taktfrequenz oder die Herunterskalierung der Transistorspannungen werden angewendet, um die nicht-funktionalen Anforderungen zu erfüllen. Dies führt zum Design von hochkomplexen SoCs, die häufig in sicherheitskritischen Anwendungen eingesetzt werden.

Neue LPCT müssen angewendet werden, um die Anforderungen der Null Fehler-Politik zu erfüllen und die Kostenmargen einzuhalten. Darüber hinaus führen die neuen Fertigungstechniken sowohl zu einer erhöhten Anfälligkeit gegenüber transienten Fehlern als auch zu einer höheren Defektwahrscheinlichkeit während der Herstellung. Daher müssen diese Herausforderungen angegangen werden, um den Weg für die nächste Generation von IC zu ebnen, die erfolgreich und zuverlässig auch in sicherheitskritischen Anwendungen integriert werden können.

Die Techniken dieses Buches wurden implementiert und sorgfältig validiert. Ein umfassendes Retargeting- Werkzeug wurde entwickelt, das in C++ geschrieben ist. Die Autoren stellen diese Entwicklungen öffentlich unter

http://unihb.eu/VecTHOR

gemäß den Bedingungen der MIT Lizenz zur Verfügung. Dieses Retargeting-Werkzeug wurde weiterhin für ein ARMv8A Cortex-A53 Mikroprozessor-Zielgerät cross-kompiliert, welches eine Emulation in Kombination mit einer elektrischen Validierung mit einem Speicheroszilloskop ermöglichte. Die Hardware-Entwicklungen wurden weiterhin prototypisch zu einem Xilinx XCKU040-1FBVA676 Field Programmable Gate Array-Gerät synthetisiert.

Teile dieses Buches wurden weiterhin in den formellen Verfahren der wissenschaftlichen Konferenzen [HED16b, Huh+17b, HED17, HTD19b, HTD19a, Huh+17a], in einer wissenschaftlichen Zeitschrift [Huh+19] und wurden auf den informellen Workshop-Verfahren [Huh+18, HED19, HED16a] veröffentlicht. Darüber hinaus wurden die Techniken [HTD19b, HTD19a] in enger Zusammenarbeit mit Infineon Deutschland entwickelt und ausgewertet.

Dieses Buch ist in 9 Kapitel plus einem Anhang strukturiert, die wie folgt kurz zusammengefasst werden:

▶ Teil I: Grundlagen und Vorherige Arbeiten

- Kap. 2 gibt eine allgemeine Einführung in das Schaltkreisdesign und die verschiedenen Arten von Tests einschließlich der Testgenerierung. Darüber hinaus werden die verschiedenen Maßnahmen für DFT, DFD und DFR vorgestellt.
- Kap. 3 präsentiert die elementaren Hintergründe der verwendeten formalen Techniken, um dieses Buch in sich geschlossen zu halten. Genauer gesagt, wird das SAT-Problem eingeführt und Techniken (SAT-Löser) vorgestellt, die das effektive Lösen des SAT-Problems ermöglichen. Dieses Kapitel führt weiterhin SAT-basiertes ATPG und das BMC ein, die beide in Kap. 8 dieses Buches benötigt werden.

▶ Teil II: Neue Techniken für Test, Debug und Zuverlässigkeit

- Kap. 4 stellt VecTHOR vor – eine neu entwickelte eingebettete Kompressionsarchitektur für IEEE 1149.1-konforme TAP-Controller, die ein dynamisch konfigurierbares eingebettetes Wörterbuch umfasst, das einen codewortbasierten Kompressionsansatz implementiert. Dieser Ansatz hat sich als effektiv für heterogene Teile der Testdaten erwiesen. Um homogene Teile weiter zu adressieren, wurde VecTHOR um eine Lauf-

längenkodierungstechnik erweitert. Dieses Kapitel führt sowohl die erforderliche Hardwareerweiterung ein, die auf einem bestehenden IEEE 1149.1-Controller integriert wurde, als auch ein Retargeting-Framework. Dieses Framework übersetzt bestehende Testdaten einmalig vor der Übertragung off-chip, welches durch einen gierigen (greedy) Algorithmus implementiert wird, der ein schnelles Retargeting ermöglicht, wobei jedoch noch nicht das gesamte Potenzial von VecTHOR genutzt wird.
- Kap. 5 führt eine Optimierungstechnik für SAT-basiertes Retargeting ein, die es ermöglicht, eine optimale Konfiguration des eingebetteten Wörterbuchs zu bestimmen und somit die resultierende Kompressionseffizienz erheblich zu verbessern. Daher wird das gesamte Retargeting-Verfahren in eine CNF-Darstellung übersetzt. Diese Darstellung kann effektiv von SAT-Lösern verarbeitet werden, da die Homogenität des CNF die Implementierung leistungsfähiger Konfliktanalysen sowie Implikationstechniken ermöglicht. Darüber hinaus wird die CNF-Darstellung durch PB-Aspekte erweitert, die in Kombination mit einem PBO-Löser die Einführung mehrerer Zielsetzungsfunktionen ermöglichen. Dadurch wird ein optimaler Satz von Codewörtern und die entsprechenden komprimierten Testdaten bestimmt.
- Kap. 6 schlägt ein Partitionierungsschema für die Optimierung SAT-basiert vor, das den aktuellen Zustand des eingebetteten Wörterbuchs berücksichtigt. Dadurch wird im Vergleich zum monolithischen Ansatz von Kap. 5 eine weitere Beschleunigung um etwa 17,5x erreicht. Darüber hinaus führt es das Konzept der partiellen Rekonfiguration für die DDU ein, das die Menge der Konfigurationsdaten messbar reduziert.
- Kap. 7 präsentiert eine hybride eingebettete Architektur, die den Stand der Technik erweitert, um speziell die Herausforderungen im Bereich der LPCT mit *Null defekten Teilen pro Million* Richtlinien zu adressieren, wie sie beispielsweise in Automobilanwendungen gegeben sind.
- Kap. 8 stellt einen neuen DFD-Mechanismus vor, der es ermöglicht, transiente Fehler zu erkennen, während nur ein geringer Hardware-Mehraufwand eingeführt wird. Die vorgeschlagene Technik analysiert den Zustandsraum der FFs des Designs durch den Einsatz von ausgefeilten formalen Techniken wie SAT und BMC. Am Ende wird anwendungsspezifisches Wissen bestimmt, um eine Gruppe von FFs (Partition) und entsprechende Zustände zu beschreiben, in denen alle FFs den gleichen Ausgangswert annehmen. Darüber hinaus wird eine Metrik implementiert, die von der SAT-basierten ATPG inspiriert ist und es ermöglicht, einzelne Partitionen qualitativ zu bewerten.
- Kap. 9 fasst die Beiträge dieses Buches zusammen, zieht Schlussfolgerungen aus den Ergebnissen und diskutiert geplante zukünftige Arbeiten.
- Anhang A konzentriert sich auf die Softwareseite des entwickelten Retargeting-Werkzeuges.

Teil I
Grundlagen und vorherige Arbeiten

Kapitel 2
Integrierte Schaltkreise

Dieses Kapitel führt die grundlegenden Prinzipien des IC-Designs und Tests ein. Darüber hinaus werden Messungen vorgestellt, die sicherstellen, dass das spätere IC-Design ein hohes Maß an Testbarkeit und Zuverlässigkeit aufweist, wenn dies für die beabsichtigte Anwendung erforderlich ist. Insbesondere wird das abstrakte Schaltkreismodell in Abschn. 2.1 vorgestellt und die Prinzipien des Schaltungstests werden in Abschn. 2.2 beschrieben. Dies beinhaltet den Strukturtest in Abschn. 2.2.1 und den Funktionstest in Abschn. 2.2.2. Die Erzeugung von Strukturtestdaten wird in Abschn. 2.3 beschrieben, der das Verfahren zur Erzeugung von Strukturtests vorstellt. Die grundlegenden Konzepte verschiedener DFT-Maßnahmen werden in Abschn. 2.4 vorgestellt, einschließlich des scanbasierten Designs in Abschn. 2.4.1, des Boundary-Scan-Tests in Abschn. 2.4.2 und des Testzugangsmechanismus JTAG in Abschn. 2.4.3. Darüber hinaus wird das grundlegende Prinzip des LPCT in Abschn. 2.4.4 beschrieben. Schließlich präsentiert dieses Kapitel das DFD in Abschn. 2.5 und DFR in Abschn. 2.6.

2.1 Schaltkreismodell

Das Design von ICs beinhaltet verschiedene Abstraktionsebenen. Diese Abstraktion ist strikt erforderlich, um mit der massiven Komplexität heutiger Systeme umzugehen. Ein solches System kann aus bis zu 40 Milliarden Metall-Oxid-Halbleiter-Feldeffekttransistoren bestehen, wie kürzlich 2019 durch den AMD Zen 2 Mikroprozessor [Muj19] demonstriert.

S. Huhn und R. Drechsler, *Design für Testbarkeit, Fehlersuche und Zuverlässigkeit*, https://doi.org/10.1007/978-3-031-45319-9_2

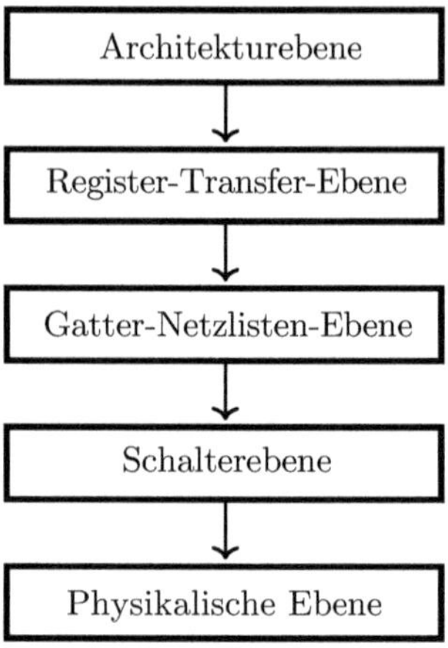

Abb. 2.1 Unterschiedliche Abstraktionsebenen des Entwurfsablaufes

Die Stapelung dieser Abstraktionsebenen [WWW06, Lie06] wird in Abb. 2.1 wie folgt dargestellt:

Architekturebene spezifiziert grundlegende Eigenschaften des späteren IC und die Grundarchitektur einschließlich der verfügbaren Schnittstellen, Anzahl der Kerne, Stromverbrauch, Die-Größe und gewünschte Taktfrequenz.

Register-Transfer-Ebene beschreibt den Datenfluss zwischen Registern und logischen Operationen mit spezialisierten Hardware-Beschreibungssprachen wie Verilog oder VHDL. Insbesondere definiert diese Ebene die Steuersignale, Busbreiten, Wortgrößen und den Befehlssatz.

Gatterebene besteht aus Logikgattern und FFs, die durch Leitungen miteinander verbunden sind. Typischerweise werden auf dieser Ebene bestimmte Optimierungstechniken angewendet, um die Anzahl der Gatter zu reduzieren, während das funktionale Verhalten beibehalten wird.

Schaltebene stellt eine Verbindung zwischen der logischen und der analogen Ebene her, indem Transistoren eingeführt werden, die auf diskrete Weise modelliert werden, d. h. entweder eingeschaltet oder ausgeschaltet sind.

Physikalische Ebene gibt die geometrische Darstellung des späteren IC-Designs einschließlich der einzelnen IC-Schichten wieder.

Dieses Buch konzentriert sich auf die Darstellung auf Gatterebene, die typischerweise für die durchgeführten Messungen verwendet wird, um die Testbarkeit oder

Zuverlässigkeit des resultierenden Designs zu gewährleisten (zu verbessern). Diese Messungen werden in Abschn. 2.4 im Detail beschrieben.

Ein Schaltkreis kann als gerichteter, azyklischer Graph modelliert werden, wenn er auf der Gatterebene arbeitet, wie im Theorem 2.1 angegeben. Dieser Graph besteht aus Knoten und Kanten: Ein Knoten repräsentiert ein Logikgatter $g_i \in G$, während eine Kante eine Leitung $w \in W$ modelliert. Folglich verbindet eine Leitung w zwei Gatter g_i und g_{i+1}, wobei g_i als Vorgänger von g_{i+1} interpretiert wird. Dies spiegelt die Auswertungssequenz des Schaltkreises wider. Daher wird ein Gatter ohne Vorgänger PI genannt und analog dazu bildet ein Gatter ohne Nachfolger ein PO des Schaltkreises. Jedes Gatter realisiert eine bestimmte Funktion, abhängig von seinem Typ. Eine Leitung kann einen Wert „0“ oder „1“ annehmen, der dann von den PIs zu den POs gerichtet propagiert/bewertet wird. Darüber hinaus kann ein Kabel auch „Z“ oder „X“ annehmen. „Z“ repräsentiert einen hohen Impedanzwert, der speziell für eine Bustopologie mit mehreren (Bus-)Treibern oder zur Isolierung des Ausgangs eines verschachtelten Moduls in der IC vorgesehen ist, und der durch „X“ gegebene X-Wert spiegelt den Anfangszustand einer Leitung wider, das noch nicht zugewiesen oder bewertet wurde. Die am häufigsten verwendeten Gattertypen sind in Abb. 2.2 dargestellt, die die booleschen Operationen AND, NAND, OR, NOR, XOR, XNOR, BUF und NOT widerspiegeln. Darüber hinaus wird ein FANOUT-Gatter eingeführt, um die Aufteilung einer Verbindung darzustellen, die aus dem Eingang des Gatters, dem Verzweigungsstamm und seinen Ausgängen, den Verzweigungsästen, besteht. Andere Gatter werden eingeführt, um ein Multiplexer- (MUX) Gatter darzustellen, das je nach Auswahlsignal einen der beiden Dateneingänge zu seinem Ausgang leitet. Schließlich existiert ein spezialisiertes TRI-Gatter, das eine ternäre Logik (Tri-State) realisiert. Diese Logik erweitert die logischen Werte „0“ und „1“ um einen

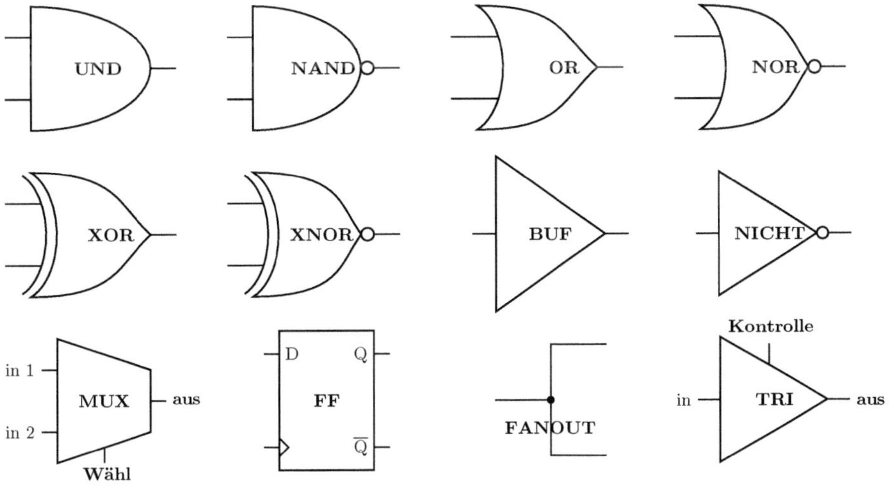

Abb. 2.2 Symbolische Darstellung von Logikgattern

„Z“-Wert. Daher wird der Ausgang vom Eingang isoliert, wenn das Steuersignal aktiv ist. In diesem Fall wird der Ausgangswert auf „Z“ gesetzt.

Definition 2.1 Ein kombinatorischer Schaltkreis C in der Gatter-Ebenen-Darstellung ist definiert als $\mathcal{C} = (\mathsf{IN}, \mathsf{OUT}, \mathsf{G}, \mathsf{W})$ mit

- IN einem Satz von Eingängen,
- OUT einem Satz von Ausgängen,
- G einem Satz von Logikgattern, wie in Abb. 2.2 eingeführt und
- W einem Satz von Leitungen zwischen (Gatter-) Eingängen und (Gatter-) Ausgängen,

die typischerweise als gerichteter, azyklischer Graph modelliert werden.

Im Gegensatz zu einem kombinatorischen Schaltkreis enthält ein sequentieller Schaltkreis C Zustandselemente: die FFs. Ein FF speichert einen logischen Wert „0“ oder „1“. Im Allgemeinen wird dieser Wert durch den kombinatorischen Eingangskegel des FF erzeugt und zum Zeitpunkt t_i gespeichert und bei t_{i+1} über seinen Ausgang zurückgespeist. Die Zeitpunkte beziehen sich auf eine synchrone Takt-Domäne.[1] Der Zustand von C wird durch die Werte an den PIs sowie die der FFs definiert. Die FFs von C können nach einem hierarchischen, ranggeordneten Leveling gruppiert werden [Mic03, S. 45]. Zwei FFs FF_i und FF_j befinden sich in der gleichen Gruppe, wenn die Anzahl der FFs in beiden Eingangskegeln auf dem kürzesten Weg zu den PIs gleich ist. Alternativ kann ein sequentieller Schaltkreis auch durch einen FSM dargestellt werden, der in Abschn. 3.6 auf Seite 49 beschrieben wird.

Definition 2.2 Ein sequentieller Schaltkreis C in der Gatter-Ebenen-Darstellung erweitert den gegebenen Satz 2.1 um sequentielle Elemente (FFs) und ist daher definiert als $\mathcal{C} = (\mathsf{IN}, \mathsf{OUT}, \mathsf{G}, \mathsf{SE}, \mathsf{W})$ mit

- IN ein Satz von Eingängen,
- OUT ein Satz von Ausgängen,
- G ein Satz von logischen Gates, wie in Abb. 2.2 eingeführt,
- SE ein Satz von sequentiellen Elementen (FFs) und
- W ein Satz von Leitungen zwischen (Gates’) Eingängen, (Gates’) Ausgängen und FFs.

2.1.1 Ein-Chip-System

Ein SoC integriert mehrere Komponenten auf einem einzigen Substrat und bildet so hochkomplexe Designs. Die nahtlose Integration innerhalb eines SoC hat gegenüber der naiven Verknüpfung einzelner ICs durch eine Schnittstellenplatine erhebliche Vorteile. Diese Vorteile sind wie folgt [Ben14]:

[1]Um die folgenden Beschreibungen zu erleichtern, wird eine einzelne Takt-Domäne angenommen. Alle in diesem Buch vorgeschlagenen Techniken können jedoch auf weitere Takt-Domänen erweitert werden.

- die resultierende Größe des einzelnen Substrat-SoC ist um Größenordnungen kleiner im Vergleich zu einer Platine,
- der Gesamtenergieverbrauch ist deutlich geringer, da die Integrationsdichte höher ist, z. B. ermöglicht kürzere Verdrahtung,
- die Rechenleistung ist höher, da das System mit einer höheren Taktfrequenz läuft und schließlich,
- weniger Aufwand muss für die Synchronisation der einzelnen Komponenten aufgewendet werden.

Ein solches SoC ermöglicht die Bewältigung komplexer Anwendungsszenarien, die erfordern, dass mehrere heterogene Funktionen bereitgestellt werden. Die Komponenten eines beispielhaften SoC sind in Abb. 2.3 dargestellt. Der Rechenkern besteht aus zwei Mikroprozessoren und einem digitalen Signalprozessor zur Durchführung von Audio-/Video-Codierungs- und Decodierungsaufgaben. Darüber hinaus beinhaltet das Design eine Vielzahl von vier verschiedenen Controllern, einschließlich modernster Technologien Universal Serial Bus (USB), der Secure Digital Memory Card (SD), externem Speicher (Flash) sowie einer Netzwerkschnittstelle. Die zentrale Schnittstelle zwischen dem Rechenkern und dem Controller wird durch eine First-In-First-Out-Struktur implementiert. Darüber hinaus enthält das Design einen speziellen Controller für die Batterie (hier das Energiemanagementsystem), einen Taktgenerator und eine weitere Steuerstruktur für allgemeine Eingabe- und Ausgabezwecke (GPIOs). Tatsächlich beschreibt das SoC in Abb. 2.3 eine realistische Zusammensetzung von Komponenten, die jedoch im Vergleich zum Stand der Technik bei SoC-Designs noch klein ist, obwohl sie die aufgrund der hohen resultierenden Komplexität entstehenden Herausforderungen deutlich aufzeigt.

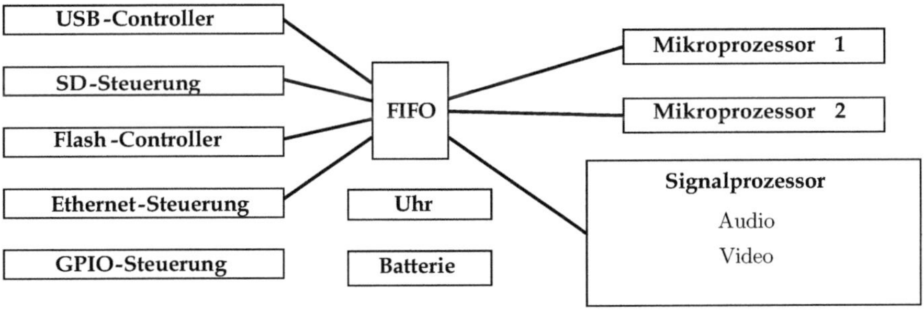

Abb. 2.3 Komponenten eines beispielhaften Ein-Chip-Systems

2.2 Schaltungstest

Die hohe Komplexität des Herstellungsprozesses von ICs führt unweigerlich zu Unvollkommenheiten oder Ungenauigkeiten und daher zu physischen Defekten. Ein solcher Defekt wird beispielsweise durch Prozessvariationen, Oberflächenverunreinigungen oder Kontaktdegradation verursacht. Dies kann potenziell zu Diskrepanzen im späteren funktionalen Verhalten des hergestellten IC führen [JG02]. Dieses funktionale Fehlverhalten kann in ungültigen Ausgabewerten resultieren, die als Ausfall bezeichnet werden. Insbesondere für sicherheitskritische Systeme kann eine Verletzung des beabsichtigten funktionalen Verhaltens zu katastrophalen Folgen führen, wenn ein solches defektes Gerät an den Kunden geliefert wird.

Der Schaltungstest ist unvermeidlich erforderlich, um das Risiko von Defekten, die die beabsichtigte Gesamtfunktion des IC potenziell beeinträchtigen könnten, zu verhindern. Das grundlegende Prinzip des Schaltungstests ist in Abb. 2.4 dargestellt. Zunächst wird ein vorbestimmter Logikwert parallel zu jedem der n PIs des CuT angelegt, was einen Teststimulus bildet. Ein dargestellter Teststimulus ist in Abb. 2.4 grau hervorgehoben. Der Schaltungstest besteht typischerweise aus einer großen Menge (hier: l) von Teststimuli, die den Testsatz bilden. Sobald ein Teststimulus von der Schaltung verarbeitet wurde, wird das Verhalten des CuT an jedem PO parallel beobachtet, was analog zum Teststimulus die Testantwort bildet. Während des Schaltungstests wird für jeden Teststimulus eine individuelle Testantwort erfasst und daher ergeben l Teststimuli l Testantworten. Die Auswertung des Schaltungstests erfolgt durch Vergleich der beobachteten Testantworten mit den vorbestimmten (goldenen) Testergebnissen. Wenn die

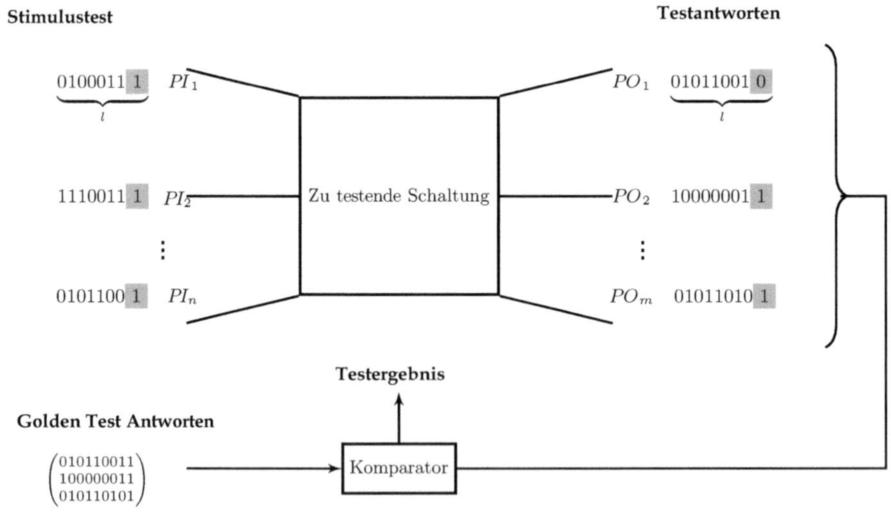

Abb. 2.4 Prinzip Schaltungstest

beobachteten Testantworten den vorbestimmten entsprechen, besteht der Test und andernfalls scheitert er.

Hauptsächlich werden zwei verschiedene Arten von Tests durchgeführt: der strukturelle sowie der funktionale Test, die beide in den nächsten Absätzen beschrieben werden. Beachten Sie, dass das grundlegende Prinzip, wie in Abb. 2.4 dargestellt, unabhängig von der Art des angewendeten Tests gleich bleibt, obwohl die Testgenerierung erheblich abweicht. Darüber hinaus müssen die resultierenden Testkosten bei der Generierung der Testsätze berücksichtigt werden. Wie in [BA13] angegeben, machen die Testkosten bereits einen großen Anteil (etwa 30 %) der Gesamtkosten aus. Die Testkosten werden direkt beeinflusst durch beispielsweise die Anzahl der Testmuster in den generierten Testsätzen und daher erleichtern kompakte Testsätze eine Reduzierung der Testkosten. Ein weiterer wichtiger Aspekt betrifft die gesamte TAT, insbesondere in einer Umgebung mit begrenzten Kapazitäten für einen parallelen Gerätetest wie Burn-in-Tests.

2.2.1 Struktureller Test

Der strukturelle Test eines IC zielt darauf ab, das Fehlen von Fehlern nachzuweisen, d. h., eine Reihe von Teststimuli wird auf den CuT angewendet, die resultierenden Testantworten werden beobachtet und mit den Erwarteten verglichen. Jeder Teststimulus[2] soll mindestens einen Fehler erkennen. Es wird angenommen, dass die getesteten Fehler nicht in der Schaltung vorhanden sind, wenn die beobachteten Testantworten den Erwarteten entsprechen.

Das Konzept eines Fehlers wurde als hohe Abstraktionsebene des tatsächlichen Defekts und insbesondere ihrer Auswirkungen auf den IC eingeführt. Ein solcher Defekt handelt beispielsweise von Oberflächenverunreinigungen, die während der Herstellung zu bestimmten physikalischen Problemen führen. Die Modellierung dieser physischen Zusammenhänge würde ein umfassendes und genaues Modell erfordern, aufgrund von

- einer großen Anzahl potenzieller Defekte,
- der möglichen – sogar noch nicht verstandenen – Interferenzen mehrerer Defekte und
- der großen Größe von modernen IC-Designs.

Daher wurden in der Vergangenheit verschiedene Fehlermodelle veröffentlicht, die die Auswirkungen von Defekten im Sinne des logischen Verhaltens des CuT modellieren.

Eines der wichtigsten Fehlermodelle ist das Haftfehlermodell [Eld59, GNR64]. Das Haftfehlermodell spiegelt den Umstand wider, dass eine Leitung $w \in W$ auf

[2]Im weiteren Verlauf dieser Arbeit wird ein Teststimulus als Testmuster bezeichnet.

einen einzigen logischen Wert festgelegt ist: Ein nämlich Haftfehler-0 (s-a-0) Fehler an der Fehlerstelle w tritt auf, wenn der Wert von w auf „0“ festgelegt ist und analog dazu tritt ein Haftfehler-1 (s-a-1) Fehler an w auf, wenn der Wert auf „1“ festgelegt ist. Daher skaliert die Gesamtzahl der möglichen Fehlerstellen für Haftfehler innerhalb einer Schaltung C direkt mit der Anzahl der Leitungen (einschließlich PIs und POs) und daher ist die Gesamtzahl der Haftfehler $2 \cdot \#W$. Beachten Sie, dass die Verzweigungsäste einzeln betrachtet werden müssen.

Um das Fehlen eines spezifischen Haftfehlers an der Fehlerstelle w zu beweisen, muss der entgegengesetzte Logikwert – der Fehlerwert – an w eingestellt werden. Danach muss dieser Wert an einem PO des IC beobachtbar sein und daher muss der Wert von der Fehlerstelle zu einem PO propagiert werden, welches den späteren Vergleich mit der goldenen Testantwort ermöglicht. Dies führt zu einem dreistufigen Ansatz für die Gesamtgenerierung des Testsatzes wie folgt:

1. Erzeugen Sie die Liste der möglichen Haftfehlerliste für eine gegebene Schaltung C. Typischerweise werden verschiedene Techniken angewendet, um die Anzahl der Fehler erheblich zu reduzieren, zum Beispiel durch Ausnutzung des Fehler kollaboration in Bezug auf die Äquivalenz oder die Dominanz von Fehleruntergruppen [JG02, S. 79 f.].
   Führen Sie für jeden Fehler die folgenden zwei Schritte einzeln durch und fügen Sie die bestimmten Testreize und Antworten dem Testsatz hinzu:
2. Bestimmen Sie die notwendigen Testreize, um den entgegengesetzten Wert an der Fehlerstelle einzustellen, d. h. „1“ für s-a-0 und „0“ für einen s-a-1 Fehler.
3. Bestimmen Sie weitere erforderliche Teststimuli, um den Propagationspfad von der Fehlerstelle zu einem PO zu sensibilisieren, so dass der gerechtfertigte Wert an einem PO beobachtet werden kann.

Zwei wichtige Metriken für den strukturellen Test betreffen die Fehler- und Testabdeckung, die eine qualitative Bewertung eines vorhandenen Testsatzes ermöglichen. Die Fehlerabdeckung (FC) ist wie folgt definiert: Gegeben ist eine Fehlerliste einer Schaltung, die $\mathcal{N}$ Fehler (bezogen auf ein Fehlermodell) enthält, und ein Testsatz. Lassen Sie den Testsatz $\mathcal{N}_{det}$ Fehler der Fehlerliste erkennen, dann wird FC durch $FC = \frac{\mathcal{N}_{det}}{\mathcal{N}} \cdot 100\,\%$ berechnet. Zusätzlich dazu ist die Testabdeckung (TC) wie folgt definiert: Betrachten Sie erneut den oben genannten Testsatz, der erkennt $\mathcal{N}_{det}$ Fehler einer gegebenen Fehlerliste, dann wird die Testabdeckung durch $TC = \frac{\mathcal{N}_{det}}{\widehat{\mathcal{N}}} \cdot 100\,\%$ berechnet. Hierbei repräsentiert $\widehat{\mathcal{N}}$ die Anzahl der Fehler, die erkennbar sind, wenn man die gegebene Schaltkreisstruktur berücksichtigt. Zum Beispiel können Redundanzen innerhalb eines gegebenen Schaltkreises potenziell zu einer Situation führen, in der der Fehlerwert nie eingestellt werden kann, ohne den Ausbreitungspfad zu blockieren.

Beispiel 2.3 Betrachten Sie den exemplarischen Schaltkreis in Abb. 2.5, der aus drei Gattern mit vier PIs und einem PO besteht. Die Leitung e wird als Fehlerstelle für einen s-a-1 Fehler angenommen (Abb. 2.5a). Darüber hinaus muss der ent-

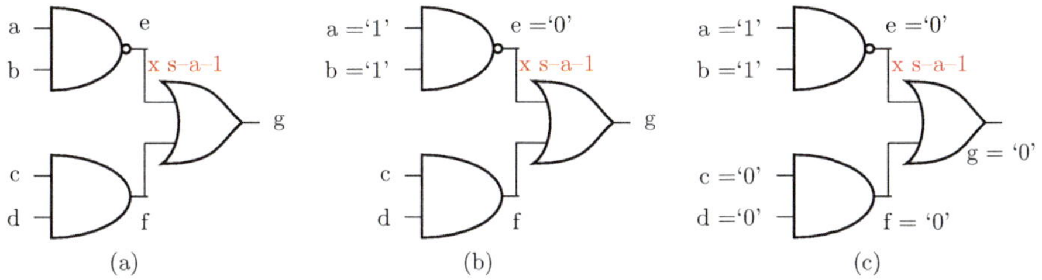

Abb. 2.5 Exemplarischer s-a Fehler. (**a**) s-a-1 an Fehlerstelle *e*. (**b**) Einstellung *e*=„1.“ (**c**) Propagation

gegengesetzte Wert, d. h., *e*=„0,“ gerechtfertigt werden. Da die PIs des Eingangskegels ordnungsgemäß zugewiesen werden müssen mit *a*=„1“ und *b*=„1“ wie in Abb. 2.5b gezeigt. Nach der Rechtfertigung ist es erforderlich, den Wert von der Fehlerposition zu einem PO zu propagieren, um seine Beobachtbarkeit zu ermöglichen. Wie in Abb. 2.5c gezeigt, sind die beiden weiteren Zuweisungen *c*=„0“ und *d*=„0“ der PIs erforderlich, um einen Ausbreitungspfad zu sensibilisieren.

Neben dem Haftfehlermodell existieren mehrere andere Fehlermodelle, die darauf abzielen, die Abdeckung der getesteten Fehler und der möglicherweise aufgetretenen Defekte noch weiter zu verbessern. Einige dieser Modelle beinhalten verschiedene Nebeninformationen über die verwendeten Technologieknoten oder die individuelle Realisierung des IC auf niedrigeren Abstraktionsebenen [BA13] um unter anderem kleine oder Verzögerungsfehler durch Übersprechen zu modellieren [GC13, JB18]. In diesem Buch dient das Haftfehlermodell als repräsentatives Fehlermodellkandidat für den strukturellen Test, da es am häufigsten verwendet wird und tatsächlich die Grundlage für jeden strukturellen IC-Test bildet.

2.2.2 *Funktionstest*

Der Funktionstest zielt darauf ab, den späteren funktionalen Anwendungsfall widerzuspiegeln. Daher berücksichtigt diese Art von Test kein bestimmtes Fehlermodell, sondern tatsächliche Testfälle, die aus der Spezifikation des IC abgeleitet werden können. Es wird angenommen, dass Defekte zu einem inkorrekten funktionalen Verhalten des IC führen, die während des Herstellungsprozesses aufgetreten sind. Diese Funktionstestfälle sind für die Verifizierungsaufgaben [RR02] während der Entwurfsphase unerlässlich, um die Korrektheit der Implementierung im Hinblick auf die ursprüngliche Spezifikation zu überprüfen. Da diese funktionalen Verifizierungsdaten verfügbar sind und leicht für den Funktionstest angepasst werden können. Es existiert jedoch ein enormer Suchraum, der auf eine große Anzahl von PIs zurückzuführen ist. Zum Beispiel ist der LGA1151 ein häufig verwendeter Sockel zur Montage eines 9. Generation Intel Zentralprozessors, d en1151 Ein- und Ausgangspins verbinden [Cor13]. Selbst wenn nur ein kleiner Anteil dieser Ein- und Ausgangspins, sagen wir 100, digitale Eingänge sind, wächst der Suchraum exponentiell auf $2^{100} \approx 1{,}27 \cdot 10^{30}$, was die möglichen Kombinationen der PIs umfasst. Daher ist die potenzielle Testabdeckung recht gering, obwohl sie durch weitere Funktionstestfälle erhöht werden kann. Ein erschöpfender Test ist aufgrund des exponentiellen Wachstums des Suchraums mit der Anzahl der PIs und des Wachstums der Testzeit und damit der Testkosten nicht realisierbar. Daher ist es unbedingt erforderlich, den Strukturtest einzubeziehen, der die Bestimmung effizienter Testsets ermöglicht.

2.3 Generierung struktureller Tests

Die Teststimuli für den Strukturtest werden von einem ATPG-Werkzeug generiert. Dieses Werkzeug verarbeitet die Netzlistendarstellung eines gegebenen IC in Bezug auf ein Fehlermodell, wie oben eingeführt, um eine Reihe von Teststimuli in Kombination mit den entsprechenden, erwarteten Testantworten zu generieren. Ein Fehler ist ein angenommenes fehlerhaftes Verhalten einer Schaltungskomponente aufgrund von physikalischen Defekten, die möglicherweise während des Herstellungsprozesses aufgetreten sind.

Es existieren zwei verschiedene Klassen von ATPG-Werkzeugen, um die Testmuster für eine beliebige sequentielle Schaltung zu generieren, die entweder bekannte strukturelle [Rot66] oder SAT-basierte Techniken [Lar92, Dre+09, EWD13] einsetzen. Die letzteren Techniken werden in Abschn. 3.4 beschrieben. Die meisten der strukturellen ATPG-Techniken basieren auf dem D-Algorithmus [Rot66] oder seinen Derivaten. Der D-Algorithmus führt eine pentavalente Logik L_5 ein, die die Werte „0“ sowie „1“, den X-Wert, den D-Wert „D“ und seine Negation „$\overline{D}$“ und daher $L_5 = \{0,1,X,D,\overline{D}\}$. D-Werte werden verwendet, um den Fehlerwert an der Fehlerstelle darzustellen, sobald dieser eingestellt wurde und seine Ausbreitung zu einem PO erfolgte. Wenn „D“ ein negierendes Gatter passiert, zum Beispiel NAND oder NOR, ergibt dies „$\overline{D}$.“

Die strukturelle ATPG besteht aus zwei Stufen, wie beispielhaft in Abb. 2.5 gezeigt:

- Die erforderlichen Teststimuli für die PIs werden so bestimmt, dass der Fehlerwert an der Fehlerstelle eingestellt ist. Ein s-a-0 Fehler bei w erfordert $w =$ „1“ als Einstellung, das durch „D“ repräsentiert wird. Analog dazu erfordert ein s-a-1 Fehler bei w $w =$ „0“ und wird durch „$\overline{D}$“ dargestellt.
- Der Fehlerwert „D“ oder „$\overline{D}$“ wird auf dem sensibilisierten Propagationspfad zu den POs propagiert. Die Gatter auf diesem Pfad bilden die D-Kette, deren Seiten eingänge entsprechend zugewiesen werden müssen. Im Erfolgsfall ist der Wert „D“ (oder „$\overline{D}$“) an einem PO sichtbar und somit ist der angenommene Fehler nachweisbar.

Tab. 2.1 D-Werte des UND Gatters

UND	0	1	D	$\overline{D}$	X
0	0	0	0	0	0
1	0	1	D	$\overline{D}$	X
D	0	D	D	0	X
$\overline{D}$	0	$\overline{D}$	0	$\overline{D}$	X
X	0	X	X	X	X

Die Identifizierung der erforderlichen Seiteneingänge – so dass „D“ oder „$\overline{D}$ “ zu einem PI propagiert wird – kann aus der funktionalen Beschreibung der Schaltung abgeleitet werden. Diese Beschreibung hängt vom tatsächlichen Typ des Logikgatters ab und wird beispielhaft für ein AND Gate in Tab. 2.1 gezeigt. Der D-Algorithmus implementiert einen zweistufigen Ansatz zur Bestimmung der erforderlichen Zuweisungen. Eine große Herausforderung besteht darin, dass alle Leitungen einem Wert zugewiesen sind, der fehlerhafte Wert jedoch noch nicht an der Fehlerstelle gerechtfertigt oder zu einem PO propagiert wurde. In diesem Fall werden einzelne Zuweisungen überarbeitet, d. h. ein Rückverfolgungsprozess wird eingeleitet, und neue Zuweisungen werden bestimmt, die die Einstellung oder die Propagation ermöglichen.

Die Bestimmung von Zuweisungen, die den Fehlerwert einstellen und ihn zu einem PO weiterleiten, ist eine rechnerisch schwierige Aufgabe, da der D-Algorithmus jeden Leitung als Kandidaten (für eine Zuweisung) betrachtet, das eine große Anzahl von möglichen Zuweisungen ergibt. Abhängig von der Struktur des untersuchten Schaltkreises ist die Bestimmung dieser Zuweisungen nicht einmal innerhalb einer angemessenen Laufzeit möglich, da der D-Algorithmus ständig in Konflikte gerät. Verschiedene Erweiterungen des grundlegenden D-Algorithmus stehen zur Verfügung, um diese Mängel zu beheben. Beispielsweise führt der Path-Oriented-DEcision-Making (PODEM) Algorithmus [GR81] einen Mechanismus ein, der nur die PIs als mögliche Kandidaten für eine Zuweisung betrachtet. Eine weitere Erweiterung ist der FANout-orientierte (FAN) Algorithmus [FS83], der unter anderem Überschriften im Schaltkreis einführt, die einen verzweigungsfreien Teil des Schaltkreises darstellen.

2.4 Design für Testbarkeit

Die stetig steigende Komplexität der Strukturen, die in jüngsten IC-Designs eingeführt werden und insbesondere ihre Integration in sicherheitskritische Anwendungen, führt zu neuen Herausforderungen im Bereich der Testgenerierung. Es werden gezielte Maßnahmen durchgeführt, um eine hohe Testqualität bei gleichzeitig überschaubaren Testkosten zu gewährleisten, die typischerweise durch die Einführung bestimmter DFT-Strukturen während der Designphase entstehen. Die dargestellten DFT-Maßnahmen werden in diesem Abschnitt beschrieben.

Ein grundlegender Aspekt der DFT betrifft das scan-basierte Design, das der Stand der Technik für große sequentielle Schaltungen ist und in Abschn. 2.4.1 beschrieben wird. Das scan-basierte Design ermöglicht eine starke Reduzierung der Komplexität des sequentiellen Tests einzelner Komponenten. Mit dem Aufkommen von SoC-Designs in den 1990er Jahren sind jedoch weitere Herausforderungen im Bereich des Testens entstanden. Dies führt zur Entwicklung des *Boundary Scan Test* (BST), wie in Abschn. 2.4.2 beschrieben. Der spezielle Testzugangsmechanismus JTAG [13] wird in Abschn. 2.4.3 beschrieben. Darüber hinaus wird in diesem Abschnitt eine äußerst flexible Testnetzwerkmethodik – das IJTAG [14] – vorgestellt, die kürzlich entwickelt wurde, um die ständig steigende Anzahl von Modulen in modernen SoC-Designs zu bewältigen. Neben der Zugänglichkeit ist ein weiterer wichtiger Aspekt die resultierenden Testkosten, die direkt mit dem TDV skalieren. Schließlich motiviert dieser Abschnitt das LPCT in Abschn. 2.4.4.

2.4.1 Scan-Basiertes Design

Die zunehmende Anzahl von FFs, die in modernen Designs enthalten sind, führt zu neuen Herausforderungen während des Tests. Dies liegt daran, dass der Zustandsraum der sequentiellen Schaltung, d. h. die Werte aller FFs, exponentiell mit der Anzahl der FFs wächst. Daher ist eine Methodik erforderlich, um jedes einzelne FF systematisch zu steuern und zu beobachten. Andernfalls würde die Fehlerabdeckung abnehmen, da der Test bestimmter Fehler einen spezifischen Zustand der gesamten Schaltung erfordert, der die FFs einschließt.

Das scan-basierte Design [EW77] ermöglicht die Steuerbarkeit und Beobachtbarkeit über FFs durch geringfügige Modifikationen des Designs und der späteren Testanwendung wie folgt:

1. Reguläre FFs der gegebenen sequentiellen Schaltung werden durch *Scan Flip-Flops* (SFFs) ersetzt.
2. SFFs werden sequenziell angeordnet, indem der Daten-Ausgang (Q) Pin von SFF i mit dem Scan-Daten-Eingang (SDI) Pin des SFF $i+1$ verbunden wird, wodurch die Scan-Kette gebildet wird.
3. Der SDI-Pin des ersten SFF und der Q-Pin des letzten SFF werden als neuer PI Scan-In (SI) sowie als neuer PO Scan-Out (SO) eingefügt.
4. Ein weiterer PI wird auf Chip-Ebene eingeführt, der ein Steuersignal für den Scan-Modus implementiert, das Scan-Enable (SE) Signal. Genauer gesagt, wenn das SE-Signal auf „1“ gesetzt ist, ist der Scan-Modus aktiv. Andernfalls bleibt die Schaltung in ihrem funktionalen Modus, das bedeutet, dass die neu eingeführte Scan-Struktur vollständig transparent ist.

Das grundlegende Prinzip eines scan-basierten Designs wird in Abb. 2.6 wie folgt gezeigt: Ein SFF ist in Abb. 2.6a gegeben, bestehend aus einem regulären FF in Kombination mit einem MUX-Gate und den neuen SDI- sowie SE-Pins. Die

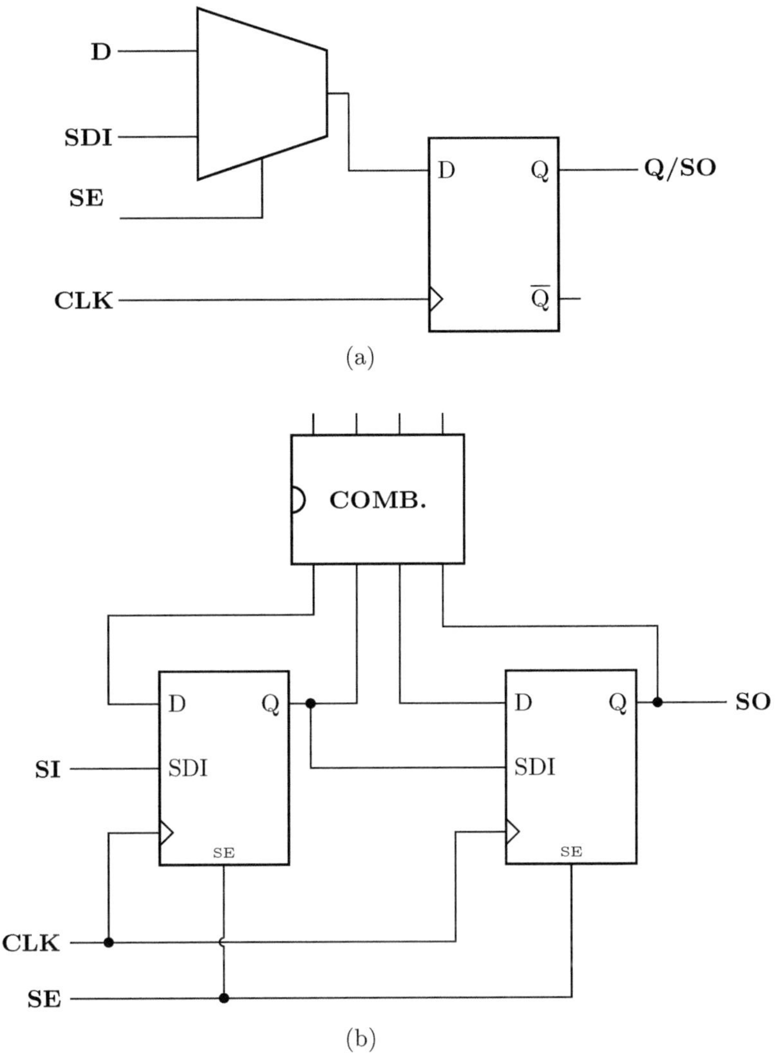

Abb. 2.6 Beispielhaftes scan-basiertes Design. (**a**) Scan Flip-Flop. (**b**) Eingefügte Scan Flip-Flops als Scan-Kette

regulären FFs einer beliebigen nicht-scan sequentiellen Schaltung werden durch SFFs ersetzt, welches das scan-basierte Design ergibt, das in Abb. 2.6b dargestellt ist.

Ein Test auf scan-basiertes Design besteht aus den folgenden drei Phasen:

1. Die Initialisierungswerte für alle SFFs werden sequenziell in die Schaltung eingeschoben, während der Testmodus aktiv ist (*SE*=„1“).
2. Der Scan-Modus wird deaktiviert (*SE*=„0“) und die Schaltung arbeitet mindestens einen Taktzyklus lang in ihrem funktionalen Modus.
3. Der Scan-Modus wird reaktiviert, um die Werte aller SFFs auszuschieben.

Indem man diesem Schema folgt, wurde der Zustand der Schaltung extrahiert, nachdem das Testmuster angewendet wurde. Das Testergebnis, d. h., bestanden oder durchgefallen, wird durch den Vergleich sowohl des Zustands der Schaltung als auch der PO-Werte der Schaltung mit dem durch den ATPG-Prozess vorbestimmten bewertet. Mit einer größeren Anzahl von FFs im nicht-scan Design wird die Länge der Scan-Kette zu einem entscheidenden Parameter. Nehmen wir an, eine Scan-Kette hat eine Länge von 50, dann benötigt die Scan-In Phase 50 Taktzyklen im Testmodus und 50 Taktzyklen während der Shift-Out Phase, insgesamt 100. Allgemein gesprochen, benötigt eine Scan-Kette der Länge k $2 \times k$ Taktzyklen zum Ein- und Ausschieben und mindestens einen weiteren Taktzyklus für den funktionalen Betrieb. Dies ist umso kritischer, da die angewendete Taktfrequenz typischerweise viel niedriger ist als die im funktionalen Modus. Um die Anzahl der SFFs pro Scan-Kette zu reduzieren, werden mehrere Scan-Ketten in das Design eingeführt. Dabei wird versucht, die Längen aller Scan-Ketten auszugleichen. Im obigen Beispiel, wenn zwei vollständig ausgeglichene Scan-Ketten eingeführt werden, enthält jede von ihnen nur 25 SFFs und folglich wird die Anzahl der Testzyklen halbiert. Im Gegenzug erfordert jede eingeführte Scan-Kette zwei zusätzliche Pins, das SI sowie das SO.

Aufgrund dieser externen Zugänglichkeit der Eingänge sowie Ausgänge der FFs wird jeder von ihnen als Pseudo PI und Pseudo PO betrachtet. Weitere Kriterien müssen erfüllt sein, wenn man Tests für eine fortschrittlichere Art von Fehlern in Betracht zieht. Beispielsweise erfordern Pfadverzögerungsfehler zwei aufeinanderfolgende Testmuster, die angewendet werden, um einen Übergang anstelle eines statistischen Wertes zu induzieren, wie es bei der Betrachtung des Haftfehlermodells erforderlich ist. Daher sind in der Literatur verschiedene Scan-Konfigurationen verfügbar, wie Launch-on-Capture [SP94], Launch-on-Shift [SP93], oder Enhanced-Scan [DS91]. Diese Ansätze bieten einen Kompromiss zwischen der Flexibilität des zweiten Testmusters, dem eingeführten Hardware-Overhead und dem erforderlichen Rechenaufwand für den ATPG-Prozess. Tatsächlich bietet der Enhanced-Scan die höchste Flexibilität. Dieser Ansatz führt jedoch zu einem großen Mehraufwand, da die Anzahl der FFs verdoppelt wird. Im Gegensatz dazu impliziert der Launch-on-Capture Ansatz eine rechenintensive Aufgabe, da der ATPG-Prozess das vollständige kombinatorische Verhalten der Schaltung modellieren muss. Der Launch-of-Shift ist flexibler, da eine zusätzliche Shift-Operation durchgeführt wird, die wiederum eine teurere Synthese erfordert, da diese Operation zwischen zwei funktionalen Taktzyklen durchgeführt wird.

Neben dem Scan-Test wurden mehrere Ansätze im Bereich des Built-In Self-Test (BIST) veröffentlicht, die sich auf den Memory BIST [ZS03] sowie den Logic BIST [Het+99] beziehen. Beachten Sie, dass der Fokus dieses Buches auf der Testzugriffsebene liegt, anstatt auf den technischen Details dieser BIST-Ansätze.

2.4.2 *Boundary-Scan-Test*

Mit der zunehmenden Anzahl von SoC-Designs entsteht eine neue Anforderung, die die Steuerbarkeit und Beobachtbarkeit der Grenzflächenpins betrifft. Wie in Abschn. 2.1.1 dargestellt, enthält ein SoC verschiedene Komponenten wie On-Chip Speichermodule, Mikroprozessoren oder spezielle digitale Signalprozessoren. Wenn eine Komponente in ein SoC eingebettet wird, werden die ehemaligen Pins auf Chip-Ebene der Komponente zu einem Teil der internen Verdrahtung des SoC, die die Boundary-Scan-Pins der Komponente bildet. Im Allgemeinen sind die meisten dieser Boundary-Scan-Pins nicht von den Pins auf Chip-Ebene des SoC aus zugänglich. Dies liegt daran, dass die Boundary-Scan-Pins nicht für den externen Zugriff vorgesehen sind, sondern für die Verbindung mit einem anderen Modul. Für verschiedene Anwendungen ist es jedoch streng erforderlich, die einzelnen Boundary-Scan-Pins zu steuern und zu beobachten, wie:

- Durchführung eines Verbindungstests zwischen zwei Komponenten wie einem Mikroprozessor und einem Speicher,
- Testen einer bestimmten Komponente, oder
- Durchführung bestimmter Debug-Operationen.

Folglich ist ein Mechanismus erforderlich, der die Steuerbarkeit und Beobachtbarkeit jedes Boundary-Scan-Pins ermöglicht. Der BST ermöglicht den Zugriff auf einzelne Boundary-Scan-Pins von eingebetteten Komponenten. Wie in Abb. 2.7 dargestellt, wird an jedem Boundary-Scan-Pin der eingebetteten Komponente eine *Boundary-Scan-Zelle* (BSC) eingeführt. Analog zum Konzept des Scan-basierten Designs sind diese BSCs sequenziell miteinander verbunden, was die Boundary-Scan-Kette ergibt. Darüber hinaus wurde eine Boundary-Scan-Beschreibungssprache [13] entwickelt, die es ermöglicht, die Boundary-Scan-Fähigkeiten einer Komponente in einem strukturierten und austauschbaren Format zu beschreiben. Diese Beschreibungssprache ermöglicht einen einfachen Austausch ganzer Komponenten zwischen verschiedenen SoC-Designs unter Beibehaltung der bestehenden Boundary-Scan-Infrastruktur. Darüber hinaus sind die strukturellen Informationen über die Boundary-Scan-Kette für weitere Schritte wie die Testmustererzeugung erforderlich.

2.4.3 *Testzugriffsmechanismus*

Insbesondere bei der Betrachtung von SoC-Designs mit mehreren verschachtelten Modulen ist ein Mechanismus erforderlich, um mit der einzelnen Komponente zu kommunizieren. Die vorherigen Abschnitte führten den Scan-basierten Test ein, um auf die FFs innerhalb einer einzelnen Komponente zuzugreifen und den BST, der den Zugriff auf die Boundary-Scan-Pins implementiert. Da SoC-Designs mehrere Komponenten enthalten, müssen all diese Maßnahmen in einen einzigen

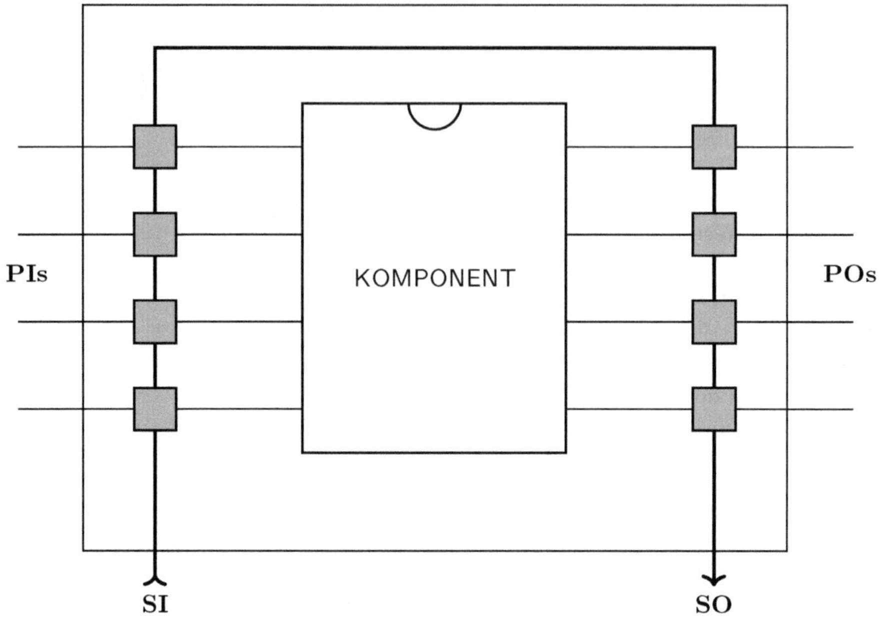

Abb. 2.7 Boundary-Scan-Kette

Mechanismus zusammengeführt werden. Dieser Mechanismus muss auch die Schnittstelle zu den Pins auf Chip-Ebene des SoC bereitstellen und darüber hinaus die Steuersignale in Bezug auf die beabsichtigte Operation setzen.

Aus diesem Grund wird ein zentraler Master-TAP-Controller auf der Chip-Ebene des SoC integriert: Ein solcher TAP-Controller stellt einen TAP bereit und implementiert ein standardisiertes Schnittstellenprotokoll, das typischerweise verschiedene Operationen unterstützt. Diese Operationen werden durch Anweisungscodes ausgewählt, die als Teil der Testdaten an den TAP-Controller übertragen werden. Wenn ein Anweisungscode empfangen wurde, wird er decodiert und ausgeführt, was das Gerät steuert.

Der am häufigsten verwendete Mechanismus ist der JTAG-Controller. JTAG erfordert einen TAP, der aus vier (plus einem optionalen) Pins besteht, die den Pins auf Chip-Ebene des SoC hinzugefügt werden müssen, und ist in IEEE 1149.1 [13] standardisiert. Die vier (fünf) Signale von TAP sind wie folgt:

- Test Clock (TCK) stellt den externen reduzierten Takt für Testzwecke bereit,
- Test Data-In (TDI) überträgt die tatsächlichen Daten in das Gerät,
- Test Data-Out (TDO) ermöglicht die Übertragung von Daten aus der Schaltung,
- Test Mode Select (TMS) steuert den FSM des gesamten TAP-Controllers, und
- Test Reset (TRST) ist ein optionales Signal, das eine Möglichkeit zur Rücksetzung des TAP-Controllers implementiert.

Ein großer Vorteil von JTAG betrifft die geringe Anzahl von Ein- und Ausgangspins, die auf Chip-Ebene eingeführt werden müssen. Jeder zusätzliche Pin würde sowohl die Produktionskosten als auch den notwendigen Designaufwand erhöhen. Darüber hinaus ist es möglich, mehrere TAP-Controller in beispielsweise einem hierarchischen SoC-Design zu integrieren.

Neben dem TAP erfordert JTAG weitere Komponenten, die im Rest dieses Abschnitts wie folgt beschrieben werden:

1. Der TAP-Controller realisiert das standardisierte Protokoll – unterstützt einen Satz von Standardanweisungen, die leicht auf benutzerdefinierte Anweisungen erweitert werden können – durch Implementierung eines FSM.
2. Ein *Befehlsregister* (IR), das die kürzlich empfangene Anweisung speichert.
3. Ein Befehlsdecoder, der die im IR gespeicherte Anweisung decodiert.
4. Ein Boundary-Scan-Register, das die Boundary-Scan-Kette einer Komponente und ein Bypass-Register anpasst.
5. Weitere TDRs, die benutzerdefinierte Operationen implementieren.
6. Optionale Register, zum Beispiel solche, die mit Logic oder Memory BIST-Fähigkeiten gekoppelt sind.

Die vollständige Integration der oben genannten Komponenten ist in Abb. 2.8 dargestellt. Diese Komponenten werden im Rest dieses Abschnitts weiter beschrieben. Einige Aspekte sind zur leichteren Verständlichkeit vereinfacht dargestellt.

TAP-Controller Das zugrunde liegende FSM[3] wird in Abb. 2.9 dargestellt. Der TAP-Controller implementiert eine strikte Trennung zwischen dem Einladen von IR-Daten und DR-Daten und hat daher zwei verschiedene Zweige innerhalb des FSM. Die IR-Daten enthalten eine Anweisungssequenz zur Steuerung bestimmter JTAG-Operationen und die DR-Daten enthalten die eigentlichen Nutzdaten wie Testdaten. Beide Zweige – sowohl IR als auch DR – enthalten die gleichen Zustände wie in Abb. 2.9 dargestellt. Insgesamt sind 16 Zustände enthalten, wobei sechs Zustände stabil sind. Der Übergang zwischen zwei Zuständen wird durch das TMS-Signal gesteuert, abhängig vom aktuellen Zustand des TAP-Controllers sowie vom tatsächlichen TMS-Signalwert. Die Beschreibungen dieser Zustände sind in Tab. 2.2 gegeben.

JTAG-Anweisungen JTAG unterstützt verschiedene Operationen, die beispielsweise die Datensenke für die nächste Datenübertragung definieren. Diese Operationen werden durch Anweisungscodes definiert, die als Teil der Daten übertragen werden, die typischerweise durch ein vier-Bit-Anweisungswort implementiert werden und daher können 16 verschiedene Anweisungen codiert werden. Neben der Übertragung des Anweisungscodes muss das TMS Signal richtig gesetzt werden, um den IR-Zweig gemäß dem FSM, wie in Abb. 2.9 dar-

[3]Beachten Sie, dass das Konzept des FSM ausführlich in Abschn. 3.6 auf Seite 49 vorgestellt wird.

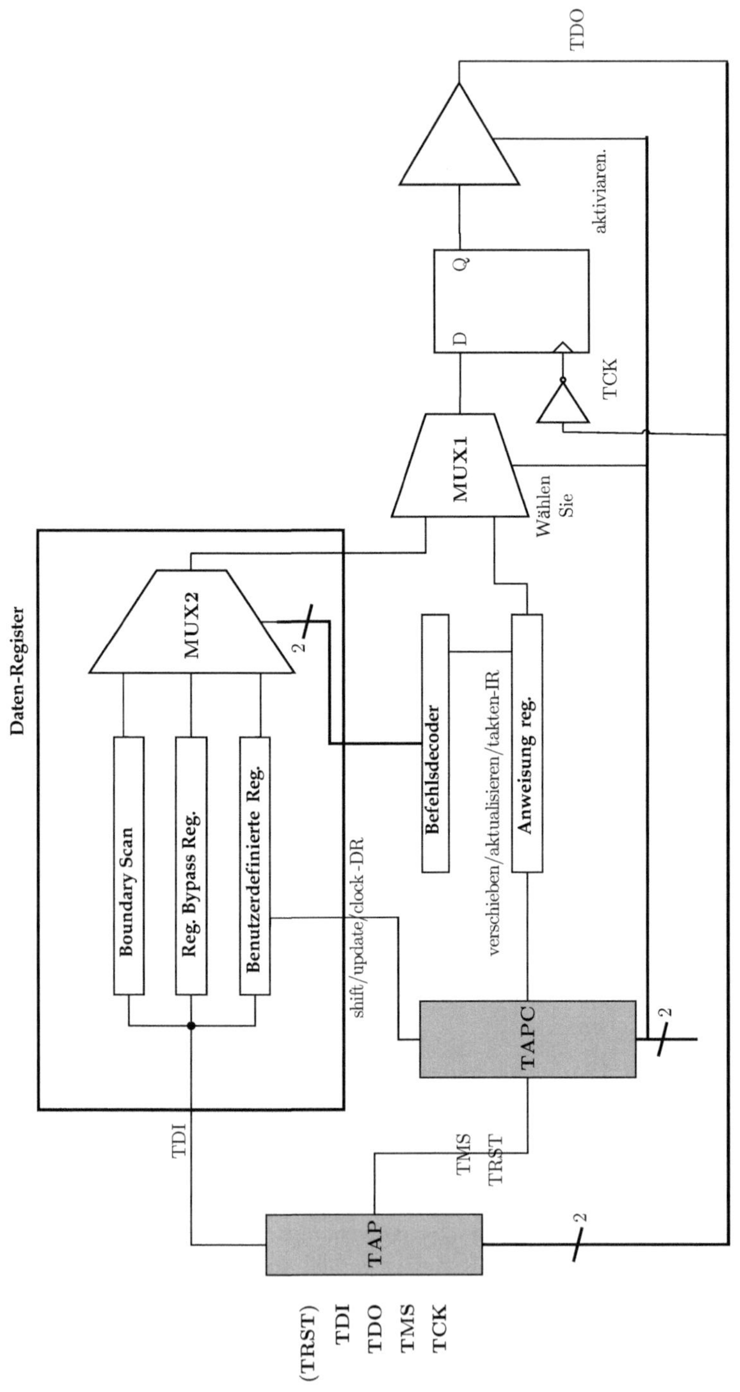

Abb. 2.8 IEEE 1149.1 Testzugangsmechanismus (vereinfacht)

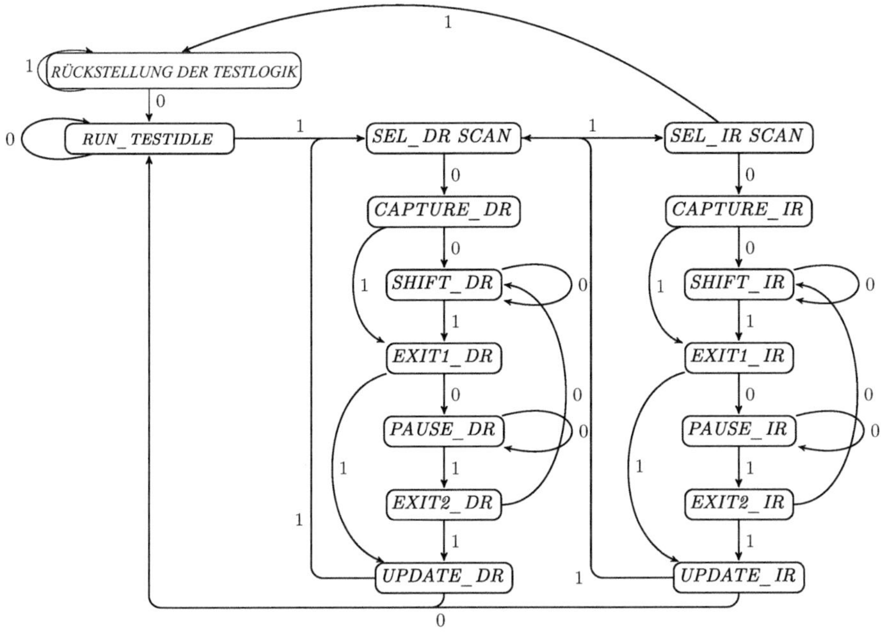

Abb. 2.9 FSM von IEEE 1149.1: TMS @ Kanten

Tab. 2.2 Beschreibung der TAP-Controller-Zustände

Zustand	Beschreibung
test_logic_reset	In diesem Zustand ist die gesamte Testlogik deaktiviert
run_test_idle	Die Testlogik ist in diesem Zustand nur aktiv, falls eine bestimmte Anweisung geladen wurde und daher eine Operation wie ein BIST gerade läuft; sonst ist der Controller im Leerlauf
select_DR_scan	Dies steuert, ob der DR-Zweig des FSM betreten werden soll
capture_DR	Das zugehörige Register lädt (erfasst) die Werte parallel
shift_DR	Ein einzelnes Bit wird in das entsprechende Register verschoben
exit1_DR	Dieser Zustand steuert, ob der Zustand pause_DR oder update_DR betreten werden soll
pause_DR	Dieser Zustand ermöglicht eine vorübergehende Unterbrechung des Verschiebungsprozesses, beispielsweise um Daten off-chip neu zu laden
exit2_DR	Dieser Zustand steuert, ob der Zustand shift_DR oder der Zustand update_DR betreten wird
update_DR	In diesem Zustand wird die kürzlich empfangene, im IR gespeicherte Anweisung decodiert und angewendet

gestellt, zu betreten. Genauer gesagt, wird der Anweisungscode seriell eingeschoben, d. h. bitweise, während der Iteration im shift_IR Zustand. Mit der Übertragung des letzten Bits des Anweisungscodes an den IR wechselt der Zustand schließlich in den update_IR Zustand, der die Anweisung durch Aufruf des Anweisungsdecoders decodiert und ausführt. Hierbei steht standardmäßig ein Satz von Anweisungen zur Verfügung, wie in Tab. 2.3 angegeben. Weitere Anweisungen sind optional, zum Beispiel RUNBIST, der dazu dient, eine BIST-Operation eines Bauteils zu konfigurieren und zu starten, oder INTEST, der es ermöglicht, einen internen Test des Bauteils wie scan-basierte Tests durchzuführen. Darüber hinaus ist es möglich, benutzerdefinierte Anweisungen für spezielle Zwecke zu implementieren. Typischerweise werden weitere TDRs in Verbindung mit den neu eingefügten Anweisungen eingeführt. Wie in Abb. 2.8 dargestellt, bestimmt der TAP-Controller durch das select Steuersignal und ein Multiplexer-Gate (MUX 1), ob die IR- oder DR-Daten zur Steuerung des Ausgangs verwendet werden. Das spezifische Datenregister wird durch ein weiteres Multiplexer-Gatter (MUX 2) in Bezug auf die kürzlich decodierte Anweisung ausgewählt. Schließlich wird das Ausgangssignal durch ein FF auf den invertierten TCK synchronisiert und durch ein Tri-State-Element gesteuert, das das TDO steuert, wenn es durch den TAP-Controller aktiviert wird.

Der BST ist die wichtigste Operation und ist immer noch ein wesentlicher Bestandteil von IEEE 1149.1. Wie bereits in Abschn. 2.4.2 eingeführt, wird eine Boundary-Scan-Kette in das Design eingeführt, die aus einzelnen BSCs besteht, die die PIs und POs der Komponente anpassen. Der BSC kann entweder an einen Eingang oder einen Ausgang der Komponente angeschlossen werden. Ein BSC

Tab. 2.3 Beschreibung der TAP-Controller-Anweisungen

Anweisung	Beschreibung
EXTEST	Diese Anweisung wird verwendet, um einen Verbindungstest von Komponenten durchzuführen. Zunächst werden die entsprechenden Boundary-Scan-Ketten (Register) der zu testenden Komponenten zwischen dem Testdateneingang und -ausgang verbunden. Danach werden die Testmuster in die Boundary-Scan-Kette der i-ten Komponente eingeschoben und die regulären Verbindungen der Komponente i und $i+1$ werden verwendet, um die Werte in die verbundenen Boundary-Scan-Zellen der $(i+1)$-ten Komponente zu übertragen. Im nächsten Schritt werden die Werte der Boundary-Scan-Kette der $(i+1)$-ten Komponente entweder ausgegeben und mit den erwarteten Werten verglichen oder durch die regulären Verbindungen zu einer weiteren $(i+2)$-ten Komponente übertragen.
SAMPLE/PRELOAD	Diese Anweisung ähnelt der EXTEST Anweisung, jedoch bleibt die Komponente im Funktionsmodus. Daher ermöglicht diese Anweisung ebenfalls während des funktionales Betriebes das Abtasten von Werten und das Einspeisen von Werten.
BYPASS	Wenn die Anweisung geladen wird, sind die TDI- und TDO-Pins direkt durch das Bypass Register verbunden und daher ist ein angelegter Wert am TDI mit einer Taktzyklusverzögerung am TDO sichtbar. Diese Anweisung wird typischerweise verwendet, um den Pfad zu verkürzen, wenn mehrere TAP-Controller in einer Kette verbunden sind.
IDCODE	Diese Anweisung weist den TAP-Controller an, seinen ID-Code auszugeben.

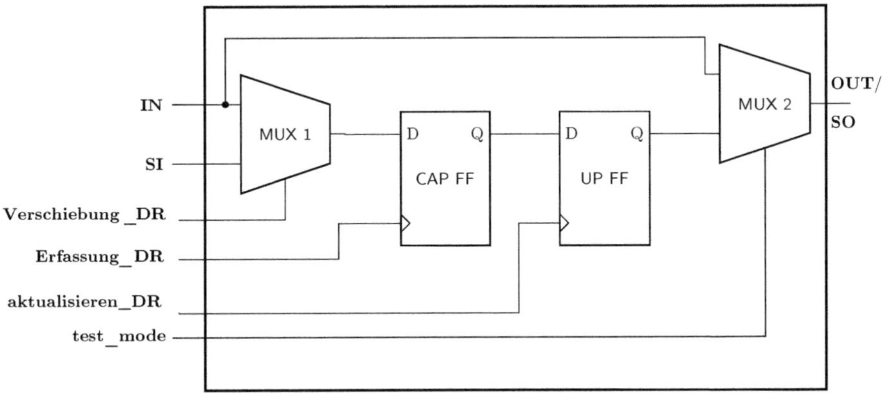

Abb. 2.10 Boundary-Scan-Zelle [GMG90]

besteht aus zwei FFs sowie zwei MUX-Gatter, wie in Abb. 2.10 dargestellt. Dabei haben die einzelnen Komponenten folgende Funktionen:

- MUX 2 bestimmt, ob der reguläre Eingang verbunden ist oder ob der Pfad zum gespeicherten Wert in UP FF hergestellt ist.
- MUX 1 entscheidet, ob der verschobene oder der Eingangswert erfasst wird.
- CAP FF ist das eigentliche Register des Scan-Pfads und ermöglicht daher die Beobachtung des PO der Komponente durch Erfassung.
- UP FF speichert den Wert, der als Nächstes auf die Komponente angewendet wird.

Unabhängig vom Typ müssen die Testdaten in eine Bitfolge umgewandelt werden, da alle Bits strikt serialisiert über die TDI in den TAP-Controller übertragen werden. Als Voraussetzung für die Übertragung muss der TAP-Controller im richtigen Zustand sein. Bedenken Sie, dass die Zustandsübergänge durch TMS gesteuert und auf TCK synchronisiert werden. Abhängig vom Testtyp können alle Testdaten in einem freigelegten TDR gespeichert werden, auf den auch das CuT zugreifen kann. Beispielsweise kann dieser TDR verschiedene Bitfelder enthalten, die Speicheradressen, Steuersignale oder direkt codierte Opcodes des CuT-Befehlssatzes darstellen.

JTAG hat sich zum De-facto-Standard für den Testzugang in hochkomplexen Designs entwickelt. Mit der zunehmenden Anzahl von Komponenten in SoC-Designs ist jedoch eine neue Herausforderung entstanden, da JTAG ursprünglich nicht dazu gedacht war, ganze Netzwerkstrukturen für die Verbindung einer großen Anzahl von Komponenten zu erstellen. Darüber hinaus ist die Einführung von benutzerdefinierten Anweisungen oder TDRs eher ein manueller Prozess ohne starke EDA-Unterstützung und daher ist der Prozess der Einführung von angepassten TDRs zeitaufwändig und vor allem fehleranfällig. Aus diesem Grund wurde IJTAG entwickelt, das einen Mechanismus zur Herstellung des verbindenden

Testnetzwerks zwischen den Komponenten bietet, während typischerweise JTAG TAP-Controller als oberste Testzugangsmechanismus verwendet werden.

IJTAG Im Gegensatz dazu bietet IJTAG [14] zwei verschiedene standardisierte Beschreibungssprachen, die direkt von den EDA-Werkzeugen verarbeitet werden, um das resultierende Testnetzwerk zu synthetisieren. Die Instrument Connectivity Language beschreibt den Zugangsmechanismus und das Netzwerk, d. h. das Instrument (gleich der Komponente) und die entsprechenden TDRs mit ihren Lese-und Schreibsignalen. Neben diesem beschreibt die Procedure Description Language die Operationen des einzelnen Instruments und ermöglicht daher das Retargeting der Testdaten in Bezug auf die eingeführte Netzwerkstruktur. Einer der wichtigsten Mechanismen von IJTAG ist das Segment Insertion Bit, das bestimmt, ob ein Segment auf dem Scan-Pfad ist oder nicht. Durch eine ausgeklügelte Anordnung dieser Elemente sind eine große Anzahl von Scan-Pfaden während des Tests (neu) konfigurierbar und daher können völlig neue Testtopologien implementiert werden. Diese flexiblen Strukturen müssen jedoch je nach beabsichtigtem Test ordnungsgemäß konfiguriert werden. Diese Konfigurationen führen zu weiteren Konfigurationsdaten, die das resultierende TDV erhöhen. Aufgrund des großen Potenzials von IJTAG konzentrieren sich sowohl Wissenschaft als auch Industrie auf die Forschung in diesem Bereich.

2.4.4 Niedrig er Pin-Anzahl Test

Das Design von ICs beinhaltet widersprüchliche Optimierungsziele, die beispielsweise auf eine hohe Qualität und gleichzeitig niedrige Kosten abzielen. Ein großer Teil der Herstellungskosten wird durch die Größe des ICs verursacht, die wiederum stark von der Anzahl der Pins auf Chip-Ebene beeinflusst wird. Diese Pins auf Chip-Ebene sind sehr kostenintensiv, da sog. Pads eingeführt werden müssen, von denen nur eine begrenzte Anzahl ohne Erhöhung des Gesamtpad-Rahmens verfügbar ist. Daher wird versucht, die Anzahl der Pins auf Chip-Ebene zu reduzieren, indem vorzugsweise diejenigen Pins eingeführt werden, die für den späteren funktionalen Betrieb erforderlich sind. Folglich werden weniger Pins für Zwecke ausgegeben, die nur den Test oder die Fehlersuche betreffen.

Neben der Einführung eines LPCT zur Senkung der Herstellungskosten betrifft ein weiterer Aspekt die Testkosten: Ein deutlich weniger komplexes ATE kann verwendet werden, wenn nur ein LPCT durchgeführt wird, was die Anschaffungs- und Betriebskosten während des Tests senkt. Darüber hinaus ermöglicht LPCT in Kombination mit einem regulären ATE die Belegung mehrerer Teststellen, was bedeutet, dass mehrere Dies (bis zu 128x [Nag14]) während des Wafer-Tests parallel getestet werden können und somit der Testdurchsatz erhöht wird. Dieses Multi-Site ist typischerweise nicht möglich, wenn pro Die ein höherer Test-Pin-Count verwendet wird, da die Pin-Kapazitäten des ATE begrenzt sind.

2.5 Design für Debugging und Diagnose

Die Kombination von Schaltungstest mit bestimmten DFT-Maßnahmen ermöglicht eine hohe Testabdeckung. Abhängig von der Struktur der Schaltung kann dies die Durchführung einer großen Anzahl von Tests erfordern. Dadurch ist es möglich, ein hohes Maß an Vertrauen – bezogen auf das/die betrachtete(n) Fehlermodell(e) – zu erreichen, dass während der Herstellung kein Defekt aufgetreten ist, der das korrekte funktionale Verhalten des IC beeinträchtigen könnte. Die Durchführung dieser Tests führt zu einer binären Klassifizierung – im Sinne von bestanden und durchgefallen – und daher werden die fehlgeschlagenen Geräte vom weiteren Produktionsprozess ausgeschlossen. Diese Klassifizierung gibt jedoch nicht viel Aufschluss über den Grund für das Versagen, d. h. den tatsächlichen physischen Defekt, der das technische Versagen verursacht hat. Selbst wenn das einzelne fehlgeschlagene Testmuster bekannt ist, ist der Fehler (bezogen auf das Fehlermodell) noch nicht identifiziert, da ein einzelnes Testmuster typischerweise mehrere Fehler abdeckt. Dies wird verstärkt, sofern Testkompaktierungstechniken angewendet werden. Kenntnisse über diese Ursache sind für den gesamten Herstellungsprozess erforderlich, beispielsweise im Kontext der Ausbeuteanalyse und des Engineerings oder aufgrund einer Kundenrückgabe eines defekten Geräts [VG14]. Diese umfassende Untersuchung des IC wird als Silizium-Debugging bezeichnet.

Die Ausbeuteanalyse prüft, ob die gleichen Defekte über verschiedene ICs verteilt sind, welches auf einen systematischen Fehler hinweisen könnte. Falls dies der Fall ist, wird der Herstellungsprozess leicht angepasst, um die Entstehung dieser Defekte zu verhindern. Dies ermöglicht es, die Ausbeute zu erhöhen und somit Herstellungskosten zu sparen, die einen großen Anteil an den Gesamtkosten ausmachen. Ein weiterer Aspekt betrifft die Rückgabe von Geräten durch Kunden aufgrund von Fehlfunktionen. Typischerweise haben diese Geräte bereits für einen längeren Zeitraum funktioniert und daher sind diese Defekte eher auf den Verschleiß (während des Gerätelebenszyklus) oder die Frühsterblichkeit als auf Herstellungsfehler zurückzuführen [VG02].

Analog zu den DFT müssen spezialisierte DFD-Maßnahmen in das Design eingeführt werden, die es ermöglichen, das Gerät schnell und genau zu debuggen und zu diagnostizieren. Diese DFD-Maßnahmen bauen auf den DFT-Strukturen auf. Im Allgemeinen zielt das Debugging darauf ab, den *Fehler* zu sensibilisieren, zu isolieren und zu identifizieren. Dies wird gefolgt von dem Diagnoseschritt, der eingeleitet wird, um die tatsächliche Ursache zu identifizieren, wenn möglich [MV08]. Die Sensibilisierung des *Fehlers* impliziert, dass er replizierbar ist, was eine Voraussetzung darstellt. Durch die Verwendung der vorhandenen DFT-Strukturen, z. B. interne sowie Boundary-Scan-Ketten, kann der fehlerhafte Betrieb rekonstruiert werden, falls möglich. Der gesamte Betrieb wird in der Regel von JTAG gesteuert. Ein weiterer gängiger Ansatz besteht darin, selektiv vorhandene Testmuster durchzuführen. Falls mindestens ein Test fehlschlägt, wird eine *neue* Fehlfunktion angezeigt. Auf der Grundlage der fehlgeschlagenen Tests werden neue Diagnosetestmuster durch spezialisierte ATPG-Verfahren wie [WLR19] generiert, die es ermöglichen, den Defektort weiter zu identifizieren.

Ein weiterer leistungsfähiger Mechanismus betrifft DFD-Strukturen, die eine schrittweise Ausführung durch Einführung von Haltepunkten ermöglichen, beispielsweise wenn das Gerät einen Mikroprozessor implementiert. Das Konzept des Breakpoints usw. ist ein bekanntes Konzept aus dem Software-Debugging und wurde zu einem Hardware-Mechanismus portiert, der nahtlos mit JTAG kombiniert werden kann. All diese Messungen führen zu einem erheblichen Mehraufwand bzgl. des Testdatenvolumens, das umso kritischer ist, da spezielle Testkompressionstechniken in Phasen nicht zugänglich sind.

2.6 Design für Zuverlässigkeit

Mehrere Durchbrüche auf dem Gebiet des Entwurfs, der Herstellung und des Tests von ICs ermöglichten die Implementierung von hochkomplexen SoC-Designs. Die resultierenden Systeme erfüllen mehrere oder sogar sicherheitskritische Aufgaben gleichzeitig und folgen dabei einem hochkomplexen funktionalen Verhalten. Die enorme Komplexität und die intensive Umweltinteraktion führen zu einer belastenden Umgebung, insbesondere im Falle von langfristig autonomen Systemen. Darüber hinaus führen die schrumpfende Merkmalsgröße und verschiedene Umwelteinflüsse, wie Hochenergiestrahlung oder elektrisches Rauschen, potenziell zu unbeabsichtigtem Verhalten. Im schlimmsten Fall führt dies zu katastrophalen Folgen und daher zu hohen Kollateralschäden, die unbedingt vermieden werden müssen. Genauer gesagt, führt die schrumpfende Merkmalsgröße zu einer erhöhten Anfälligkeit der FFs einer sequenziellen Schaltung gegenüber einzelnen transienten Fehlern, die typischerweise durch einzelne Ereignisstörungen verursacht werden.

Phänomene wie Hochenergiestrahlung, elektrisches Rauschen, Partikelstöße oder andere Umwelteinflüsse [HN06, Bau05] können potenziell einen einzelnen transienten Fehler in einer anfälligen sequenziellen Schaltung induzieren. Ein solcher transienter Fehler tritt in Form eines für kurze Zeit umgeschalteten Bits auf und wird nicht logisch, elektrisch oder zeitlich maskiert. Daher werden die Ausgangssignale des Systems ungültig, das zu einem fehlerhaften Verhalten führt. Um die Robustheit einer sequenziellen Schaltung zu erhöhen, muss die Anzahl der anfälligen (nicht robusten) FFs verringert werden. Da die Robustheit einer gegebenen Schaltung eine wichtige Metrik ist, die aus der Anzahl der nicht robusten FFs abgeleitet werden kann, die anfällig für transiente Fehler sind.

Um die Robustheit einer gegebenen sequenziellen Schaltung zu erhöhen, wird ein FDM in die Schaltung eingeführt. Dieser FDM wird durch die Integration leistungsfähiger Mechanismen synthetisiert, die in der Lage sind, auftretende transiente Fehler zu erkennen und darauf zu reagieren.

2.6.1 Beurteilung der Robustheit

Eine Metrik für die Robustheit ist erforderlich, um die Anfälligkeit von sequenziellen Schaltungen gegenüber transienten Fehlern zu bewerten. Dies ermöglicht die Messung der Fehlertoleranz, d. h. der Robustheit, in Bezug auf ein Fehlermodell [Kra+06, Doy+10]. Je nach betrachtetem Fehlermodell stehen verschiedene Robustheitsmetriken zur Verfügung. In Kap. 8 dieses Buches wurde die Robustheitsmetrik des Theorems 2.4 verwendet.

Definition 2.4 Lassen Sie $\mathcal{C} = (\mathsf{IN}, \mathsf{OUT}, \mathsf{G}, \mathsf{SE}, \mathsf{W})$ (siehe Theorem 2.2 auf Seite 4) ein sequentieller Schaltkreis sein. Ein FF wird als nicht robust betrachtet, wenn es mindestens einen erreichbaren Zustand und einen transienten Fehler gibt, so dass das Ausgabeverhalten von C invertiert ist. Lassen Sie N die Menge der nicht robusten FFs mit $N \subseteq \mathsf{SE}$ sein. Dann kann die Robustheit von C wie folgt bestimmt werden [Fey+11]:

$$\mathcal{R} = 1 - \frac{|N|}{|\mathsf{SE}|}$$

Die nicht-robusten FFs N können entweder durch formale Methoden [FD08] oder durch simulationsbasierte Techniken [MM10, Hua+98, NW99] berechnet werden, um ihre Robustheit zu bestimmen. Bei der Verwendung von simulationsbasierten Ansätzen wird die Robustheit einer gegebenen sequentiellen Schaltung C wie folgt bestimmt:

1. Definieren Sie eine Anzahl r von Simulationszyklen, die berücksichtigt werden sollen, während der Zustand der Schaltung eingestellt wird, der schließlich für die Fehlerinjektion verwendet wird. Darüber hinaus definieren Sie eine Anzahl k von Zyklen, die für die Fehlerpropagation simuliert werden sollen.
2. Die PIs einer gegebenen sequentiellen Schaltung C werden bis zu $r - 1$ Zyklen mit zufälligen Werten angeregt.
3. Im Zyklus r wird der Zustand s_r aus der Simulationsumgebung extrahiert. Eine Kopie $\widehat{s}_r$ von s_r wird so modifiziert, dass ein einzelner transienter Fehler an einem zufällig ausgewählten FF $f \in \mathsf{SE}$ injiziert wird und somit der Ausgangswert von f umgeschaltet wird.
4. Die Schaltung Φ wird zweimal für bis zu k Zyklen simuliert: Eine Simulation beginnt vom korrekten Zustand s_r und eine vom fehlerhaften Zustand $\widehat{s}_r$ mit dem injizierten einzelnen transienten Fehler. Während beider Simulationsläufe und für jeden Taktzyklus werden die gleichen PI-Werte angetrieben.
5. Im Zyklus $r+k$ werden alle POs beider Simulationsläufe verglichen. Wenn mindestens einer der PO-Werte abweicht, ist der f nicht robust, es sei denn, die Schaltung enthält ein FDM, das einen Fehler meldet.
6. Dieses Verfahren wird ab Schritt 3 wiederholt, bis alle FFs durch die Fehlerinjektion abgedeckt sind.

Die Anzahl der abgedeckten Zustände hängt von den gewählten Parametern für r und k ab, was auf die Natur der Zufallssimulation zurückzuführen ist.

Kapitel 3
Formale Techniken

Dieses Kapitel führt verschiedene formale Techniken ein, die in Teil II dieses Buches verwendet werden und daher für dessen Verständnis erforderlich sind. Die beschriebenen formalen Techniken umfassen das SAT-Problem und das BMC. Darüber hinaus wird das Konzept einer FSM sowie einer BDD als symbolisches Modell eingeführt. Genauer gesagt, stellt Abschn. 3.1 die Boolesche Algebra vor, definiert ihre Notation und beschreibt das SAT-Problem. Abschn. 3.2 gibt einen Überblick über die verschiedenen Lösungstechniken, die in den letzten Jahrzehnten entwickelt wurden, um das SAT-Problem effektiv anzugehen. Wichtige Erweiterungen in dieser Hinsicht, wie lerngeleitete Ansätze (siehe Abschn. 3.2.3) oder PBO-getriebene Techniken (siehe Abschn. 3.2.4), werden vorgestellt. Die Transformation von Schaltkreisen in eine formale CNF-Darstellung wird in Abschn. 3.3 eingeführt. Eine Anwendung von SAT-Lösungen im Bereich der Schaltungstests – das SAT-basierte ATPG – wird in Abschn. 3.4 beschrieben. Abschn. 3.5 führt das BMC ein, das in Kap. 8 dieses Buches übernommen wird. Schließlich werden die symbolischen Modellierungstechniken bezüglich FSM sowie einer BDD in Abschn. 3.6 und in Abschn. 3.7 beschrieben, die in Teil II dieses Buches verwendet werden.

3.1 Boolesche Algebra

Dieser Abschnitt führt kurz die Boolesche Algebra ein, die die Algebra der beiden Booleschen Werte wahr und falsch ist. Diese Werte können von Booleschen Variablen angenommen werden, wie im Theorem 3.1 angegeben. In Verbindung mit logischen Operatoren bilden Boolesche Variablen Boolesche Ausdrücke (siehe Theorem 3.2).

S. Huhn und R. Drechsler, *Design für Testbarkeit, Fehlersuche und Zuverlässigkeit*, https://doi.org/10.1007/978-3-031-45319-9_3

Definition 3.1 Eine Boolesche Variable x kann einen Wert aus der Menge $\mathbb{B} \in \{0, 1\}$ annehmen. Nach Konvention wird die (logische) 0 als falsch und die (logische) 1 als wahr interpretiert.

Definition 3.2 Ein boolescher Ausdruck besteht aus einer

1. einem Satz von n booleschen Variablen $X_n = \{x_1, x_2, \ldots, x_n\}$,
2. unärem logischen Operator ¬ (NICHT),[1]
3. binären logischen Operatoren + (ODER), • (UND), ⊕ (XOR), → (IMPLIZIERT), ↔ (ÄQUIVALENZ), und
4. Klammern.

Definition 3.3 Eine boolesche Funktion f realisiert eine Abbildung des Typs $\mathbb{B}^n \to \mathbb{B}^m$ mit $n, m \in \mathbb{N}$. Typischerweise ist diese Funktion f definiert über eine Menge von n booleschen Variablen $X_n = \{x_1, x_2, \ldots, x_n\}$.

Eine boolesche Funktion f kann aus jedem booleschen Ausdruck konstruiert werden, wie im Theorem 3.3 angegeben. Für die Auswertung muss f schrittweise in Bezug auf die gesetzten Klammern sowie die Vorrangregeln der Operatoren ausgewertet werden. Eingekapselte Teile müssen zuerst ausgewertet werden und die abnehmenden Vorrangregeln der Operatoren sind wie folgt: NICHT, UND, ODER, XOR, IMPLIZIERT, und ÄQUIVALENZ.

Die folgenden Gesetze gelten innerhalb der booleschen Algebra:

$a \bullet b = b \bullet a$	$a + b = b + a$	Kommutativität
$(a \bullet b) \bullet c = a \bullet (b \bullet c)$	$(a + b) + c = a + (b + c)$	Assoziativität
$a \bullet (b + c) = (a \bullet b) + (a \bullet c)$	$a + (b \bullet c) = (a + b) \bullet (b + c)$	Distributivität
$a \bullet \overline{a} = 0$	$a + \overline{a} = 1$	Komplement
$a \bullet (a + b) = a$	$a + (a \bullet b) = a$	Absorption
$a \bullet 0 = 0$	$a + 1 = 1$	Extremal
$a \bullet 1 = a$	$a + 0 = a$	Neutralität

Neben diesen Gesetzen gilt das De Morgan'sche Gesetz, das es erlaubt, alle UND durch ODER Operationen zu ersetzen und umgekehrt, wie folgt:

$$\overline{(a \bullet b)} = \overline{a} + \overline{b} \quad \overline{(a + b)} = \overline{a} \bullet \overline{b} \quad \text{De Morgan}$$

Tab. 3.1 zeigt eine Wahrheitstabelle mit allen logischen Operationen, die in Theorem 3.2 angegeben sind. Eine solche Wahrheitstabelle kann verwendet werden, um eine beliebige Funktion zu bewerten.

[1] In diesem Buch wird die Negation einer Booleschen Variable x als $\overline{x}$ geschrieben.

Tab. 3.1 Logische Operatoren

a	b	$\overline{a}$	$\overline{b}$	$a \bullet b$	$a + b$	$a \oplus b$	$a \rightarrow b$	$a \leftrightarrow b$
0	0	1	1	0	0	0	1	1
0	1	1	0	0	1	1	1	0
1	0	0	1	0	1	1	0	0
1	1	0	0	1	1	0	1	1

3.1.1 Boolesches Erfüllbarkeitsproblem

Das SAT-Problem stellt die Frage, ob eine befriedigende Lösung für eine gegebene Boolesche Funktion f existiert. Diese Frage ist eines der wichtigsten Entscheidungsprobleme in der (theoretischen) Informatik und daher wurden verschiedene Probleme erfolgreich auf das SAT-Problem reduziert. Die Boolesche Funktion $f : \{0, 1\}^n \rightarrow \{0, 1\}$ wird als *erfüllbar* (sat) eingestuft, wenn eine Zuweisung aller Variablen existiert, so dass $f = 1$ gilt. Andernfalls wird es als *unerfüllbar* (unsat) eingestuft [Bie+09].

Eine beliebige Boolesche Funktion kann in eine normalisierte Form, wie eine CNF, umgewandelt werden, indem die in Abschn. 3.1 genannten Gesetze angewendet werden. Eine solche CNF Φ ist eine Konjunktion von Klauseln, wobei eine solche Klausel ω eine Disjunktion von Literalen ist und ein Literal eine Boolesche Variable x in ihrer positiven x oder negativen Form $\overline{x}$ darstellt. Die grundlegende Struktur einer CNF und eine erfüllende Zuweisung für eine exemplarische Boolesche Funktion werden in Theorem 3.4 gezeigt.

Beispiel 3.4 Lassen Sie $\Phi = \underbrace{(x_1 + \overline{x}_2 + x_3)}_{\omega_1} \bullet \underbrace{(\overline{x}_1 + x_2)}_{\omega_2} \bullet \underbrace{(x_2 + \overline{x}_3)}_{\omega_3}$.

Die KNF Φ besteht aus einer Konjunktion ($\bullet$) der Klauseln ω_1, ω_2 und ω_3. Die Zuweisungen $x_1 = 1, x_2 = 1$ und $x_3 = 0$ erfüllen Φ (sat).

Dieses theoretische SAT-Problem kann verwendet werden, um verschiedene Forschungsfragen zu beantworten, die eine geeignete Modellierung des zugrunde liegenden Problems zu (normalisierten) Booleschen Funktionen erfordern. Im Allgemeinen ist das Lösen dieser Funktionen eine schwierige rechnerische Aufgabe, daher wurde viel Forschungsarbeit in die Entwicklung leistungsfähiger Lösungsalgorithmen (SAT-Solver) investiert, um dieses herausfordernde Problem zu bewältigen. Dies wird im Folgenden dargestellt.

Algorithmus 1 ***DPLL*****-Algorithmus [ES04, S.5]**

```
while (continue) do
   propagate() {propagation of assignments}
   if !conflicts() then
      if hasFreeVariables() then
         return SAT {complete assignment without conflicts ⇒ SAT}
      else
         decide() {decision making}
      end if
   else
      if isResolveable() then
         backtrack() {backtracking conflicting assignments}
      else
         return UNSAT {non-resolvable conflict ⇒ UNSAT}
      end if
   end if
end while
```

3.2 SAT-Solver

Das SAT-Problem ist eines der zentralen $\mathcal{NP}$-kompletten Probleme. Tatsächlich ist es das erste bekannte $\mathcal{NP}$-komplette Problem, das von Cook im Jahr 1971 nachgewiesen wurde [Coo71]. Heutzutage existieren verschiedene SAT-Löser, die zur Lösung vieler praktischer Probleme eingesetzt werden. Beispielsweise wurden herausfordernde Probleme im Bereich der EDA, wie der Testgenerierungsprozess [ED10] und die Testpunkteinfügung [Egg+16a], auf das SAT-Problem reduziert und daher konnten SAT-Löser diese lösen.

Im Jahr 1960 entwickelten M. Davis und H. Putnam den DP-Algorithmus [DP60], der es ermöglicht, das SAT-Problem zu lösen, d. h., eine erfüllende Lösung für eine gegebene CNF zu identifizieren, wenn eine existiert, oder zu beweisen, dass keine Lösung existiert. Dieser Algorithmus beinhaltet verschiedene logische Optimierungstechniken basierend auf der Booleschen Algebra und auf einer iterativen Anwendung von Auflösung. Darauf aufbauend wurde 1962 der DPLL-Algorithmus entwickelt [DLL62], der den zuvor vorgeschlagenen Algorithmus wie folgt erweitert:

1. eine Technik zur Propagierung von Einheitsklauseln,
2. eine Eliminierung reiner Literale, und
3. eine auf Zurückverfolgung basierende Suche anstelle des Auflösungsprozesses, der deutlich weniger Speicherressourcen erfordert.

Tatsächlich bildet der DPLL Algorithmus immer noch die Grundlage für moderne SAT-Löser wie Grasp [MS99], Chaff [Mos+01], BerkMin [GN02], MiniSAT [ES04] und clasp [Geb+07]. Die dargestellten technischen Beiträge dieser Löser werden im Rest dieses Abschnitts ausführlich besprochen. Beachten Sie, dass sowohl MiniSAT als auch clasp in Teil II stark orchestriert sind.

Algorithmus 1 stellt den DPLL Algorithmus dar, der ein Verzweigungs- und Begrenzungsverfahren implementiert, welches eine gegebene SAT-Instanz Φ verarbeitet, um schließlich eine erfüllende Lösung zu identifizieren, falls eine existiert. Eine solche Lösung besteht aus einer Reihe von Zuweisungen für jede der Booleschen Variablen, die in der gegebenen SAT-Instanz enthalten sind. Genauer gesagt, wählt der Suchalgorithmus iterativ eine Boolesche Variable aus, die noch nicht zugewiesen ist (frei genannt) und wählt einen Wert („0“ oder „1“) für ihre Zuweisung. Wenn alle Booleschen Variablen zugewiesen sind, d. h., keine weitere Entscheidung getroffen werden kann, gibt der Algorithmus sat (Zeilen 4 bis 5) zurück. Andernfalls wählt der Algorithmus eine freie Boolesche Variable aus, indem er spezifische Heuristiken (Zeile 7) aufruft. Diese Zuweisung wird dann auf alle Klauseln (Zeile 2) übertragen.

Neben diesen entscheidungsgetriebenen Zuweisungen implementiert der DPLL Algorithmus die *Boolean Constraint Propagation* (BCP), die einen spezifischen Typ von Klauseln nutzt: die Einheitsklauseln. Eine Einheitsklausel enthält genau eine freie Boolesche Variable und ist noch nicht erfüllt, wie in Theorem 3.5 gezeigt. Folglich gibt es nur eine Möglichkeit, diese Klausel zu erfüllen, nämlich die Boolesche Variable entsprechend ihrer Polarität zuzuweisen, so dass die entsprechende Klausel erfüllt wird. Aufgrund der Struktur der CNF, d. h., jede einzelne Klausel muss erfüllt sein, um die gesamte CNF zu erfüllen, und eine Implikation kann aus diesem Szenario abgeleitet werden. Die implizierte Zuweisung wird auf die gesamte SAT-Instanz übertragen, was zu weiteren Einheitsklauseln führen kann, die dann iterativ verarbeitet werden. Theoretisch ist es möglich zu beweisen, dass eine gegebene SAT-Instanz durch die Durchführung der BCP unsat ist, ohne überhaupt eine einzige heuristische Entscheidung zu treffen, das natürlich eine spezifische Struktur der gegebenen SAT-Instanz erfordert. Nicht zuletzt deshalb beginnt das SAT-Löseverfahren mit einer anfänglichen BCP.

Die oben genannten Schritte werden nur ausgeführt, wenn kein Konflikt aufgetreten ist. Ein Konflikt tritt auf, wenn eine Variable widersprüchlich sowohl auf „0“ als auch auf „1“ zugewiesen wird, um zwei oder mehr Einheitsklauseln zu erfüllen. In diesem Fall wird die Propagation unterbrochen, das zur Begrenzung führt.

Beispiel 3.5 Betrachten Sie erneut Klausel ω_1 des Theorems 3.4 mit $\omega_1 = x_1 + \overline{x_2} + x_3$. Angesichts der Zuweisungen $x_1 =$ „0“ und $x_2 =$ „1“ (während x_3 nicht zugewiesen ist), ist ω_1 eine Einheitsklausel. Die Zuweisung von x_3 kann mit $x_3 =$ „1“ impliziert werden, da keine andere Lösung existiert, um die Klausel unter der aktuellen Zuweisung zu erfüllen.

Die Auflösung dieser Konflikte ist ein wesentlicher Bestandteil eines SAT-Lösungsalgorithmus. Genauer gesagt, muss die Zuweisung rückgängig gemacht werden, um den Konflikt zu lösen, das zu dieser Sackgasse führt: das Rücksetzen Der SAT-Solver speichert bestimmte Informationen während des Lösungsprozesses, die es ermöglichen, spezifische Zuweisungen zurückzuverfolgen, um schließlich den Konflikt zu lösen und den letzten Entscheidungswert zu *kippen*. Die erforderlichen Informationen werden in einer stufenweisen Art und Weise gespeichert, die das Entscheidungsniveau und damit die Rücksetzhistorie bildet.

Im Falle des DPLL-Algorithmus werden alle Rücksetzschritte in einer strengen sequenziellen Reihenfolge durchgeführt. Das bedeutet, dass die Zuweisungen nacheinander rückgängig gemacht werden, bis der Konflikt gelöst ist (Zeile 11). Wenn der Konflikt nicht gelöst werden kann, gibt der SAT-Löser unsat (Zeile 13) zurück.

3.2.1 Entscheidungsheuristik

Es muss entschieden werden, ob während des Lösungsprozesses ein Zustand erreicht wird, in dem weder weitere Implikationen – durch Durchführung einer BCP – abgeleitet werden können, noch ein Konflikt aufgetreten ist. Diese Entscheidung betrifft eine spezifische Zuweisung („0" oder „1") einer Booleschen Variable, die im Prinzip im Theorem 3.6 dargestellt wird. In der Literatur wurden mehrere Heuristiken vorgeschlagen, um eine *gute* Entscheidung zu treffen.

Im Allgemeinen konkurriert der durch die Entscheidungsheuristik eingeführte Rechenaufwand mit der Wirksamkeit in Bezug darauf, wie sehr das Lösungsverfahren beschleunigt werden könnte. Der Rechenaufwand variiert stark je nach Heuristik, da die Komplexität von einer rein zufälligen Auswahl einer freien booleschen Variable bis hin zu individuellem Zählen unter Berücksichtigung von Alterungsaspekten reicht. Einige der häufigsten Entscheidungsheuristiken werden im Folgenden diskutiert.

Beispiel 3.6 Betrachten Sie die CNF Φ mit

$$\Phi = \underbrace{(\overline{x_1} + \overline{x_3} + x_4)}_{\omega_1} \bullet \underbrace{(x_1 + \overline{x_2} + x_3)}_{\omega_2} \bullet \underbrace{(x_1 + \overline{x_2} + \overline{x_3})}_{\omega_3} \bullet \underbrace{(\overline{x_1} + x_3)}_{\omega_4}$$

bestehend aus vier Klauseln und vier Booleschen Variablen. Lassen Sie zunächst alle Booleschen Variablen unzugeordnet (t $=$ 0). Zu diesem Zeitpunkt können keine Implikationen abgeleitet werden, da keine der Klauseln eine Einheitsklausel ist und daher der SAT-Löser eine Entscheidungsheuristik aufruft, um eine Boolesche Variable auszuwählen, einschließlich ihrer Zuweisung. Lassen Sie x_1 $=$ „1" als Entscheidung ($t = 0$) ausgewählt und zu allen drei Klauseln propagiert werden. Die positive Polarität von x_1 in ω_2 und ω_3 führt dazu, dass das Literal lokal erfüllt ist (wie in grün angezeigt) und daher auch beide Klauseln vollständig erfüllt sind (wie in hellgrau angezeigt). Allerdings ist $\overline{x_1}$ weder in ω_1 noch in ω_4 erfüllt (wie in rot angezeigt).

$$\Phi = (\overline{x_1} + \overline{x_3} + x_4) \bullet (x_1 + \overline{x_2} + x_3) \bullet (x_1 + \overline{x_2} + \overline{x_3}) \bullet (\overline{x_1} + x_3)$$

Darüber hinaus wird die Klausel ω_4 zu einer Einheitsklausel, was die Implikation x_3 $=$ „1" ergibt ($t = 1$), da diese Zuweisung erforderlich ist, um die ω_4 und insbesondere die gesamte CNF Φ zu erfüllen. Nach der Propagation von x_3 wird die Klausel ω_4 erfüllt und ω_1 wird zu einer Einheitsklausel.

$$\Phi = (\overline{x_1} + \overline{x_3} + x_4) \bullet (x_1 + \overline{x_2} + x_3) \bullet (x_1 + \overline{x_2} + \overline{x_3}) \bullet (\overline{x_1} + x_3)$$

Eine weitere Implikation x_2 = „1" wird abgeleitet ($t = 2$), die – nach ihrer Propagation – ω_1 erfüllt und damit die gesamte CNF Φ erfüllt ist.

$$\Phi = (\overline{x_1} + \overline{x_3} + x_4) \bullet (x_1 + \overline{x_2} + x_3) \bullet (x_1 + \overline{x_2} + \overline{x_3}) \bullet (\overline{x_1} + x_3)$$

Die Heuristik der maximalen Häufigkeit von Klauseln minimaler Größe (MOM) ruft eine maximierende Funktion auf, die die jüngste Zuweisung berücksichtigt, um einen vorteilhaften Kandidaten zu identifizieren. Genauer gesagt, wird kleinen Klauseln der Vorzug gegeben und darüber hinaus wird die Anzahl der Vorkommen einer Booleschen Variable in Bezug auf ihre Polarität berücksichtigt [JW90]. Darüber hinaus führt BOHM [BS96] das erste Look-Ahead-Verfahren ein. Eine häufig verwendete Entscheidungsheuristik ist die Dynamic Largest Individual Sum, wie sie in Grasp [MS99] eingeführt wurde, die einen guten Kompromiss zwischen Wirksamkeit und Rechenaufwand bietet. Diese Heuristik bestimmt die boolesche Variable, die am häufigsten in noch nicht erfüllten Klauseln vorkommt. Die Variable State Independent Decaying Sum ist ein weiterer Ansatz, der in Chaff [Mos+01] integriert ist, der für jede Boolesche Variable individuell einen Score ermittelt. Diese Heuristik zielt darauf ab, die Vorteile der zuvor vorgeschlagenen zu kombinieren. Jeder Booleschen Variable wird ein Zähler zugewiesen, der erhöht wird, wenn diese Variable in einer noch nicht erfüllten Klausel vorkommt. Alle Zähler werden periodisch angepasst, z. B. durch eine Division mit einem konstanten Wert, um einen Alterungsansatz zu implementieren. Im Falle einer Entscheidungsfindung wird die Boolesche Variable mit dem höchsten Zählerwert verwendet.

Im Allgemeinen ist der direkte Vergleich verschiedener Heuristiken kompliziert, da die Wirksamkeit von der Struktur der SAT-Instanz und anderen Aspekten des SAT-Lösers in Bezug auf seine Lernfähigkeiten abhängt.

3.2.2 Neustart

Ein weiteres Merkmal betrifft die Neustarts, die sich als sehr effektiv erwiesen haben. Neustarts werden während des Suchverfahrens durchgeführt, beispielsweise auf zufällige Weise. Dadurch wird vermieden, dass der SAT-Löser in einem Nicht-Lösungsbereich des gesamten Suchraums verbleibt. Wenn ein Neustart durchgeführt wird, werden die Zuweisungen zusammen mit den abgeleiteten Implikationen gelöscht. Einige Informationen werden jedoch beibehalten, um sicherzustellen, dass der SAT-Löser den Suchraum anders durchquert. Die Häufigkeit der Durchführung von Neustarts bildet einen entscheidenden Parameter, insbesondere bei der Verarbeitung großer unsat-Instanzen. Diese Instanzen erfordern in der Regel mehr Laufzeit, die auf die erschöpfende Suche zur Beweisführung des unsat-Charakters verwendet wird. Daher wurden kürzlich adaptive Techniken vorgeschlagen, um die Häufigkeit der Neustarts zu bestimmen, die nicht kontraproduktiv ist [Bie08].

3.2.3 Konfliktgetriebenes Klausellernen

Der Grasp-Algorithmus [MS99] verbessert die Konfliktlösungstechnik des klassischen DPLL-Algorithmus durch einen *konfliktgetriebenen Klausellernansatz* (CDCL). Während des Suchverfahrens betritt der SAT-Löser möglicherweise einen Bereich des Suchraums, in dem keine zufriedenstellende Lösung in Bezug auf die Struktur der gegebenen CNF und die kürzlich getroffenen Entscheidungen existiert. In einem solchen Fall tritt unweigerlich ein Konflikt auf, der dann durch das klassische DPLL-Verfahren gelöst wird, indem die jüngste Entscheidung der Booleschen Variable umgekehrt oder auf eine vorherige Entscheidungsebene zurückgegriffen wird. In beiden Fällen bleibt der SAT-Solver nahezu im gleichen Bereich des Suchraums. Angenommen, es gibt keine zufriedenstellende Lösung in dieser lokalen Region des Suchraums, muss der klassische Algorithmus diesen Teil erschöpfend erkunden, ohne Erfolg zu haben. Der CDCL-Ansatz behebt diesen Mangel und ermöglicht es, eine solche Situation durch Durchführung einer Konfliktanalyse zu verhindern. Genauer gesagt, ermöglicht das Prinzip des CDCL nicht nur die Lösung des Konflikts, sondern schließt die Ursache des aufgetretenen Konflikts während des verbleibenden Suchvorgangs aus. Diese Ausschluss vermeidet das Auftreten zukünftiger Konflikte, die – aus struktureller Sicht – den zuvor gesehenen ähnlich sind. Dieses Verfahren beschleunigt den Lösungsprozess, da im Allgemeinen der Suchraum effektiver durchquert wird.

Grundsätzlich ruft der CDCL die folgenden drei Schritte auf:

1. Bestimmen Sie die Zuweisungen, die die Ursache für den aufgetretenen Konflikt bilden.
2. Leiten Sie eine Konfliktklausel aus diesen konfliktierenden Zuweisungen ab und fügen Sie die neu generierte Klausel der ursprünglichen CNF-Instanz hinzu.
3. Setzen Sie das Suchverfahren auf eine Entscheidungsebene zurück, die aus der kürzlich bestimmten Konfliktklausel abgeleitet wird. Diese Ebene ist nicht unbedingt die zuletzt chronologisch geordnete Entscheidungsebene.

Der CDCL erweitert den DPLL-Algorithmus durch die Einführung von Mechanismen zur Durchführung von

- einer nicht-chronologischen Rückverfolgungstechnik,

- einer Ursachenanalyse des aufgetretenen Konflikts, und
- einer Klausellerninfrastruktur zum Hinzufügen und Verwalten von gelernten Klauseln zur CNF-Instanz.

Die Ursachenanalyse eines Konflikts, der kürzlich aufgetreten ist, erfordert weitere Informationen über den bisher durchgeführten Suchprozess. Insbesondere sind Informationen über die abgeleitete Implikation – einschließlich ihrer entsprechenden Klauseln und Entscheidungsebenen – erforderlich. Diese Informationen werden während der Suche gesammelt und in einer bestimmten graphbasierten Struktur gespeichert: dem *Implikationsgraphen* (IG). Die folgenden zwei Absätze beschreiben das nicht-chronologische Rücksetzen und führen die Struktur des IG ein.

Nicht-Chronologisches Rücksetzen Der klassische DPLL-Algorithmus folgt einem strengen chronologischen Rücksetzen, das zu einem Zustand während der Suche führen kann, in dem er in Nicht-Lösungsbereichen des Suchraums gefangen ist. Im Gegensatz dazu ermöglicht das von [MS99] eingeführte nicht-chronologische Rücksetzen eine effektive Konfliktlösung, sofern die Umstände wie folgt sind: Nehmen wir an, dass ein Konflikt in der Klausel ω_c auf Entscheidungsebene i nach einer durchgeführten BCP auftritt. Nehmen wir weiter an, dass die letzte Entscheidung, die ω_c beeinflusst hat, auf Entscheidungsebene j mit $j << i$ getroffen wurde. Die Auflösung dieses Konflikts erfordert ein Backtracking mindestens bis zur Entscheidungsebene j. Der DPLL-Algorithmus erlaubt jedoch kein direktes Backtracking zu j, sondern erfordert ein schrittweises Backtracking zwischen allen Entscheidungsebenen l mit $l = i - j$, was einen zeitaufwändigen Prozess darstellt.

Implikationsgraph Ein IG ist ein schief-symmetrischer gerichteter Graph, der die Variablenzuweisungen mit der entsprechenden Entscheidungsebene enthält. Jeder Knoten des IG repräsentiert eine Zuweisung einer Variablen und jede gerichtete Kante zeigt eine Implikation[2] mit derentsprechenden Klausel an. Der IG wird während der Entscheidungsfindung sowieder BCP-Phase erstellt.

1. Der IG wird in zwei Partitionen unterteilt, so dass eine den Konflikt enthält, während die andere alle Entscheidungen und Implikationen enthält, die zum Konflikt führen.
2. Die partielle Zuweisung – gebildet durch alle zugehörigen Variablenzuweisungen – wird extrahiert, die eine ausgehende Kante hat, die den Schnitt kreuzt.
3. Die partielle Zuweisung wird negiert und als neu gelernte Konfliktklausel zur Probleminstanz hinzugefügt.
4. Die Rücksetzebene wird bestimmt, die die höchste Entscheidungsebene in der gelernten Klausel ist. Diese Strategie hat einen Vorteil, da die gelernte Klausel

[2]Beachten Sie, dass getroffene Entscheidungen keine eingehenden Kanten besitzen.

unter der resultierenden partiellen Zuweisung eine Einheit (oder assertiv) wird [Mos+01].

Aus funktionaler Sicht wird eine Sequenz von Auflösungsoperationen – wie in Theorem 3.7 angegeben – auf Klauseln während des Klausellernverfahrens durchgeführt [MS00], was nach jedem durchgeführten Schritt eine temporäre Klausel ergibt. Die Auflösungsoperation endet mit der gelernten Klausel als Ergebnis, wenn die aktuelle Entscheidungsebene nur noch eine verbleibende Variable (in jeder generierten Klausel) enthält. Die Literale der gelernten Klausel sind der Grund für den Konflikt, nämlich Begründungsliterale. Das Prinzip der Auflösungsoperation wird in Theorem 3.8 demonstriert.

Definition 3.7 Lassen Sie $\odot$ den Auflösungsoperator darstellen. Gegeben sind zwei Klauseln ω_j und ω_k, für die eine eindeutige Variable x existiert, so dass x in beiden Klauseln ω_j und ω_k in entgegengesetzten Polaritäten enthalten ist. Dann enthält $\omega_j \odot \omega_k$ alle Literale von ω_j und ω_k außer x und $\overline{x}$.

Beispiel 3.8 Lassen Sie $\Phi = \underbrace{(x_1 + x_4 + x_5)}_{\omega_1} \bullet \underbrace{(x_4 + x_6)}_{\omega_2} \bullet \underbrace{(\overline{x_5} + \overline{x_6} + \overline{x_7})}_{\omega_3} \bullet \underbrace{(x_3 + x_{10})}_{\omega_4} \bullet \underbrace{(x_2 + x_7)}_{\omega_5}$ besteht aus den fünf Klauseln ω_1 bis ω_5. Die eingeführte Notation zur Darstellung des Entscheidungs- und Propagationsprozesses lautet wie folgt: $x_i = b$ @ n mit x_i ist die Variable, b der zugewiesene logische Wert und n die Entscheidungsebene. Zum Beispiel bedeutet $x_1 = 0$ @ 1, dass die Variable x_1 auf den Wert „0" auf Entscheidungsebene 1 gesetzt wird. Das entsprechende IG wird in Abb. 3.1 gezeigt, was darauf hinweist, dass die Klausel ω_3 nicht erfüllt ist, da alle Literale aufgrund

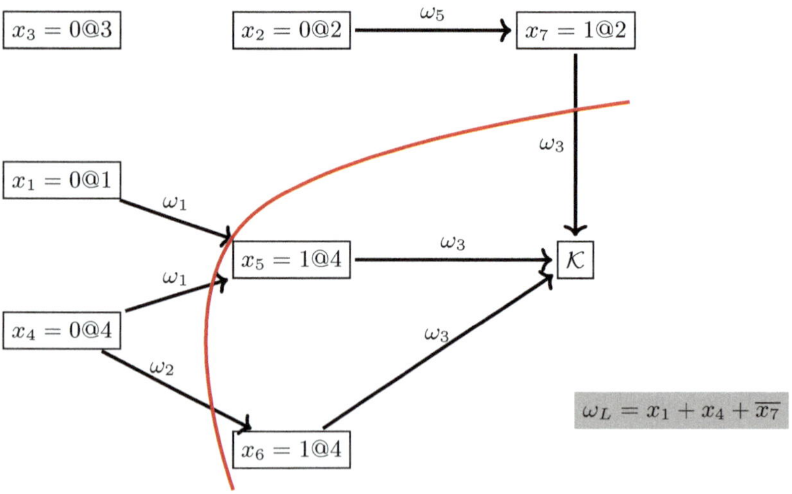

Abb. 3.1 Implikationsgraph mit aufgetretenem Konflikt

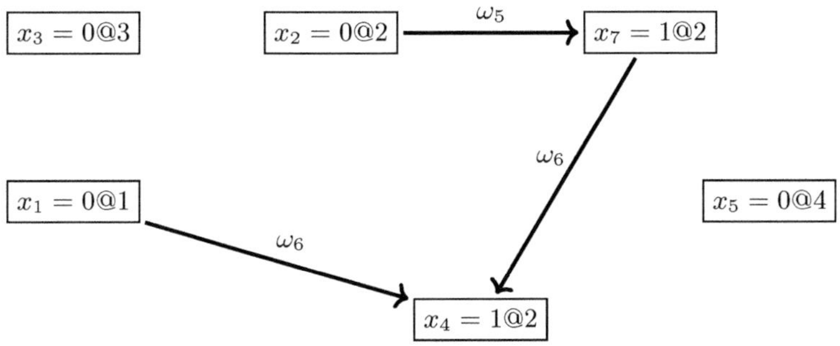

Abb. 3.2 Resultierender Implikationsgraph

- der Implikation auf x_7 in ω_5 auf Entscheidungsebene 2 und
- den Implikationen auf x_5 in ω_1 und x_6 in ω_2 auf Entscheidungsebene 4.

Der resultierende Konflikt wird durch $\mathcal{K}$ bezeichnet, dessen Analyse mit der nicht erfüllten Klausel ω_3 beginnt. Zuerst wird die Auflösungsoperation auf ω_2 und ω_3 (eine der Klauseln auf Entscheidungsebene 4) wie folgt ausgeführt:

$$\underbrace{(\overline{x}_5 + \overline{x}_6 + \overline{x}_7)}_{\omega_3} \odot \underbrace{(x_4 + x_6)}_{\omega_2} = \underbrace{(x_4 + \overline{x}_5 + \overline{x}_7)}_{\omega_T}$$

Der temporäre Klausel ω_T enthält alle Literale beider Klauseln außer x_6, da x_6 in entgegengesetzten Polaritäten in ω_2 und ω_3 enthalten ist. $_3$. Danach wird die Auflösungsoperation auf ω_T und ω_1 wie folgt ausgeführt:

$$\underbrace{(x_4 + \overline{x}_5 + \overline{x}_7)}_{\omega_T} \odot \underbrace{(x_1 + x_4 + x_5)}_{\omega_1} = \underbrace{(x_1 + x_4 + \overline{x}_7)}_{\omega_L}$$

Die Klausel ω_L enthält alle Literale beider Klauseln außer x_5, da x_5 in ω_T und ω_1 in entgegengesetzten Polaritäten auftritt. Die Klausel ω_L wird als die gelernte Klausel behandelt, da sie alle Grundliterale enthält und nur ein Literal auf der Entscheidungsebene 4 noch nicht verarbeitet wurde, was die Bedingung für die Beendigung erfüllt. Folglich wird ω_L zur CNF-Instanz $\Phi' = \Phi \bullet \underbrace{(x_1 + x_4 + \overline{x_7})}_{\omega_L}$ hinzugefügt. Der entsprechende Schnitt des Implikationsgraphen wird in Abb. 3.2 gezeigt. Genauer gesagt, wird eine Rückverfolgungsoperation auf die höchste Entscheidungsebene der Literale durchgeführt, die in der neu generierten Konfliktklausel ω_L beteiligt sind. Hier hält x_4 die höchste Entscheidungsebene von 4 und daher entfernt die Rückverfolgung die Zuweisung $x_4 = 0$ @ 4. Dadurch wird die Klausel ω_L zur Einheitsklausel und daher wird x_4 auf „1“ impliziert. Wenn diese Implikation zu einem Konflikt führt, wird direkt eine neue Konfliktklausel generiert. Die Variablen, die dann in dieser neuen Konfliktklausel beteiligt sind, bestimmen die Rückverfolgungsebene und daher wird noch weiter in der Zeit zurückgesprungen (wie durch die Entscheidungsebene reflektiert).

Im weiteren Verlauf des SAT-Lösungsprozesses wird x_4 auf „1" impliziert, Entscheidungen werden auf x_3 und x_5 mit x_3 = „0" und x_5 = „1" getroffen, die die CNF-Instanz erfüllen. Der endgültige Implikationsgraph ist in Abb. 3.2 dargestellt.

Konfliktklausel-Management Ein entscheidender Aspekt im Kontext des Klausellernens betrifft das Management von neu generierten Konfliktklauseln. Moderne SAT-Löser werden auf hochkomplexen CNF-Instanzen angewendet, die innerhalb kurzer Zeit eine große Anzahl von Konfliktklauseln erzeugen.Dies führt unweigerlich zu einer Explosion der notwendigen Speicherressourcen. Darüber hinaus führt dies zu einem erheblichen Mehraufwand während der BCP, da gelernte Klauseln ebenfalls regelmäßig verarbeitet werden müssen. Daher rufen moderne SAT-Löser wie BerkMin [GN02] regelmäßig intelligente Heuristiken auf, um die dargestellten Konfliktklauseln aus der Datenbank zu löschen. Insbesondere bestimmen Metriken die Aktivität – im Sinne von wie oft die Klausel verarbeitet wurde – jeder einzelnen Klausel als Maß für ihre Relevanz und daher werden weniger relevante Klauseln zuerst gelöscht. Dieses Verfahren stellt sicher, dass die Größe der Konfliktklauseldatenbank nicht ein bestimmtes Limit überschreitet, was einen Engpass für das gesamte Suchverfahren darstellen würde.

3.2.4 *Optimierungsbasiertes SAT*

Im Gegensatz zu regulären SAT-Lösern ermöglichen optimierungsbasierte SAT-Löser wie clasp [Geb+07] die Bewertung der Qualität einer bestimmten Lösung. Das zugrunde liegende Suchverfahren, d. h., die Suche nach einer Menge von Zuweisungen, so dass die SAT-Instanz erfüllt ist, wird als Optimierungsproblem modelliert. Die Kriterien für die qualitative Bewertung werden als PB-Kofaktoren gegeben und daher ermöglicht das PB-SAT-Problem eine Integration von Gewichten. Die PB-SAT-Instanz $\Phi : \{0, 1\}^n \rightarrow \{0, 1\}$ besteht aus konjugierten Einschränkungen $\sum_{i=1}^{n-1} c_i \bullet \widehat{x}_i \geq c_n$ unter Verwendung von $c_1, \ldots, c_n \in \mathbb{Z}$ als Gewichte und $\widehat{x}_i$ als positive oder negative Literale.

Formell erweitert das PBO das PB-SAT-Problem so, dass eine Zielfunktion O nahtlos integriert werden kann, um die Qualität der ermittelten Lösung zu bewerten. Dadurch ist es nicht nur möglich, eine beliebige Lösung wie bei regulären SAT-Lösern zu geben, sondern die optimale Lösung in Bezug auf O zu ermitteln. PBO-basierte oder ähnliche optimierungsbasierte Verfahren wurden bereits erfolgreich im Testbereich angewendet, z. B. in [EWD13, SBP16]. Obwohl spezielle Lösungsalgorithmen für diese Art von Problem existieren, verwenden viele dieser Algorithmen intern SAT-Lösungstechniken. Das PBO-Problem ist eines dieser Probleme. Hier wird die PB-SAT-Instanz, d.h. die Boolesche Formel in CNF oder die PB-Beschränkungen, jeweils mit einer Zielfunktion O erweitert.[3]

Typischerweise wird die Zielfunktion O als lineare Summe gegeben:

$$\mathcal{O}(x_1, \ldots, x_k) = \sum_{i=1}^{k} m_i \bullet \widehat{x}_i \text{ mit } m_1, \ldots, m_k \in \mathbb{Z}$$

Das Ergebnis von O ist die arithmetische Summe aller Konstanten m_i, die mit einem Literal $\widehat{x}_i$ assoziiert sind, das unter einer gegebenen Zuweisung als wahr bewertet wird. Grundsätzlich nutzt ein PBO SAT-Solver die Minimierung als Lösungsziel, d. h., er gibt die Lösung zurück, die O minimiert.

Beispiel 3.9 Lassen Sie $\Phi = (3x_1 + 4\overline{x_2} + x_3 \geq 3) \bullet (3\overline{x}_1 + 4x_2 \geq 2) \bullet (4x_2 + \overline{x}_3 \geq 4)$ und $\mathcal{O} = 1x_1 + 1x_2 + 1x_3$. In diesem Fall erfüllt die Lösung $x_1 = 1$, $x_2 = 1$, und $x_3 = 0$ die gegebene PB-SAT-Instanz und minimiert gleichzeitig das Ergebnis der Zielfunktion $\mathcal{O}$ ($\mathcal{O} = 2$). Im Gegensatz dazu erfüllt die Lösung $x_1 = 1$, $x_2 = 1$, und $x_3 = 1$ auch die Instanz, führt aber zu $\mathcal{O} = 3$, was höher ist als in der vorherigen Lösung.

Moderne PBO SAT-Löser unterstützen auch mehrere Zielfunktionen $\mathcal{O}_1, \mathcal{O}_2, \ldots, \mathcal{O}_n$. Hier werden Prioritäten verwendet: Zuerst wird $\mathcal{O}_1$ als Zielfunktion verwendet und danach wird die Lösung in Bezug auf $\mathcal{O}_2, \ldots, \mathcal{O}_n$ verbessert. Es ist jedoch nicht möglich, das Ergebnis der Zielfunktion mit einer höheren Priorität zu verringern.

3.3 Transformation von Schaltkreisen in CNF

Die Anwendung von SAT-Lösern, z. B. zur Bewältigung von Herausforderungen im Bereich des digitalen Schaltungsentwurfs, setzt voraus, dass die Schaltung in eine Darstellung umgewandelt wird, die mit einem SAT-Löser kompatibel ist. Daher muss eine KNF erzeugt werden, die das funktionale Verhalten der gegebenen sequentiellen Schaltung widerspiegelt. Die Transformation kann nach dem in [Tse83, Lar92] vorgeschlagenen Schema durchgeführt werden. Bedenken Sie, dass eine kombinatorische Schaltung C definiert ist durch $\mathcal{C} = (\mathsf{IN}, \mathsf{OUT}, \mathsf{G}, \mathsf{W})$, wie in Theorem 2.1 angegeben.

Das grundlegende Prinzip der Transformation besteht darin, jeder Leitung $w \in$ W eine neue Boolesche Variable x zuzuweisen. Im Falle eines FANOUT, der mit der Leitung w verbunden ist, werden dem FANOUT Stamm sowie seinen Zweigen die gleiche Boolesche Variable x zugewiesen. Die logische Funktionali-

[3]Da eine Boolesche Formel in CNF leicht in PB-Beschränkungen umgewandelt werden kann und moderne PBO-Löser in der Regel CNFs als Eingabe akzepticrcn, verwenden wir in diesem Papier, wenn möglich, den Begriff CNF.

Tab. 3.2 Minimierte CNF von Logikgattern [Lar92]

Logikgatter	Boolescher Operator	Minimierte CNF
NICHT	$A = \overline{B}$	$(\overline{B} + \overline{A}) \bullet (B + A)$
UND	$A = B \bullet C$	$(\overline{B} + \overline{C} + A) \bullet (B + \overline{A}) \bullet (C + \overline{A})$
ODER	$A = B + C$	$(B + C + \overline{A}) \bullet (\overline{B} + A) \bullet (\overline{C} + A)$
NAND	$A = \overline{(B \bullet C)}$	$(\overline{B} + \overline{C} + \overline{A}) \bullet (B + A) \bullet (C + A)$
NOR	$A = \overline{(B + C)}$	$(B + C + A) \bullet (\overline{B} + \overline{A}) \bullet (\overline{C} + \overline{A})$
XOR	$A = B \oplus C$	$(\overline{B} + \overline{C} + \overline{A}) \bullet (B + C + \overline{A})$
		$\bullet (B + \overline{C} + A) \bullet (\overline{B} + C + A)$
XNOR	$A = \overline{(B \oplus C)}$	$(\overline{B} + \overline{C} + A) \bullet (B + C + A)$
		$\bullet (B + \overline{C} + \overline{A}) \bullet (\overline{B} + C + \overline{A})$

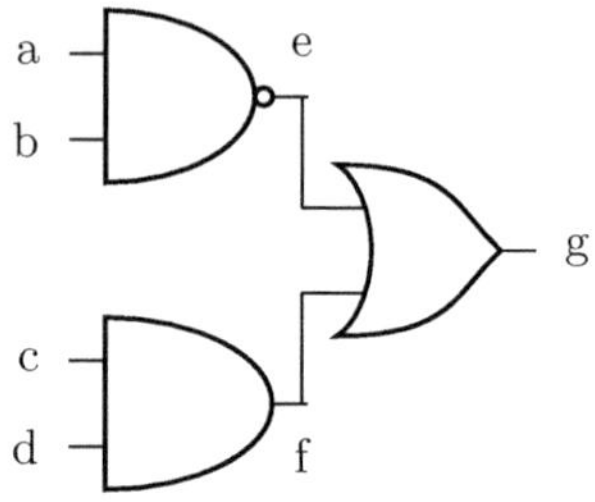

Abb. 3.3 Beispielhafter Schaltkreis

tät jedes Gatters $g \in$ G wird abgeleitet und durch die entsprechende (minimale) Gatter-KNF Φ_g ersetzt, wie in Tab. 3.2 angegeben. Diese KNFs spiegeln die charakteristische Funktion wider, d. h. das korrekte funktionale Verhalten des entsprechenden Gattertyps ist gewährleistet. Die gesamte konjunktive Normalform der Schaltung Φ wird sukzessive aus der Konjugation aller individuellen Gatter-KNFs aufgebaut, so dass $\Phi = \Phi_{g1} \bullet \ldots \bullet \Phi_{g_N}$ mit $N = \#G$. Eine beispielhafte Transformation wird in Theorem 3.10 demonstriert. Ein bedeutender Vorteil dieser Gatter-weisen Transformation betrifft die resultierende Komplexität, die linear ist. Genauer gesagt, entspricht die Anzahl der Booleschen Variablen in der resultierenden KNF der Anzahl der Leitungen $w \in W$, die in der gegebenen Schaltung C enthalten sind. Darüber hinaus skaliert die Anzahl der Gatter-KNFs N linear – abhängig vom Gattertyp, z. B. zwei für ein NOT-Gatter – mit der Anzahl der Gatter $g \in G$ und daher $O(N)$. Ein Nachteil dieser Transformation betrifft jedoch den Verlust von strukturellem Wissen über den *globalen* Schaltkreis, da der SAT-Löser, z. B. der BCP, ebenfalls nur lokal auf Gatter operiert. Verschiedene Ansätze wurden in der Literatur veröffentlicht, die darauf abzielen, diese strukturellen Beziehungen wieder einzuführen, um die Wirksamkeit der CNF zu verbessern [Vel04].

Beispiel 3.10 Betrachten Sie den exemplarischen Schaltkreis in Abb. 3.3, der in eine CNF umgewandelt werden soll. Zunächst werden die angegebenen Leitungen $a, b, \ldots, g$ als Boolesche Variablen $x_a, x_b, \ldots, x_g$ angenommen. Die Logikgatter werden I.) in die Boolesche Funktion (bezogen auf die Leitungen) umgewandelt und II.) durch die entsprechende (minimale) Gatter-CNF ersetzt, die in Tab. 3.2 angegeben ist. Die Umwandlung erfolgt also – I.) links und II.) rechts—wie folgt:

$$
\begin{aligned}
e &= \overline{a \bullet b} & \Phi_e &= (\overline{a} + \overline{b} + \overline{e}) \bullet (a + e) \bullet (b + e) \\
f &= c \bullet d & \Phi_f &= (\overline{c} + \overline{d} + f) \bullet (c + \overline{f}) \bullet (d + \overline{f}) \\
g &= e + f & \Phi_g &= (e + f + \overline{g}) \bullet (\overline{e} + g) \bullet (\overline{f} + g) \\
\Rightarrow g &= (\overline{a \bullet b}) + (c \bullet d) & \Phi &= \Phi_e \bullet \Phi_f \bullet \Phi_g
\end{aligned}
$$

3.4 SAT-basierte Testgenerierung

Neben den strukturellen ATPG-Algorithmen, wie sie in Abschn. 2.3 vorgestellt wurden, kann das ATPG-Problem durch die Orchestrierung von SAT-basierten Techniken angegangen werden. SAT-basierte ATPG-Ansätze [Lar92, Dre+09, EWD13] ermöglichen die Bestimmung von Testmustern für selbst schwer zu erkennende Fehler in komplexen Designs.

Dies liegt daran, dass leistungsstarke SAT-Löser zur Bestimmung des eigentlichen Testmusters eingesetzt werden, was eine Transformation des Schaltkreises in eine CNF-Darstellung erfordert, die das funktionale Verhalten widerspiegelt. Die resultierende CNF wird dann von einem SAT-Löser verarbeitet und insbesondere zur Extraktion der Teststimuli verwendet, nachdem eine erfüllende Lösung ermittelt wurde.

Genauer gesagt, wird jedes Gatter nacheinander in eine CNF transformiert und danach, wie im vorherigen Abschn. 3.3 beschrieben, verkettet. Die SAT-basierte ATPG ist inspiriert von der Booleschen Differenz, die in Theorem 3.11 demonstriert wird. Dieses Modell besteht aus den folgenden drei Komponenten:

1. der fehlerfreie Schaltkreis,
2. der fehlerhafte Schaltkreis (beginnend an der Fehlerstelle), und
3. ein Miter, bestehend aus XOR-Gates, die paarweise die POs des fehlerfreien mit dem fehlerhaften Schaltkreis vergleichen. Die Ausgänge dieser XOR-Gatter werden dann in eine abschließende OR-Kaskade eingespeist, die die Boolesche Differenz widerspiegelt [Mic03].

Beispiel 3.11 Gegeben sei der beispielhafte Schaltkreis von Abb. 3.4a, der als der fehlerfreie (korrekte) Schaltkreis G fungiert. Dieser Schaltkreis kann als die folgende Boolesche Funktion dargestellt werden:

$$G = [f = d \bullet e] \bullet [e = \overline{c}] \bullet [d = a \bullet b]$$

Durch Anwendung der Gesetze der Booleschen Algebra kann die Boolesche Funktion G wie folgt in die KNF umgewandelt werden:

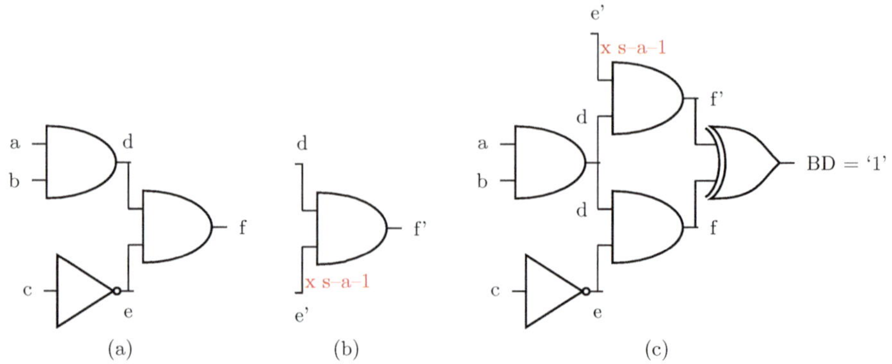

Abb. 3.4 SAT-basierte ATPG-Modellkomponenten für einen beispielhaften Schaltkreis. **a** Fehlerfreier Schaltkreis. **b** Fehlerhafter Schaltkreis. **c** Boolesche Differenz

$$\Phi_G = (\overline{d} + \overline{e} + f) \bullet (d + \overline{f}) \bullet (e + \overline{f}) \bullet (\overline{c} + \overline{e}) \bullet (c + e)$$
$$\bullet(\overline{a} + \overline{b} + d) \bullet (a + \overline{d}) \bullet (b + \overline{d})$$

Der Draht *e* wird als Fehlerstelle angenommen, die einen s-a-1 Fehler hält. Daher muss der fehlerhafte Wert „1“ für das entsprechende Signal e' im fehlerhaften Schaltkreis *F* berücksichtigt werden. Dieser fehlerhafte Wert wird als Einheitsklausel (e') zur CNF hinzugefügt.

Abb. 3.4b zeigt den fehlerhaften Schaltkreis mit nur einem Gatter, der wie folgt in eine CNF-Darstellung umgewandelt wird:

$$\Phi_F = (\overline{d} + \overline{e'} + f') \bullet (d + \overline{f'}) \bullet (e' + \overline{f'})$$

Die Boolesche Differenz Schaltung *BD* wird durch Anhängen eines Miter realisiert und daher wird die Differenz durch Hinzufügen der Einheitsklausel (*BD*) erzwungen. Dieser Miter gilt für die betrachtete beispielhafte Schaltung genau ein XOR Gatter, da die ursprüngliche Schaltung nur ein PO hatte.

$$\Phi_{BD} = (\overline{f'} + \overline{f} + \overline{BD}) \bullet (f' + f + \overline{BD}) \bullet (f' + \overline{f} + BD) \bullet (\overline{f'} + f + BD)$$

Die gesamte Instanz wird wie folgt aufgebaut:

$$\Phi = \Phi_G \bullet \Phi_F \bullet \Phi_{BD} \bullet (e') \bullet (BD)$$

Die folgenden Zuweisungen erfüllen Φ:

$$a = 1,\ b = 1,\ c = 1,\ d = 1,\ e = 0,\ f = 0,\ e' = 1,\ f' = 1,\ BD = 1$$

Der Test *T* zur Erkennung eines s-a-1 an Leitung *e* wird aus der erfüllenden Lösung extrahiert:

$$T = \{a = 1,\ b = 1,\ c = 1\}$$

Der SAT-basierte ATPG kann auch mit einem Optimierungs-SAT-basierten Ansatz kombiniert werden. Diese Kombination ermöglicht die Einbeziehung neuer Optimierungsziele, um beispielsweise hochkompakte Testsätze zu generieren [Egg+16b] oder aufkommende Herausforderungen im Bereich des stromsparenden Testens anzugehen [EMW16]. Die Laufzeit erhöht sich jedoch erheblich, wenn diese Optimierungs-SAT-basierten Techniken auf hochkomplexe IC-Designs angewendet werden.

In einem direkten Vergleich von strukturellen und SAT-basierten ATPG-Techniken ermöglicht die letztere das Generieren von Teststimuli für selbst schwer zu erkennende Fehler. Im Gegensatz dazu sind strukturelle Techniken im Allgemeinen nicht in der Lage, diese schwer zu erkennenden Fehler in einer angemessenen Zeit zu verarbeiten. Allgemein gesagt, ist die SAT-basierte Technik robuster. Im Gegenzug erfordern die strukturellen Techniken weniger Laufzeit bei der Verarbeitung von Schaltkreisdesigns mit geringerer Komplexität und großen Fehlerlisten.

3.5 Begrenzte Modellprüfung

BMC ist eine Technik, die ursprünglich für die funktionale Verifikation von digitalen Schaltkreisen entwickelt wurde, d. h., zum Beweisen oder Widerlegen von zeitlichen Eigenschaften [DAC99]. Eine begrenzte Anzahl von Zeitrahmen eines sequenziellen Schaltkreises wird meist in Form einer Linearen Temporalen Logik-Eigenschaft gegen eine Spezifikation geprüft [Bie+99b, Bie+99a]. In der Praxis wird BMC jedoch eher zur Identifizierung funktionaler Ausfälle als zum Nachweis ihrer Abwesenheit verwendet.

In [Bie+99b] wurde das BMC-Problem in ein SAT-Problem übersetzt. Daher werden effiziente SAT-Löser verwendet, um eine BMC-Instanz zu lösen, was zu einer praktisch effizienten Technik führt. Die ermittelten Lösungen der SAT-basierten BMC-Instanz [Bie+99a] werden dann verwendet, um die spezifischen Zustände zu identifizieren, die die tatsächliche *Übersetzung* der Linearen Temporalen Logik-Eigenschaften in eine SAT-Instanz beschreiben. Die Orchestrierung effektiver SAT-Löser ermöglicht die Verifikation von industriegroßen Mikroprozessoren wie POWER5 [Vic+05]. Um die generierte BMC-Instanz mit einem SAT-Löser zu lösen [ES04], muss die Instanz von $l = 0$ bis zur vom Designer festgelegten Schwelle abgewickelt werden, wie in Theorem 3.12 angegeben. Die Übersetzung eines BMC-Problems in eine SAT-Instanz erfolgt durch Abwicklung des Schaltkreises bis zu einem bestimmten Zeitrahmen unter Anwendung der in [KL93] vorgeschlagenen Technik. Die resultierende Formel kann in polynomialer Zeit in Bezug auf die Anzahl der Variablen und Operatoren in eine CNF übersetzt werden, indem die im vorherigen Abschnitt beschriebene Codierungstechnik verwendet wird.

Definition 3.12 Gegeben ist eine FSM $M = (I, T, S)$ mit

- I als Prädikat des Anfangszustands,
- T als Übergangsrelation,
- S als Zustandsraum, und
- p als gegebene temporale Eigenschaft,

das BMC-Problem wird wie folgt formuliert:

$$\text{BMC} = I(s_0) \bullet \bigwedge_{0 \leq i \leq l} T(s_i, s_{i+1}) \bullet P(s_l)$$

Die Variable l definiert die Anzahl derZeitschritte, die abgewickelt werden sollen. Um alle erreichbaren Zuständeabzudecken, muss l auf die sequentielle Tiefe derFSM gesetzt werden – oft praktisch nicht machbar. Daher wird l in der Regel vom Designer mit einem geeigneten Wert gewählt. Daher wirdein Kompromiss zwischen Laufzeit und Genauigkeit angewendet.

BMC bestimmt einen Pfad von Zuständen $s_0 \rightarrow s_1 \rightarrow \ldots \rightarrow s_l$ vom Anfangszustand $s_0 \in I$ und $(s_i, s_{i+1}) \in T$ mit $0 \leq i < l$ so, dass der Endzustand s_l eine bestimmte Eigenschaft verletzt oder erfüllt. Sobald die BMC-Instanz erfüllbar wird, wird die Eigenschaft widerlegt und ein Gegenbeispiel kann aus der SAT-Instanz extrahiert werden. Genauer gesagt, wird das Gegenbeispiel aus dem bestimmten Pfad extrahiert, der wertvolle Informationen für das Debugging liefert. Wenn die BMC-Instanz nicht erfüllt ist, gilt die Eigenschaft in Bezug auf l. Die Anpassung der Obergrenze für l ist eine entscheidende Aufgabe und ein offenes Forschungsproblem. Wenn die Grenze zu niedrig angesetzt wird, wird das BMC-Modell möglicherweise nicht die Verletzung der formulierten Eigenschaften aufdecken. Wenn jedoch die Grenze auf einen (unnötig) hohen Wert gesetzt wird, wird die Laufzeit explodieren, da das BMC mit seinen Linear Temporal Logic-Eigenschaften eine rechenintensive Aufgabe ist, die PSPACE-vollständig ist, wie in [SC85] gezeigt wurde.

3.6 Endlicher Zustandsautomat

Ein FSM ist ein mathematisches Modell der Berechnung, das ein System mit einer endlichen Anzahl von Zuständen darstellt. Ein solcher FSMbefindet sich zu jedem Zeitpunkt genau in einem Zustand und die Reaktionen des Systems auf gegebene Eingaben werden als Übergänge modelliert. Diese Übergänge beschreiben gültige Änderungen im Zustand des Systems, wie im Theorem 3.13 angegeben.

Definition 3.13 Ein FSM ist definiert durch ein Tupel $M= (I, S, T)$, wobei I die Menge der Anfangszustände $I \subseteq S$ beschreibt, S den Zustandsraum der Schaltung repräsentiert und T die Übergangsrelation definiert. Eine Übergangsrelation $T(s, s')$ ist wahr, falls mindestens ein Übergang vom Zustand s zum Zustand s' existiert [Cla+18]. Die Menge der erreichbaren Zustände $S* \subseteq S$ enthält jene Zustände, die von einem Anfangszustand in einer beliebigen Anzahl von Schritten erreichbar sind.

Das Konzept des FSM wird weit verbreitet verwendet, einschließlich im Bereich des digitalen Schaltungsentwurfs, da das funktionale Verhalten einer gegebenen sequentiellen Schaltung effizient durch einen FSM dargestellt werden kann. Genauer gesagt, wird diese Darstellung oft in Bereichen wie der formalen Verifikation verwendet, da Aufgaben wie die Erreichbarkeitsanalyse durchgeführt werden müssen, was mit einem FSM relativ einfach zu bewerkstelligen ist. Ein entsprechender FSM kann aus der sequentiellen Schaltung generiert werden – wie in Theorem 2.2 auf Seite 4 eingeführt – durch Verarbeitung der Eingangs- und Ausgangskegel der FFs, da die FFs den Zustand der Schaltung bestimmen. Folglich modelliert ein FSM das Verhalten der Schaltung über eine Anzahl von Zeitrahmen in Bezug auf die Eingaben durch Einbeziehung der Übergangsrelation, d. h., die Zustand-zu-Zustand Übergänge werden durchgeführt. Dieses Verfahren wird aufgerufen, um Informationen über die Erreichbarkeit der Schaltung zu ermitteln, um die Korrektheit des funktionalen Verhaltens der Schaltung festzustellen und somit jegliches fehlerhaftes Verhalten auszuschließen. Die Menge der erreichbaren Zustände $S^* \subseteq S$ enthält jene Zustände, die von einem Anfangszustand in einer beliebigen Anzahl von Schritten erreichbar sind.

3.7 Binäres Entscheidungsdiagramm

Ein BDD [Ake78] ist ein graphenbasiertes Modell, das beispielsweise eine Boolesche Funktion oder eine Schaltung [Lee59] darstellt und aus Knoten und Kanten besteht. Die Durchquerung eines BDD erfolgt in gerichteter Weise, beginnend von der Wurzel, einem Knoten ohne Vorgänger, bis zu einem Blatt, das durch einen Endknoten dargestellt wird, d. h. einem Knoten ohne Nachfolger, der jedoch den Wert „0“ oder „1“ hält. Dabei hat jeder Knoten – mit Ausnahme der Blätter – genau zwei ausgehende Kanten, die die binären Werte „0“ und „1“ repräsentieren. Es existieren verschiedene Techniken zur Minimierung, die es ermöglichen, die Anzahl der Knoten und damit die Größe des BDD zu reduzieren. Ein *reduziertes* BDD wird durch Anwendung von Minimierungstechniken wie [DDG00, Sch+99] bestimmt.

Ein wichtiges Kriterium für die Wirksamkeit eines BDD betrifft die angenommene Reihenfolge der Variablen bei der Erzeugung des BDD aus beispielsweise einer Booleschen Funktion. Wenn die Variablen streng stufenweise angeordnet sind, wird das BDD als geordnet bezeichnet. In Kombination wird ein reduziertes und geordnetes BDD – ein ROBDD – erzeugt, das eine kanonische Darstellung einer Booleschen Funktion in Bezug auf die angenommene Variablenreihenfolge ist. Aus diesem Grund eignet sich BDD zur Manipulation (und Optimierung) der Booleschen Funktion [Bry86, DDG00, Sch+99], wie in Kap. 8 dieses Buches angewendet. So kann ein BDD einerseits aus einer Wahrheitstabelle erzeugt und andererseits durch Anwendung der BDD-to-MUX Synthesetechnik von [Som16] in Hardware synthetisiert werden. Darüber hinaus ermöglicht ein BDD die Auswertung einer gegebenen Funktion, indem die Struktur einfach in gerichteter Weise durchlaufen wird. Die Boolesche Funktion bewertet den Wert des Endknotens, der am Ende der BDD-Durchquerung erreicht wird.

Teil II
Neue Techniken für Test, Debugging und Zuverlässigkeit

Kapitel 4
Eingebettete Kompressionsarchitektur für Testzugang

Seit den letzten Jahren hat sich das funktionale Anforderungsprofil an ICs erheblich verändert. Die ICs sind nicht mehr nur für dedizierte Funktionen gedacht, sondern sie sind so konzipiert, dass sie mehrere umfassende Aufgaben gleichzeitig bewältigen können. Dies führt zu komplexen SoC-Designs, die mehrere verschachtelte Module enthalten und somit eine große Anzahl von Transistoren aufweisen. Die erhöhte Komplexität führt zu einem hohen Risiko physikalischer Defekte, die während der Herstellung auftreten. Nicht nur aus diesem Grund sind Produktionstests unerlässlich. Neben diesen Produktionstests erfordert die hohe Modularität der SoC-Designs umfangreiche Board- und In-Feld-Testmöglichkeiten, die zwangsläufig zu einer höheren Testkomplexität und zum Problem des begrenzten Testzugangs zu den verschachtelten Modulen führen. Dies liegt daran, dass die Gesamtzahl der Pins auf Chipebene begrenzt ist und daher nur eine Teilmenge der IO-Pins der Module auf die Chipebene verdrahtet werden kann.

Die Zugänglichkeit jedes einzelnen der verschachtelten Module sicherzustellen, stellt eine herausfordernde Aufgabe dar. Spezielle Testzugangsmechanismen sind in das Design eingebettet und bieten spezifische Zugangsschnittstellen. Der IEEE 1149.1 Std. spezifiziert einen solchen TAP, der in industriellen Designs häufig verwendet wird. Dieser standardisierte TAP ermöglicht die Übertragung von Testdaten an das CuT. Ein wesentlicher Nachteil des IEEE 1149.1 betrifft jedoch die serielle Schnittstelle für die Datenübertragung, die zu einer hohen TAT führt, da der IEEE 1149.1 typischerweise mit einer relativ niedrigen Testtaktfrequenz arbeitet. Darüber hinaus erfordern das hohe TDV und das Debug-Datenvolumen den Einsatz einer erheblichen Menge an Testgerätspeicher, das in einer Systemumgebung im Feld oder für schnelles Post-Silicon-Debugging mit IEEE 1149.1

S. Huhn und R. Drechsler, *Design für Testbarkeit, Fehlersuche und Zuverlässigkeit*, https://doi.org/10.1007/978-3-031-45319-9_4

oft nicht realisierbar ist und daher zu Komplexitätsgrenzen in den Testverfahren führen kann. Dieser Umstand erhöht die Testkosten, die einen hohen Anteil an den Gesamtproduktionskosten ausmachen.

Um die Schwächen der aktuellen Ansätze zu beheben, schlägt dieses Buch VecTHOR vor, eine neue eingebettete Kompressionstechnik, die in IEEE 1149.1-konforme TAP-Controller integriert werden soll. Insbesondere wurde eine Architektur entwickelt, die eine codewortbasierte Kompressionstechnik nutzt, die dynamisch konfigurierbar ist und daher auch auf heterogenen und hochentropischen Testdaten anwendbar ist. Darüber hinaus erfordert VecTHOR nur einen geringen Hardware-Mehraufwand und keine zusätzlichen Pins auf Chipebene. VecTHOR verwendet eine codebasierte Kompressionstechnik, die sowohl feste Codewörter als auch dynamisch konfigurierte Codewörter zur Handhabung heterogener Testdaten einbeziehen kann. VecTHOR kann angewendet werden, um das TDV bestehender Testsequenzen messbar zu reduzieren, ohne das logische Testverhalten selbst zu beeinflussen. Daher ist keine erneute Überprüfung dieser Testdaten erforderlich und die bestehenden Testdaten müssen nur einmalig off-chip neu übersetzt werden.

Mehrere Experimente zeigen, dass VecTHOR eine signifikante Reduzierung des TDV von etwa mehr als 25 % bei hochentropischen Testdaten und fast 50 % bei industriellen Testdaten erreicht. Diese Experimente zeigen, dass diese Technik es ermöglicht, die gesamte TAT bei der Verarbeitung vollständig spezifizierter Testdaten von industriellen Designs um bis zu 20 % zu reduzieren. Im Gegenzug wird ein geringer TAT-Mehraufwand eingeführt, wenn hochentropische Testdaten verarbeitet werden. Darüber hinaus verursacht die eingebettete Kompressionshardware nur einen vernachlässigbaren Mehraufwand im Design selbst, das durch die Synthese des erweiterten Designs nachgewiesen wurde.

Dieses Kapitel ist wie folgt gegliedert: Zunächst werden die verwandten Arbeiten in Abschn. 4.1 diskutiert. Abschn. 4.2 präsentiert die Kompressionsarchitektur von VecTHOR, einschließlich der Erweiterung des FSM, des dynamisch konfigurierbaren eingebetteten Wörterbuchs, des codewortbasierten Dekompressors sowie eines Beispiels für die Anwendung von VecTHOR. In Abschn. 4.3 wird ein Retargeting-Werkzeug skizziert, das beliebige Testdaten effektiv verarbeitet, indem ein heuristisches Retargeting-Verfahren realisiert wird. Der experimentelle Aufbau wird in Abschn. 4.4 beschrieben und die durchgeführten Experimente werden in Abschn. 4.5 vorgestellt. Schließlich werden in Abschn. 4.6 eine Zusammenfassung und ein Ausblick auf zukünftige Arbeiten gegeben.

4.1 Verwandte Arbeiten

Verschiedene Arbeiten wurden in der Literatur veröffentlicht, die unterschiedliche Ansätze verfolgen, die sich auf die Anforderungen von ATPG, *Embedded Deterministic Test* (EDT) [Raj+04], oder der Datenkompression von Scan-Ketten [JT98, WP02] konzentrieren. Im Allgemeinen erreicht EDT ein sehr hohes Kompressionsverhältnis, das hauptsächlich mit dem Anteil der X-Werte in den eingehenden Testdaten skaliert. Dies bedeutet, dass das resultierende Kompressionsverhältnis stark von den Testdaten abhängt und EDT daher nicht für vollständig spezifizierte Testdaten geeignet ist, wie sie im Bereich der funktionalen Verifikation gegeben sind. Darüber hinaus erfordern Techniken wie EDT Zugang zu bestimmten IO-Pins auf Chipebene. Im Falle von SoC-Designs mit einer großen Anzahl von verschachtelten Modulen sind diese IO-Pins meist nicht auf Chipebene zugänglich. Folglich können diese Kompressionstechniken nicht während eines Board- oder In-Feld-Tests mit spezieller Debug-Ausrüstung angewendet werden.

In der Vergangenheit wurden verschiedene Hardwaremodule entwickelt, die von Kompressionsmethoden profitieren, die am bekanntesten aus dem Bereich der Softwarekompression sind. Es folgt ein kurzer Überblick über die veröffentlichten Methoden zur TDV-Kompression von ATPG-Testdaten. Die Autoren der Arbeit [ICM99] schlugen eine statische Codierung vor, die durch Nutzung einer statischen Lauflängencodierung erweitert wurde [JT98]. Diese Lauflängencodierung ermöglicht eine effiziente Handhabung wiederholender Bits der Testdaten. Die in der Arbeit [JGT99] vorgeschlagene Methode verwendet die bekannte Huffman-Codierung [Ila+13]. Ein leistungsfähiger LZ77-Algorithmus wird in [WP02] vorgeschlagen, der auf einem dynamisch wachsenden Wörterbuch basiert. Ein mehrstufiges Wörterbuch wurde in [DM13] vorgeschlagen, das bestimmte Berechnungsstufen erfordert.

Diese Techniken führen jedoch zu einem erheblichen Hardware-Mehraufwand und erlauben keine nahtlose Integration in einen bestehenden Testdatenablauf. Die Autoren in [CC01] führen eine neue Art der Codierung ein, den Golomb-Code, der von vorherigen Teilen der Testsequenz profitiert. Zusätzlich wurde eine leistungsfähige Methode zur Kompression mehrerer Scan-Ketten durch einen wörterbuchbasierten Ansatz in [WTH04] veröffentlicht. Die Arbeit [MK06] schlägt eine neue Kompressionstechnik vor, die unabhängig von X-Werten arbeitet und daher keine X-Werte vom ATPG-Tool vor der Übertragung der Testdaten injiziert werden müssen.

Concurrent-JTAG [Cla06] wurde entwickelt, um die funktionale Verifikation durch die Verwendung von TAP-Strukturen zu beschleunigen und wird bereits von der Industrie umgesetzt. Concurrent-JTAG erfordert jedoch stark modifizierte Geräte in Bezug auf ihre TAP-Controller, so dass die Konformität mit dem standardisierten JTAG nicht mehr gewährleistet ist. Darüber hinaus müssen zwei zusätzliche IO-Pins in der obersten Ebene eingebettet werden. Concurrent-JTAG erreicht die Beschleunigung durch Parallelisierung, die strukturelle Anforderungen an den CuT sowie an Testsequenzen stellt. IJTAG [14] ist eine Technik zur Einrichtung großer On-Chip-Testnetzwerke, einschließlich des erforderlichen Retargeting der Testdaten. Diese Technik wurde in jüngster Zeit von verschiedenen Forschungsarbeiten aufgegriffen, da sie großes Potenzial für die aufkommenden Herausforderungen im Bereich des IC-Designs der nächsten Generation bietet. Dabei enthält IJTAG nicht die Schnittstelle auf Chipebene, sondern ist typischerweise für die Verwendung von JTAG TAP-Controllern gedacht. Abhängig von der Größe und der Struktur des resultierenden IJTAG-Netzwerks muss eine bestimmte Menge an zusätzlichen Konfigurationsdaten (für das Testnetzwerk) vor den eigentlichen Testdaten an das Netzwerk übertragen werden.

Darüber hinaus schlagen die Autoren in [Jia+12] ein Kompressionsschema für die Konfigurationsdatenströmen von Field Programmable Gate Arrays vor, die zwischen dem TAP und dem Kern integriert werden müssen. Da eine solcher Bitstrom charakteristisch von nachlaufenden Nullen dominiert wird, basiert diese Hardware auf einer Lauflängencodierung, die nur für dieses spezialisierte Anwendungsgebiet geeignet ist.

Dieses Buch konzentriert sich auf eine serielle Testdatenübertragung in den CuT über einen zentralisierten JTAG-Controller: Es soll ein erweiterter TAP-Controller entwickelt werden, der eine neu vorgeschlagene Kompressionstechnik auf eingehende Daten anwendet. Diese neue Technik bietet volle Legacy-Unterstützung für standardisierte JTAG-Operationen, ohne die Komplexität des Controllers signifikant zu erhöhen. Die vorgeschlagene Kompressionsarchitektur kann auf beliebige Daten angewendet werden, z. B. vollständig spezifizierte funktionale Verifikationstestdaten, für die die Mehrheit der bisher veröffentlichten Techniken nicht anwendbar ist.

4.2 Kompressionsarchitektur

Dieser Abschnitt beschreibt die wesentlichen Komponenten von VecTHOR, die in ein beliebiges IC-Design integriert werden sollen, das bereits einen IEEE 1149.1 TAP-Controller besitzt. Ihre Integration ermöglicht eine signifikante TDV-Reduzierung, die durch VecTHOR ermöglicht wird.

Die allgemeine Idee von VecTHOR lässt sich wie folgt zusammenfassen:

(Vor der Testanwendung müssen die folgenden Schritte einmalig auf der Grundlage der a-priori bekannten Testdaten durchgeführt werden.)

- Analyse der Testdaten einmal und Identifizierung der am häufigsten auftretenden Bitsequenzen.
- Erzeugung einer Konfiguration eines eingebetteten Wörterbuchs, in dem einzelne Codewörter mit den am häufigsten auftretenden Bitsequenzen konfiguriert sind.
- Retargeting der eingehenden Testdaten durch Ersetzen aller Vorkommen der Bitsequenz durch die neu eingeführten Codewörter, die komprimierte Testdaten erzeugen.

(Die verbleibenden Schritte müssen pro IC-Test durchgeführt werden.)

- Übertragung der bestimmten Konfiguration auf den Chip und Anwendung auf das von VecTHOR eingeführte eingebettete Wörterbuch.
- Übertragung der komprimierten Testdaten auf den Chip und Dekomprimierung (Wiederherstellung) des Originals durch den Codewort-basierten Dekompressor ohne Verluste.

Die wesentlichen Komponenten von VecTHOR werden im Folgenden kurz beschrieben.

1. Der standardisierte IEEE 1149.1 TAP-Controller muss erweitert werden, so dass es möglich ist, die neu eingebettete Kompressionstechnik zu aktivieren und ansonsten den modifizierten Datenpfad vollständig zu isolieren. Diese Isolation stellt sicher, dass die volle Legacy-Kompatibilität gegeben ist.
2. Ein eingebettetes Wörterbuch muss entworfen werden, das den Kern der Codewort-basierten Kompression bildet, und eine Abbildungsfunktion muss implementiert werden, die die Codewörter auf Datenwörter und umgekehrt abbildet.

Zusätzlich zu diesen wesentlichen Komponenten werden zwei bedeutende Erweiterungen entworfen und nahtlos in VecTHOR integriert, um die Effektivität wie folgt zu erhöhen:

3. Ein Mechanismus wird implementiert, der es ermöglicht, das eingebettete Wörterbuch dynamisch zu konfigurieren, so dass die ursprünglich konfigurierten Codewörter (durch Synthese) modifiziert werden können. Dadurch ist es möglich, auch heterogene Testdatenanteile effektiv zu verarbeiten.
4. Bestimmte Laufzeitkodierungsfähigkeiten werden in VecTHOR eingeführt, die es ermöglichen, das zuvor empfangene Codewort für eine beliebige Länge zu wiederholen und somit homogene Teile der Testdaten effektiv anzusprechen.

Ein kritisches Designkriterium, das unbedingt berücksichtigt werden muss, betrifft den resultierenden Hardware-Mehraufwand von VecTHOR. Da ein standardisierter IEEE 1149.1 nur einen handhabbaren Hardware-Mehraufwand einführt, muss die Implementierung von VecTHOR so leichtgewichtig sein, dass nur die gleiche Größenordnung von zusätzlichen Hardware-Ressourcen eingeführt wird.

Ein Retargeting-Verfahren wird aufgerufen, um vorhandene Testdaten einmalig off-chip vorzubereiten. Dieses Verfahren bestimmt eine vorteilhafte *Konfiguration* (C) für die DDU und erzeugt die *Komprimierten Testdaten* (D) in Bezug auf die kürzlich bestimmte Konfiguration des eingebetteten Wörterbuchs. Einerseits können vorhandene *Unkomprimierte Testdaten* (I) leicht durch das entwickelte Retargeting-Werkzeug verarbeitet werden, ohne dass eine Regeneration oder Revalidierung erforderlich ist und andererseits kann ein bestehender industrieller Ablauf[1]direkt durch dieses Retargeting-Verfahren erweitert werden.

Der vorgeschlagene Ablauf der eingebetteten Kompression ist in Abb. 4.1 dargestellt und kann in drei verschiedene Schritte unterteilt werden, wie folgt:

[1]Eine solche nahtlose Integration wurde beispielhaft durch die Implementierung bestimmter Eingangsfilter zur Verarbeitung von STIL-formatierten Daten aus der TCL-Umgebung direkt realisiert.

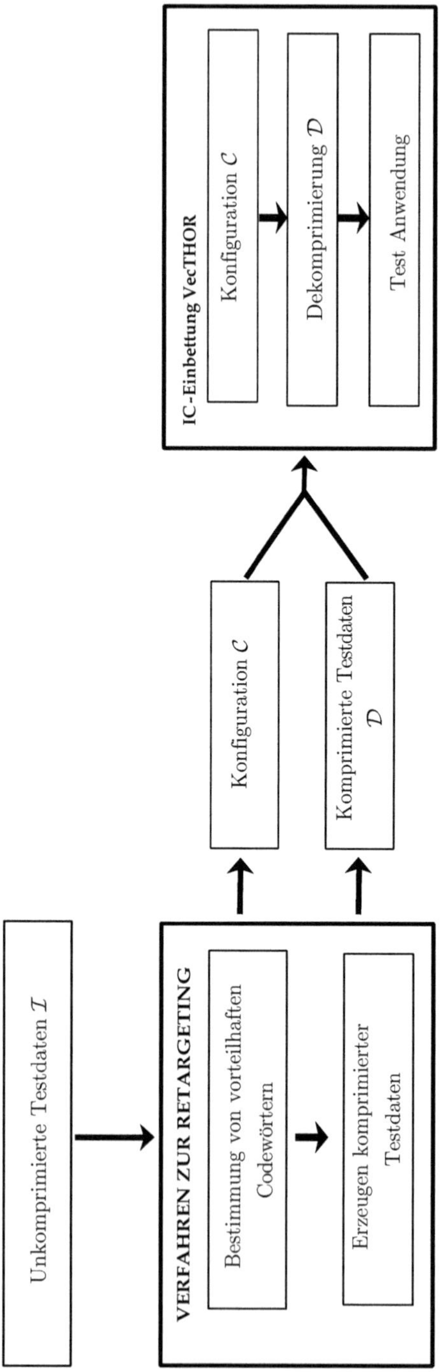

Abb. 4.1 Gesamter Kompressionsablauf von VecTHOR

1. Ein Retargeting-Werkzeug wird auf die unkomprimierten Testdaten I angewendet, d. h., die ursprünglichen eingehenden Testdaten, um die Konfiguration des eingebetteten Wörterbuchs zu bestimmen und die entsprechenden komprimierten Testdaten D zu generieren.
2. Das eingebettete Wörterbuch wird während einer Preload-Phase mit der kürzlich bestimmten Konfiguration C dynamisch konfiguriert.
3. Der letzte Schritt betrifft die Übertragung der komprimierten Testdaten und deren verlustfreie Dekompression und schließlich die Testanwendung.

4.2.1 Erweiterung des TAP-Controllers

Eine wesentliche Komponente von JTAG ist der TAP-Controller, der das standardisierte Schnittstellenprotokoll implementiert, das weitere Komponenten wie einen Befehlsdecoder enthält. Es ist von größter Wichtigkeit, dass alle durchgeführten Änderungen vollständig transparent gegenüber der Legacy-Kompatibilität mit IEEE 1149.1 sind, da JTAG als Stand der Technik etabliert wurde.

Kommerziell erhältliche IEEE 1149.1 Geräte implementieren oft einen Befehlssatz mit vier Bits, das zu 16 verfügbaren Befehlscodes (Opcodes) führt. Insgesamt definiert der Standard mindestens vier Befehle, die aus Konformitätsgründen implementiert werden müssen und daher bleiben 12 Opcodes unzugewiesen. Die verbleibenden Opcodes können individuell implementiert werden, abhängig von den gegebenen Anforderungen.

VecTHOR führt zwei zusätzliche Befehle ein, indem die Opcodes `0110` und `0100` belegt werden, die die neuen JTAG-Befehle compr_data und compr_preload darstellen und beide nicht in IEEE 1149.1 definiert sind.

compr_preload ermöglicht das Hochladen der bestimmten Konfiguration des eingebetteten Wörterbuchs.

compr_data aktiviert die eingebettete Kompressionstechnik oder deaktiviert sie, wenn sie bereits aktiviert ist.

Wenn weder die Anweisung compr_data noch compr_preload geladen ist, wird der FSM gemäß IEEE 1149.1 durchlaufen, wie in Abb. 2.9 auf Seite 17 dargestellt, und die verarbeiteten Daten werden durch keine Dekompression beeinflusst. Für den Fall, dass die Anweisung compr_data oder compr_preload ausgewählt ist, ermöglicht ein TRST-Auslöser – oder sogar das Entladen dieser Anweisung durch eine weitere Ausführung – den normalen Betriebsmodus wieder. Im Gegensatz zum regulären FSM, wie er in JTAG verwendet wird, enthält die modifizierte FSM-Beschreibung zwei zusätzliche Zustände compr_dr und compr_exit, wie in Abb. 4.2 dargestellt. Beide Zustände sind nur erreichbar, wenn die Anweisung compr_data ausgewählt wurde.

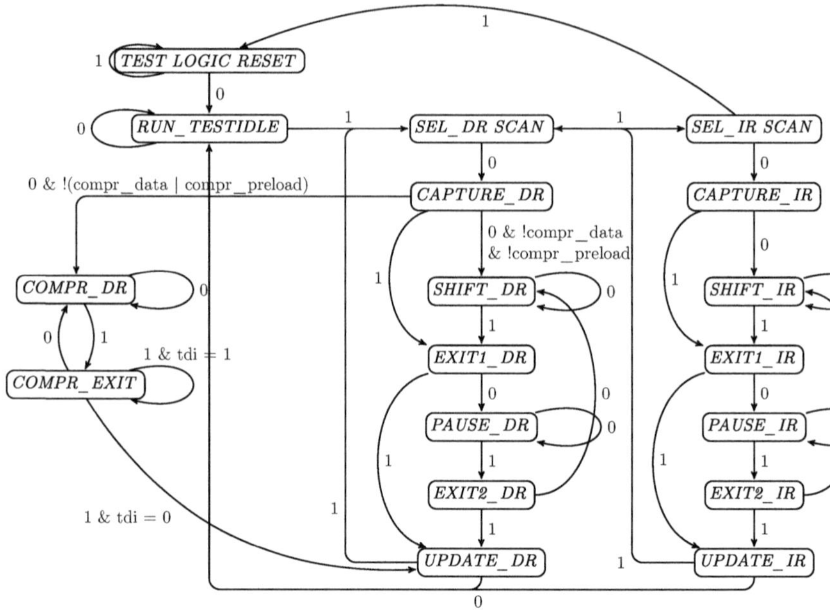

Abb. 4.2 FSM der kompressionsbasierten IEEE 1149.1: Testmodusauswahl @ Kanten

VecTHOR bietet die folgenden zwei Arten von Kompression:

compr nutzt die Codewort-basierte Kompressionstechnik in Kombination mit dem dynamisch konfigurierbaren eingebetteten Wörterbuch.

μ-compr erweitert diesen compr-Ansatz durch die Einbeziehung bestimmter Lauflängenfähigkeiten, um wiederholende Bitsequenzen effektiv zu adressieren. Diese Technik ermöglicht es, das zuvor empfangene Codewort mehrmals zu dekomprimieren, ohne es erneut zu übertragen.

Die Übertragung von komprimierten Daten kann durch die folgenden fünf Schritte beschrieben werden, die durch den Zeitpunkt t_x (gemessen an steigenden Taktereignissen) getrennt sind:

1. Wenn die Anweisung compr_data in der Phase Load_IR geladen wurde, wird TMS auf „1“ gesetzt, um den Zustand SEL_DR_SCAN bei t_{i-3} zu erreichen. TMS wird auf „0“ gesetzt, um die Nachfolgezustände capture_dr bei t_{i-2} und compr_dr bei t_{i-1} auszuwählen.
2. *Test Data In* (TDI) wird bei einer steigenden Flanke von Test Clock zur Zeit t_i erfasst und als Teil des gesamten CDW interpretiert. Dieser Erfassungsprozess wird n Mal bis zu t_{i+n} wiederholt, solange der FSM sich im Zustand compr_dr befindet. In der Zwischenzeit wird jeder empfangene Teil in einem freigelegten Compress Register gespeichert. Die Länge des Kompressionsregisters bestimmt die MCL l_{CR}. Als Plausibilitätsprüfung führt das Überschreiten dieser Grenze zu einem Reset der Testlogik, d. h., $l_{CR} \leq n$ ist nicht mehr gültig.

3. Danach muss TMS auf „1“ geändert werden, um einen Zustandsübergang zu compr_exit zu verursachen. Im Zustand compr_exit wendet der TAP-Controller den Dekompressor auf die im Kompressionsregister gespeicherten Daten an und schreibt das UDW in das freigelegte TDR innerhalb eines Testzyklus t_{i+n+1}.
4. Abhängig vom TMS-Signal zur Zeit t_{i+n+2} erreicht der FSM den Zustand update_dr, indem er die Phase compr_dr mit $TMS = 1$ verlässt, ansonsten kann ein weiteres CDW direkt verarbeitet werden, indem $TMS = 0$ gesteuert wird, so dass der FSM zu compr_dr übergeht.
5. Im Falle der Verwendung der Technik μ-compr während compr_data ausgewählt ist, muss der Übergang zwischen compr_exit und update_dr mit $TMS = 1$ bei t_{i+n+2} durch Auswertung des TDI-Signals angereichert werden: Wenn $TDI = 0$ gilt, ändert sich nichts. Wenn $TDI = 1$ gilt, dann wird der Zustand compr_exit immer wieder in einer Schleife zu sich selbst durchlaufen, solange $TDI = 1 \wedge TMS = 1$ gilt. Jede Zyklusiteration dekomprimiert das zuletzt empfangene CDW erneut und schreibt das zugeordnete UDW in das freigelegte TDR.

Abb. 4.3 zeigt eine beispielhafte Übertragung des komprimierten Datenworts „101“, das durch die Abbildungsfunktion zu „10111001“ wiederhergestellt wird. Tatsächlich löst die Implementierung von μ-compr die beiden TDI-gesteuerten Zustandsübergänge durch Signaländerungen auf TDI aus, anstatt durch Signalwerte, wie oben skizziert. Dies ermöglicht eine Reduzierung des zusätzlichen Mehraufwandes bezüglich der Steuerdaten bei der Aufrufung von μ-compr.

4.2.2 *Codewort-basierter Dekompressor*

Ein weiterer wichtiger Aspekt von VecTHOR betrifft den Dekompressor, der aus einer Abbildungsfunktion und einem eingebetteten Wörterbuch besteht. Die Abbildungsfunktion projiziert jedes einzelne der CDW eindeutig auf ein UDW in Bezug auf die Konfiguration des eingebetteten Wörterbuchs, wie im Theorem 4.1 angegeben.

Definition 4.1 Die Abbildungsfunktion Ψ ist definiert als $\Psi\ (CDW^c) \rightarrow UDW^u$, die eine Projektion eines erfolgreich empfangenen CDW der Länge c mit $c \leq$ Maximale-Codewort-Länge (MCL) auf ein spezifisches UDW der Länge[2] u mit $u \in \{1, 4, 8\}$realisiert. Hierbei wird 8 als MDL bezeichnet.

Definition 4.2 Ein eingebettetes Wörterbuch wird als eine $N\times$ 2 Matrix[3] definiert, die aus N Paaren eines Codeworts (erste Spalte) und einesDatenworts (zweite Spalte) besteht.

[2]Diese Längen werden aufgrund von Hardwarebeschränkungen angenommen; die Technik ist jedoch grundsätzlich für weitere Längen anwendbar.

[3]Eine Zeile der Matrix wird als Eintrag des Wörterbuchs angenommen. Die Codewörter werden als CDWs und die Datenwörter als UDWs interpretiert.

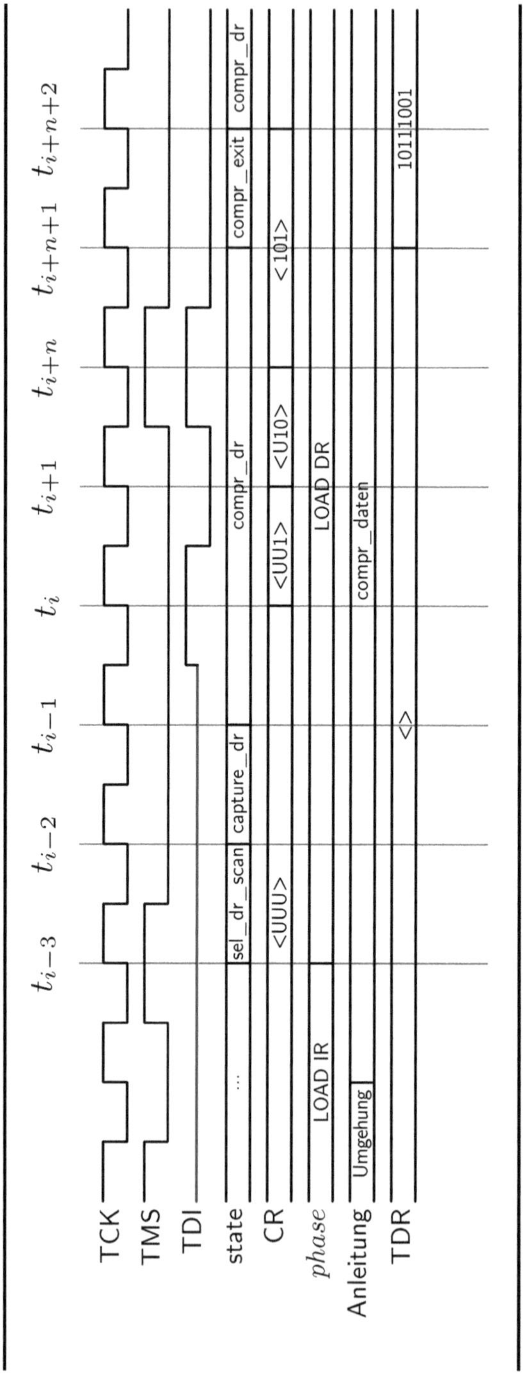

Abb. 4.3 Zeitsignal-Diagramm von VecTHOR

Definition 4.3 Die Maximale-Codewort-Länge (MCL) entspricht der maximalen Bitlänge eines einzelnen Codeworts, die die Anzahl N der eindeutigen Codewörter durch $N = \sum_{i=0}^{MCL} 2^i$ bestimmt und somit die Kapazität des eingebetteten Wörterbuchs festlegt.

Lemma 4.4 *Jedes CDW ist eindeutig im Wörterbuch enthalten, binär codiert mit* 1...*MCL Bits und ursprünglich mit einem bestimmten UDW durch Syntheseeinstellung oder innerhalb der Preload-Phase, d. h. durch eine Konfiguration, assoziiert.*

Das eingebettete Wörterbuch hält alle Assoziationen zwischen Codewörtern und Datenwörtern, die ursprünglich gegeben sind (durch die Syntheseeinstellung) und, was noch wichtiger ist, dynamisch konfiguriert werden vor oder sogar während der Testdatenübertragung (siehe Theorem 4.2). Die Gesamtkapazität N des Wörterbuchs wird durch den MCL-Parameter bestimmt, wie im Theorem 4.3 angegeben. Daher erfordert ein größerer MCL mehr Hardware-Ressourcen für die Implementierung des eingebetteten Wörterbuchs. Das eingebettete Wörterbuch besteht aus N Paaren von Codewörtern mit konfigurierbaren Datenwörtern, wobei jedes Codewort genau einmal vorkommt und binär codiert ist mit 1... *MCL* Bits (siehe Theorem 4.4).

VecTHOR integriert bestimmte Fähigkeiten zur Laufzeitkodierung, nämlich μ-compr, die es ermöglicht, das kürzlich empfangene CDW mehrmals auf dem Chip zu dekomprimieren, ohne dass eine wiederholte Übertragung erforderlich ist. μ-compr ermöglicht es, wiederholende Bitsequenzen effektiv anzusprechen und spart somit Testzyklen sowie Testdatenvolumen. Das leere CDW „$\emptyset$“ wird zur Implementierung von μ-compr verwendet.

Für die Vollständigkeit der vorgeschlagenen Codewort-basierten Technik ist es erforderlich, dass diese SBIs Teil der Konfiguration sind (siehe Theorem 4.5). Das Retargeting-Verfahren führt SBIs an einer bestimmten Position ein, wenn keine andere Ersetzung möglich ist und diese Position sonst unbedeckt bleiben würde. Ohne Einschränkung der Allgemeinheit ermöglicht die Einführung von SBIs die Verarbeitung beliebiger Testdaten und somit eine Dekompression auf dem Chip ohne Informationsverlust (siehe Theorem 4.6). Darüber hinaus ist es möglich, das eingebettete Wörterbuch dynamisch zu konfigurieren, indem man den entwickelten DDU in Verbindung mit der compr_preload Phase nutzt. In diesem Fall wird eine vorbestimmte Konfiguration C, wie im Theorem 4.7 angegeben, an DDU übertragen, der die Änderungen am eingebetteten Wörterbuch vornimmt.

Lemma 4.5 *UDWs mit einer Länge von 1 werden SBIs genannt, die eingeführt werden, um die Vollständigkeit der Kompression zu gewährleisten und somit eine verlustfreie Kompression in Verbindung mit einer späteren Dekompression beliebiger Bitsequenzen zu ermöglichen.*

Lemma 4.6 *Angesichts der Abbildungsfunktion Ψ und der Konfiguration C, die zwei CDWs für die SBIs cdw_i und cdw_j hält, so dass $\Psi(cdw_i) = 0$ und $\Psi(cdw_j) =$* 1. *Dann kann jede mögliche Sequenz von eingehenden Daten I durch eine Sequenz* *von CDWs dargestellt werden, d. h., die komprimierten Testdaten D. Mindestens kann dies erreicht werden, indem einfach die cdw_i oder cdw_j nacheinander verwendet wird.*

Definition 4.7 Eine Konfiguration $\mathcal{C}$ besteht aus N Einträgen (gemäß Theorem 4.2), die auf ein eingebettetes Wörterbuch angewendet werden, um die Zuordnung von spezifischen Codewörtern (CDWs) zu bestimmten Datenwörtern (UDWs) neu zu konfigurieren.

Lemma 4.8 *Ein komprimierter Testdatensatz $\mathcal{D}$ und eine Konfiguration $\mathcal{C}$ sind gegeben. Dann werden die ursprünglichen Testdaten $\mathcal{I}$ wiederhergestellt, wenn die Abbildungsfunktion Ψ (unter Verwendung von $\mathcal{C}$) auf $\mathcal{D}$ angewendet wird, d. h., jede in $\mathcal{D}$ enthaltene CDW wird sequenziell dekomprimiert.*

Beispiel 4.9 Ein beispielhaftes Wörterbuch mit MCL von 3, was ein guter Kompromiss ist, führt zu den folgenden $\sum_{i=0}^{3} 2^i = 15$ binären Codierungen:

- „∅,“ „0,“ „1,“ „00,“ „01,“ „10,“ „11“
- „000,“ „001,“ „010,“ „011,“ „100,“ „101,“ „110,“ „111“

Diese Einträge werden durch Synthese mit vorinitialisierten UDWs konfiguriert, mit Ausnahme des leeren CDW „∅“, das für den μ-compr verwendet wird, wie in Tab. 4.1 gezeigt.

(Beachten Sie, dass die Indexspalte Nr. nur der Lesbarkeit halber angegeben ist. Zu Demonstrationszwecken wird in diesem Beispiel auch der Nutzen β Wert gezeigt. Dies ist jedoch weder Teil einer Konfiguration noch im eingebetteten Wörterbuch enthalten.)

Ein beispielhaftes Wörterbuch wird in Theorem 4.9 gezeigt, das zwei CDWs mit freigelegten Funktionen – „0“ sowie „11“ – enthält, die die

Tab. 4.1 Beispielhafte gewichtete Abbildungsfunktion Ψ, *MCL*= 3

Nr.	CDW	UDW	Nutzen β
0	∅	CDW_{t-1}	–
1	0	1	0
2	1	00000000	7
3	00	1111	2
4	01	0101	2
5	10	0110	2
6	11	0	− 1
7	000	01010101	5
8	001	1010	1
9	010	0000	1
10	011	10101010	5
11	100	1000	1
12	101	1001	1
13	110	0001	1
14	111	11111111	5

SBIs repräsentieren. Sobald die Konfiguration ausgeführt wird, werden die komprimierten Testdaten D CDW-weise auf den Chip übertragen und dekomprimiert, um die ursprünglichen Testdaten I sukzessive wiederherzustellen (siehe Theorem 4.8).

Eine hohe Kompressionsrate zu erreichen, ist wesentlich, um einen signifikanten TDV zu erzielen. Daher ist ein Mechanismus erforderlich, der es ermöglicht, die Einsparungen (im Sinne von Bitanzahl) bei der Einführung eines bestimmten Ersatzes zu messen. Diese Einsparungen werden als Nutzen interpretiert und als Skalarwert β dargestellt, der durch eine Kostenfunktion $B(CDW^c) \rightarrow \beta$ für jeden Wörterbucheintrag individuell bestimmt wird (siehe Theorem 4.10).

Definition 4.10 Die Kostenfunktion B ist definiert als $B(CDW^c) \rightarrow \beta$, die den Nutzen der Ersetzung von udw_i der Länge u durch ein cdw_i der Länge c mit $\Psi(cdw_i) = udw_i$ als $|u - c|$ bestimmt.

Abb. 4.4 zeigt ein teilweises Blockdiagramm des modifizierten TAP-Controllers, der die Hauptkomponenten wie den Dekompressor, einen TDR sowie einen funktionalen Logikblock, der eine beispielhafte Datensenke darstellt, umfasst, um die nahtlose Integration und die volle Konformität mit IEEE 1149.1 zu demonstrieren. Zwei Multiplexer[4] sindeingeführt, um das CDW zu dekomprimieren, das im exponiertem compr_reg Register gespeichert ist und dieSelect-Leitung des Multiplexers steuert. Abhängig von der Länge u des UDW variiert der resultierende Datenfluss. Der Ausgang von UDWs mit $u = 1$ (was ein SBI bedeutet) ist mit der seriellenSpeicherschnittstelle verbunden, wie in der oberen Hälfte des Diagramms gezeigt. DerBusausgang von UDWs mit $u = 4$ oder $u = 8$ sind beide an die parallele Speicherschnittstelleangeschlossen. Sowohl die seriellen als auch die parallelen Busdaten werden geschrieben,um FFs einzuführen, sobald der FSM den Zustand compr_exit erreicht, wie oben beschrieben. Diese FFs synchronisieren diedekomprimierten Testdaten in Bezug auf den Testtakt. Der serielle Schreibvorgang wird vomTDR durchgeführt, wenn write enable (alsWE bezeichnet) gesetzt ist und alternativ wird der parallele Vorgang durchgeführt, wennsowohl das WE als auch das parallel data in writeenable (als pdi_we bezeichnet) gesetzt sind. Die Verbindungen zwischen demTDR und dem funktionalen Logikblock (als FL bezeichnet) sind skizziert, um einenexemplarischen Anwendungsfall zu demonstrieren. Das Diagramm enthält weitere Komponentendes regulären JTAG in Bezug auf die bypassAnweisung in Verbindung mit dem regulären shift_drZustand.

4.2.3 Beispielhafte Anwendung

Dieser Absatz beschreibt die Anwendung der vorgeschlagenen compr Technik zur Verarbeitung beliebiger Testdaten. Für dieses Beispiel wird die compr Technik auf

[4]Beachten Sie, dass die tatsächliche Implementierung bestimmte Merge-Operationen anwendet, um redundante Multiplexerstrukturen zu vermeiden.

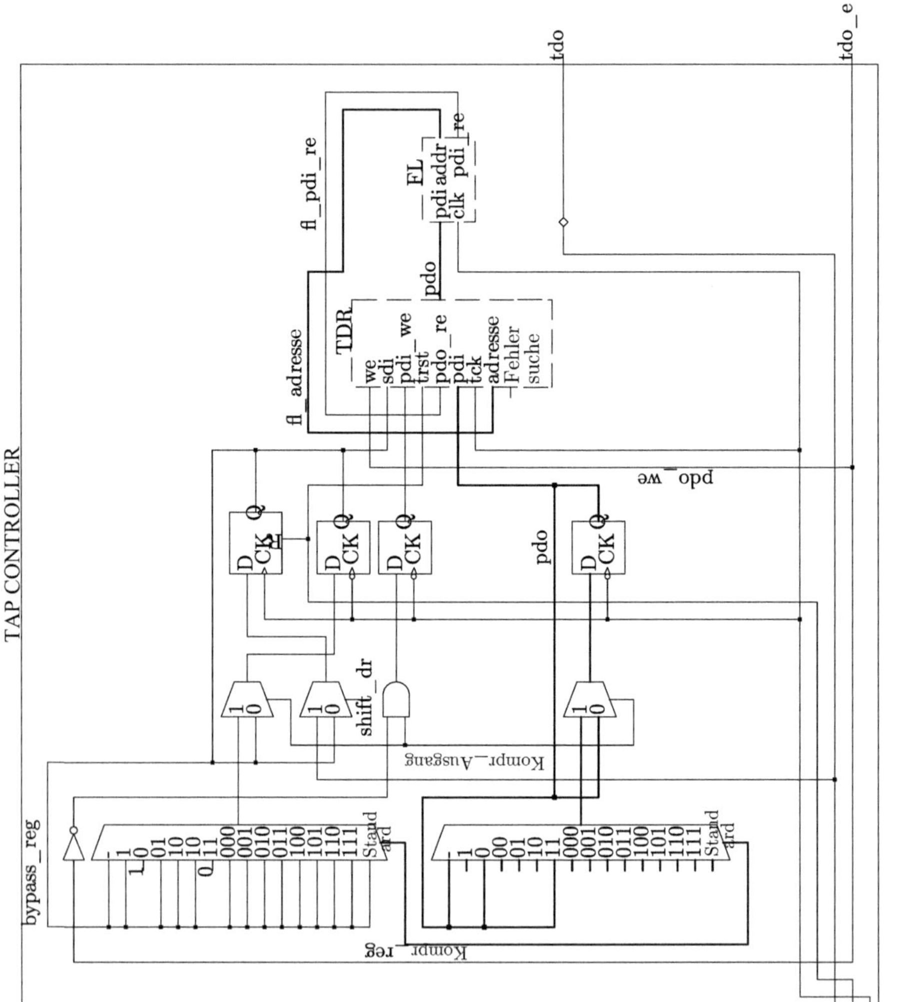

Abb. 4.4 Partielles Blockdiagramm von VecTHOR

Tab. 4.2 Anwendung der compr Technik auf Testdaten

Byte-Index	0	1	2	
Bit-Index	0 1 2 3 4 5 6 7	0 1 2 3 4 5 6 7	0	1
Unkomprimierte Testdaten	0 1 0 1 1 0 1 0	0 1 1 0 1 1 1 1	0	1
Komprimierte Testdaten	01 001	10 00	11	0

unkomprimierte Testdaten angewendet, die 18 Bits enthalten. Die beispielhafte Abbildungsfunktion Ψ aus Tab. 4.1 wird angenommen, ebenso wie das skizzierte Retargeting-Schema, das durch Algorithmus 3 in Abschn. 4.3 vorgestellt wird. Aufgrund der Größe des Beispiels werden weder die μ-compr noch die DDU-Konfiguration berücksichtigt.

Jedes einzelne Bit der eingehenden Testdaten wird einem Byte und einem Bit-Index zugewiesen. Wie gezeigt, identifiziert VecTHOR bestimmte Teile des unkomprimierten Vektors und kodiert sie mit geeigneten CDWs, die in Tab. 4.2 durch Unterklammern hervorgehoben sind. Da die Gesamtzahl der Bits nicht vollständig durch Acht oder sogar Vier teilbar ist, müssen die beiden letzten Bits an den Positionen 2.0 und 2.1 als SBIs behandelt werden.

Dieses Beispiel zeigt, dass die Verwendung von SBIs die Verarbeitung beliebiger Testdaten zu einer Sequenz von CDWs erfolgreich ermöglicht. Schließlich erzeugt diese Komprimierungs- Technik komprimierte Testdaten, die nur 12 Bits enthalten. In diesem Beispiel wird durch die Erweiterung des bestehenden TAP-Mechanismus durch VecTHOR eine Kompressionsrate von fast 34 % erreicht. Typischerweise ist die Kompressionsrate höher, wenn man echte Testdaten betrachtet; dieses Beispiel soll jedoch die Vollständigkeit durch die Einführung von SBIs demonstrieren.

4.3 Heuristisches Retargeting-Werkzeug

Dieser Abschnitt stellt zwei Algorithmen vor, die das entwickelte Retargeting-Werkzeug bilden. Diese Algorithmen sind darauf ausgelegt, die DDU einmal vor dem Test zu konfigurieren, d. h. die vorteilhafteste Konfiguration des eingebetteten Wörterbuchs zu bestimmen, und darüber hinaus die komprimierten Testdaten zu erzeugen, indem beliebige Testdaten verarbeitet werden.

Konfiguration des eingebetteten Wörterbuchs Dieser Absatz beschreibt eine Technik zur Identifizierung der am häufigsten auftretenden Bitsequenzen eines a-priori gegebenen Testdatensatzes, wie in Algorithmus 2 angegeben. Zunächst wird der ursprüngliche Vektor Ω serialisiert und verarbeitet, so dass alle Untersequenzen mit einer Länge von u, d. h. einer unterstützten UDW-Länge, separat behandelt werden (Zeile 2 ff.). Die Vorkommen möglicher UDW-Permutationen werden in einem Datencontainer Γ gezählt. Danach werden die Einträge durch Entfernen bestehender Schnittmengen nachbearbeitet (Zeilen 5 bis 15). In diesem Schritt wird der Nutzen aller paarweisen Schnittmengen bewertet (Zeile 9) und der weniger wertvolle wird durch Verringern des entsprechenden Zählers in Γ entfernt. Schließlich wird Γ nach abnehmender Anzahl von Vorkommen sortiert (Zeile 16) und die wertvollsten 2^{MCL} werden in die DDU-Konfiguration eingefügt (Zeile 17 ff.) durch Aufrufen der compr_preload Anweisung.

Algorithmus 2 Retargeting-Algorithmus: konfigurieren

Require: Ω, Ψ
1: $\Gamma := ()$ {Empty data container for counting occurrences}
2: **for all** (i, j) s.t. $\omega_i \dots \omega_j \subseteq \Omega \wedge i \leq j \wedge$ distance$(i, j) \in u$ **do**
3:     increaseOccurrencesCtr$((\omega_i, \omega_j))$ in Γ
4: **end for**
5: **for all** $\gamma \in \Gamma$ **do**
6:     $(\omega_i, \omega_j) := \gamma$
7:     **if** $\exists(\omega_k, \omega_m) \in \Gamma \backslash \{\gamma\}$ s.t. $i \leq k \leq j \vee i \leq m \leq j$ **then**
8:         $\widehat{\gamma} := (\omega_k, \omega_m)$
9:         **if** calculateGlobalBenefit$(\gamma) \leq$ calculateGlobalBenefit$(\widehat{\gamma})$ **then**
10:             decreaseOccurrencesCtr(γ) in Γ
11:         **else**
12:             decreaseOccurrencesCtr$(\widehat{\gamma})$ in Γ
13:         **end if**
14:     **end if**
15: **end for**
16: sortByDecreasingOccurrencesCtr(Γ)
17: **for all** $\gamma_i \in \Gamma$ s.t. $i \in [0, 2^{MCL})$ **do**
18:     emplaceInDDU(γ_i)
19: **end for**

Heuristisches Retargeting-Verfahren Dieser Absatz skizziert das Retargeting-Verfahren, das in Algorithmus 3 gegeben ist und die vorteilhaftesten Ersetzungen auf den Datensatz anwendet, das zu den komprimierten Testdaten führt. Neben diesem DDU-Konfigurationssatz ist ein weiterer Algorithmus erforderlich, um wertvolle Segmente der ursprünglichen Testdaten in Bezug auf die aktuelle DDU-Konfiguration zu identifizieren, die ihre Ersetzungen ausführt und VecTHORs erweitertes JTAG-Protokoll ausgibt. Das Retargeting-Verfahren verarbeitet den ursprünglichen Vektor Ω zu einem geeigneten Vektor $\overline{\Omega}$ wie in Algorithmus 3 gezeigt. Ω besteht aus N Datenbits $\omega_1, \dots, \omega_N$ und $\overline{\Omega}$ besteht aus komprimierten Datenbits $\overline{\omega_1}, \dots, \overline{\omega_C}$ die in der Testausrüstung gespeichert werden sollen. Die Ersetzungen Δ müssen berechnet werden, um $\overline{\Omega}$ zu bestimmen: Jede einzelne Ersetzung $\delta \in \Delta$ bildet auf eine zugrunde liegende UDW sowie den Bereich $(s_i : s_j)$ innerhalb des Bitvektors Ω ab, d. h., $\omega_i \dots \omega_j$ wird durch δ ersetzt. Diese Menge von Ersetzungen kann direkt in das gewünschte $\overline{\Omega}$ verarbeitet werden, das an den TAP-Controller übertragen wird.

Zunächst wird Δ in Algorithmus 3 wie folgt berechnet:

1. Die Menge $\widehat{\Delta}$ aller möglichen Ersetzungen wird bestimmt (Zeile 1).
2. Wertvolle Startpunkte *InitSet* mit einem Nutzen β größer als Null werden extrahiert und absteigend nach β sortiert (Zeile 2 f.).
3. Alle Ersetzungen werden in Δ eingefügt, solange sie nicht mit zuvor eingeführten Ersetzungen in Konflikt stehen (Zeilen 6 bis 12).

4. Wenn die vollständige Abdeckung aller Datenbits $\omega_{i'}$ mit $i' \in [1, N]$ noch nicht erreicht ist, müssen die verbleibenden unabgedeckten Bits gefüllt werden. Zur Vereinfachung des gezeigten Algorithmus werden nur SBIs berücksichtigt und daher wird das unbedeckte Einzelbit $\omega_{i'}$ durch ein SBI $\delta_{i'}$ mit $\beta \leq 0$ ersetzt (Zeile 16 f.).
5. Wenn die Abdeckung vollständig ist, wird die Menge der Ersatzteile sortiert und in den endgültigen Vektor umgewandelt, der komprimierte Datenbits enthält $\overline{\Omega}$ (Zeilen 22 bis 24), was den Retargeting-Prozess abschließt.
6. Im Falle der Verwendung von μ-compr, muss der Verschmelzungsschritt unmittelbar vor Beginn der Verkettung (Zeile 21) ausgeführt werden, indem spezifische nicht-leere Ersetzungen durch $\varnothing$ ersetzt werden.

Algorithmus 3 Retargeting-Algorithmus: komprimieren

Require: Ω
1: $\widehat{\Delta} := \{\ (CDW, s_i, s_j) \mid \Psi(CDW) = \omega_i ... \omega_j \subseteq \Omega \wedge i \leq j\ \}$
2: $InitSet := \{\ \delta \in \widehat{\Delta} \mid B($ getCDW$(\delta)\ ) > 0\ \}$
3: $InitSet :=$ sortByDecreasingBenefit($InitSet$)
4: $\Delta := \varnothing$
5: {Processing start points}
6: **for all** $init \in InitSet$ **do**
7: $(CDW, s_i, s_j) := init$
8: **if** $\exists i' \in [i, j]\ :\ s_{i'}$ isCoveredBy(Δ) **then**
9: **continue** {Skip conflicting replacement}
10: **end if**
11: $\Delta := \Delta \cup init$ {Add replacement}
12: **end for**
13: $\overline{\Omega} := \varnothing$
14: {Filling existing uncovered areas in bit vec}
15: **for all** $i' \in [1, N]\ :\ s_{i'}$ is**Not**CoveredBy(Δ) **do**
16: $\delta_{i'} := (\Psi^{-1}(\omega_{i'}),\ s_{i'},\ s_{i'})$
17: $\overline{\Omega} := \overline{\Omega} \cup \{\delta_{i'}\}$
18: **end for**
Ensure: Every data bit is covered.
19: {Generating sequence of compressed data bit}
20: $\Delta :=$ sortByIncreasingPos(Δ)
Ensure: Next step only in case of μ-compr.
21: $\Delta :=$ mergeConsecutiveIndenticalCDWs(Δ)
22: **for all** $\delta_i \in \Delta$ **do**
23: $\overline{\Omega} := \overline{\Omega}$ **concat** $\Psi^{-1}(\ getCDW(\ \delta_i\ )\ )$
24: **end for**
25: **return** $\overline{\Omega}$

4.4 Experimenteller Aufbau

Dieser Abschnitt beschreibt den umfassenden experimentellen Aufbau, der implementiert wurde, um die entwickelte eingebettete Kompressionsarchitektur zu bewerten und zu validieren.

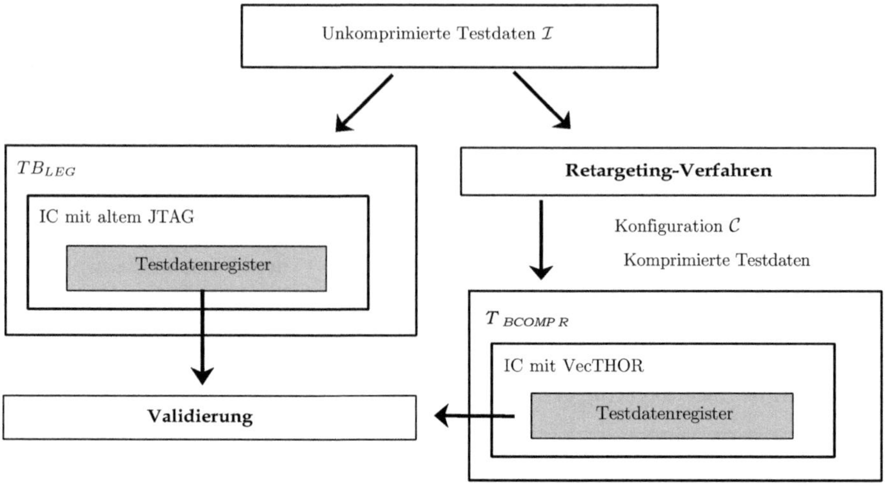

Abb. 4.5 Experimenteller Aufbau

Der vorgeschlagene erweiterte TAP-Controller VecTHOR entspricht vollständig dem IEEE 1149.1-Standard [Moh09], das ein wichtiges Attribut ist, da JTAG als der aktuelle Stand der Technik dient und daher weit verbreitet ist. VecTHOR wurde ausschließlich in Verilog implementiert und mit einer simulationsbasierten Technik getestet und durch Implementierung eines Hardware-Prototyps auf einem sog. Field Programmable Gate Array. Letzteres stellt u.a. sicher, dass die entwickelten Hardwaremodule synthetisierbar sind.

Ein TDR wurde diesem Design hinzugefügt, um ein realistisches Anwendungsszenario zu schaffen, das eine serielle sowie eine ein Byte parallele Dual-Port-Speicherschnittstelle bietet, die mit dem TAP-Controller verbunden ist. Dieser TDR dient als Datensenke, wenn die neue compr Anweisung geladen wird und daher die empfangenen Daten in diesem TDR gespeichert werden, nachdem sie von der DDU dekomprimiert wurden. Zusätzlich wurde ein funktionaler Logikblock in dieses Design integriert, der ein beliebiges CuT darstellt.

Zwei Verilog-Testbänke werden zur Simulation der Testdatenübertragung an ein CuT zur Validierung der erhaltenen Ergebnisse verwendet: TB_{LEG} dient als Referenz-TAP-Controller und TB_{COMPR} enthält einen TAP-Controller, der VecTHOR implementiert, beide sind vollständig mit IEEE 1149.1 konform. Der TB_{LEG} wird für jeden Testfall auf die eingehenden Testdaten I angewendet, um den Inhalt des TDR nach Abschluss der Übertragung zu bestimmen, d. h. die goldenen Testergebnisse. Die Konfiguration für das eingebettete Wörterbuch C und die komprimierten Testdaten $\mathcal{D}_i$ werden durch Anwendung der Retargeting-Technik auf I erzeugt. Anschließend wird C verwendet, um die DDU zu konfigurieren und $\mathcal{D}_i$ wird von TB_{COMPR} übertragen. Die im TDR gespeicherten Daten müssen mit den goldenen Daten übereinstimmen, die von TB_{LEG} bestimmt wurden, um die Validierung zu bestehen. Abb. 4.5 visualisiert den experimentellen Aufbau.

Tab. 4.3 TDV-Reduzierung von zufälligen und industriellen Schaltkreisdesigns

	Laufzeit [s]		Größe [Bit]				TDV Red. [%]	
Testname	∅compr	∅μ -compr	leg	config	∅compr	∅μ -compr	compr	μ-compr
RTDR_256	0,93	1,11	2048	28	1675	1542	16,8	23,3
RTDR_512	1,98	2,16	4096	28	3302	2999	18,7	26,1
RTDR_1024	4,57	4,86	8192	24	6450	6011	21,0	26,3
RTDR_2048	9,25	9,68	16.384	24	13.218	12.085	19,2	26,1
RTDR_4096	19,3	19,9	32.768	48	26.318	24.152	19,8	26,4
RTDR_8192	37,3	38,1	65.536	48	52.795	48.729	19,5	25,7
p100k	2,71	2,95	5902	44	3180	2933	45,4	49,6
p267k	8,45	9,12	17.332	41	9514	8814	44,9	48,9
p330k	8,73	9,43	18.012	40	9895	9214	44,8	48,6
p35k	1,26	1,42	2912	38	1785	1603	37,4	43,6
p378k	7,54	8,25	15.732	30	10.743	9783	31,5	37,6
p78k	1,37	1,55	3148	31	2205	1980	29,0	36,1
p81k	1,78	1,99	4030	35	2692	2420	32,3	39,1

Tab. 4.4 Reduzierung der TAT von zufälligen und industriellen Schaltkreisdesigns

	#Datenzyklen				TAT Red. [%]	
Testname	Bein	Konfig	∅compr	∅μ-compr	compr	μ-compr
RTDR_256	2053	31	2436	2303	−20,2	−13,7
RTDR_512	4101	31	4831	4528	−18,6	−11,2
RTDR_1024	8197	27	9354	8915	−14,4	−9,1
RTDR_2048	16.389	27	19.119	17.986	−16,9	−9,9
RTDR_4096	32.773	100	38.277	35.851	−17,1	−9,7
RTDR_8192	65.541	100	76.582	72.060	−17,0	−10,1
p100k	5909	65	4718	4471	19,1	23,3
p267k	17.338	62	14.12	13.421	18,2	22,2
p330k	18.016	61	14.659	13.977	18,3	22,1
p35k	2919	59	2715	2533	5,0	11,2
p378k	15.738	51	16.027	15.067	2,1	4,0
p78k	3154	52	3326	3101	−7,1	0,0
p81k	4035	56	4033	3760	−1,3	5,4

Verschiedene Anwendungsfälle erfordern eine heterogene Testdatendurchsatz und daher wurden mehrere Testdatengrößen von 256 Bytes (N_1) bis zu 8192 Bytes (N_4) angenommen. Alle diese Testdaten (*RTDR_*N_1, …, *RTDR_*N_4) wurden durch einen Pseudozufallszahlengenerator erzeugt, der auf dem Mersenne Twister-Algorithmus basiert, der {0, 1} als Elemente von Bitstrings bestimmt. Diese zufälligen Bitstrings zeichnen sich durch eine sehr hohe Entropie aus, so dass die untere Grenze für das Kompressionsverhältnis bestimmt werden sollte [BT07]. Dies kann beispielsweise durch VecTHOR erreicht werden, während

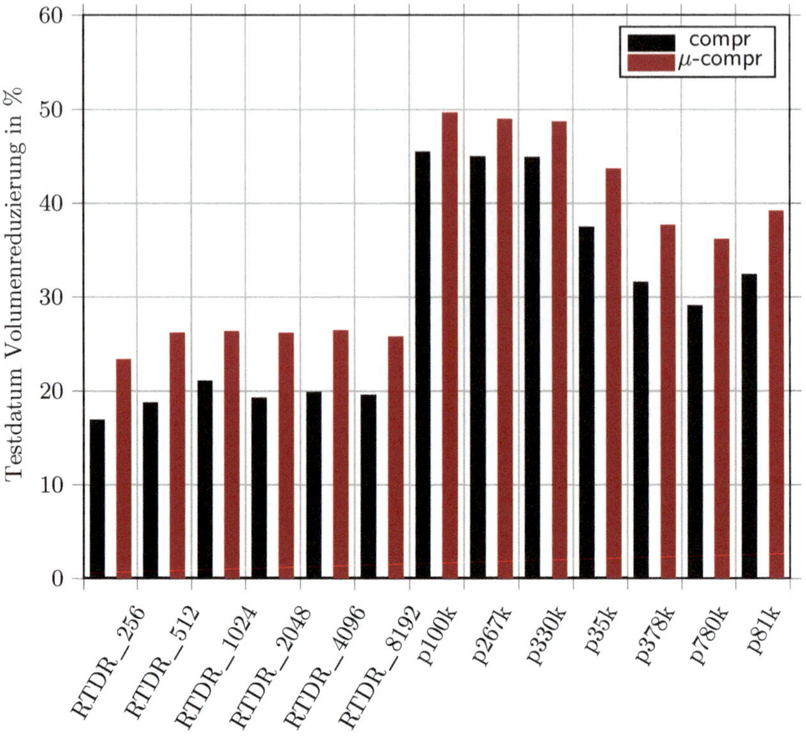

Abb. 4.6 Durchschnittliche TDV-Reduzierung für compr (μ-compr)

vorkomprimierte Testdaten verarbeitet werden. Neben Experimenten mit hochentropischen Zufallstestdaten wurden weitere Experimente mit vollständig spezifizierten Testdaten für verschiedene industrielle Schaltkreise mit 35k bis 378k Netzen durchgeführt, die von NXP Semiconductors bereitgestellt wurden. Der Durchschnittswert aller Muster wird für industrielle Daten verwendet.

Das Retargeting-Framework wurde kompiliert und alle Benchmarks wurden auf einem Fedora 30 (mit gcc 9.2.1) System mit einem Intel Xenon E3-1240v2 3.4 GHz Prozessor und 32 GB Systemspeicher ausgeführt.

4.5 Experimentelle Ergebnisse

In diesem Abschnitt werden die durchgeführten Experimente hinsichtlich der hochentropischen sowie der industriellen Testdaten bewertet. Für jeden Benchmark werden drei verschiedene Experimente durchgeführt, wie folgt: leg bezieht sich auf den herkömmlichen JTAG-Betriebsmodus, compr bedeutet, dass die neue Kompressionsanweisung aufgerufen wird, und μ-compr nutzt die Merge-Compress-Technik. Ergebnisse bezüglich der Reduzierung des TDV werden

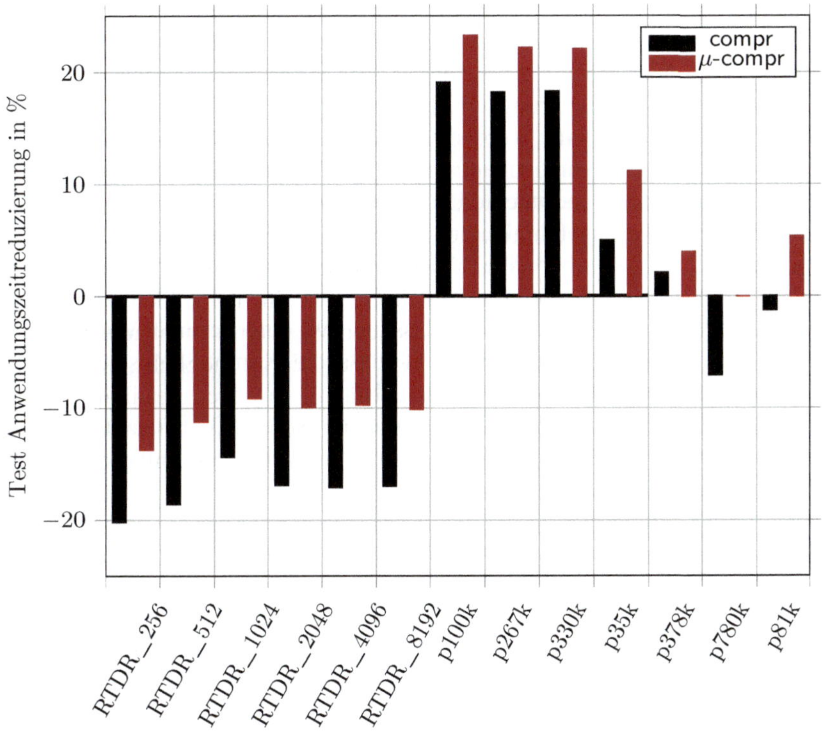

Abb. 4.7 Durchschnittliche TAT-Reduzierung für compr (μ-compr)

detailliert in Tab. 4.3 dargestellt. Die Spalte Größe [bit] zeigt das resultierende Datenvolumen und die Spalte TDV red. [%] gibt das Verhältnis der Datenvolumenreduktion an. Analog dazu präsentiert Tab. 4.4 die Ergebnisse bezüglich der Anzahl der Testzyklen (Spalte #Datenzyklen) und der gesamten TAT-Reduzierung (Spalte TAT red. [%]). Das zusätzliche Datenvolumen und die Testzyklen, die durch die angewendete Konfiguration eingeführt werden, werden in der separaten Spalte Konfig berücksichtigt. Beachten Sie, dass die berechnete TDV- und TAT-Reduzierung die Konfiguration des eingebetteten Wörterbuchs berücksichtigt.

Die Experimente zeigen deutlich, dass die Kompression und das Retargeting robust sind, wenn verschiedene Datentypen verarbeitet werden. Die Laufzeit der Retargeting-Prozesse ist mit weniger als $10s$ für alle durchgeführten Experimente sehr gering. Abb. 4.6 zeigt die TDV-Reduzierung in Prozent und Abb. 4.7 die TAT-Reduzierung in Prozent bei Anwendung von VecTHORs compr und μ-compr Techniken auf einen anderen Satz von Testdaten.

Zum visuellen Vergleich werden die TDV und TAT in den Abb. 4.6 und 4.7 als Histogramme dargestellt. VecTHOR erreicht eine TDV-Reduzierung zwischen 16,8 % und 21,0 % für hochentropische Zufallsdaten (RTDR_*) durch die Verwendung von compr und zwischen 23,3 % und 26,3 % durch die Verwendung der μ-compr Technik. Das Kompressionsverhältnis ist sogar höher, sofern man reale

Testdaten von industriellen Schaltkreisdesigns als Eingabe betrachtet: compr erreicht eine Kompressionsrate von 29,0 % bis 45,4 % und die μ-compr Technik ermöglicht eine noch höhere Rate von 36,1 % bis 49,6 %. Darüber hinaus wird eine messbare TAT-Reduzierung erreicht, wenn industrielle Schaltkreistestdaten mit bis zu 23,3 % verarbeitet werden. Allerdings werden durch μ-compr weitere Testzyklen eingeführt, wenn hochentropische Zufallstestdaten verarbeitet werden.

Die durchgeführten experimentellen Daten zeigen, dass die μ-compr Technik, die Lauflängenkodierungsfähigkeiten beinhaltet, die Retargeting-Laufzeit nur geringfügig beeinflusst, aber eine höhere Kompressionsrate und eine geringere Anzahl von insgesamt benötigten Testzyklen als die compr Technik erreicht. Es kann weiter beobachtet werden, dass es nur eine geringe Varianz in den Kompressionsfaktoren gibt, das bedeutet, dass die Kompressionstechnik robust über einen heterogenen Typ von Testdaten ist.

Zusammenfassend lässt VecTHOR fast die Hälfte der TDV reduzieren, welches direkt mit den begrenzten Speicherressourcen korreliert, die auf dem Testgerät zugeteilt werden müssen.

4.6 Zusammenfassung und Ausblick

In diesem Kapitel wurde VecTHOR vorgeschlagen: Eine neue kostengünstige Kompressionsarchitektur für einen IEEE 1149.1-konformen TAP-Controller in Verbindung mit einem geeigneten Retargeting-Werkzeug. Dieses Werkzeug ermöglicht die effektive Verarbeitung beliebiger Testdaten. VecTHOR erleichtert die Nutzung der TDV-Reduzierung, indem nur ein geringer Hardware-Mehraufwand eingeführt wird. Mehrere Experimente haben die signifikante TDV-Reduzierung durch VecTHOR bewiesen: Eine Kompressionsrate von fast der Hälfte des TDV in Kombination mit einer TAT-Reduzierung von mehr als einem Fünftel kann für vollständig spezifizierte Testdaten von Industriedesigns erreicht werden, das die Implementierung von VecTHOR als kostengünstige Kompressionsarchitektur für konforme IEEE 1149.1 TAP-Controller klar empfiehlt.

Weitere Experimente mit hochentropischen Testdaten haben gezeigt, dass eine durchschnittliche TDV-Kompressionsrate von mehr als einem Viertel erreicht werden kann. Allerdings haben diese Experimente auch gezeigt, dass ein geringer TAT-Mehraufwand eingeführt wird, welches einen Mangel darstellt, der durch die Einführung formaler Techniken für das Retargeting-Verfahren, wie im folgenden Kapitel dargestellt, behoben wird.

VecTHOR soll eingehende Testdaten des IC komprimieren. Mit zunehmender Anzahl von Debug-Instrumenten wie Signalspeicher steigt jedoch die Menge der auf dem Chip erzeugten Daten stetig an. Daher werden für die nächste Generation von ICs möglicherweise auch geeignete Kompressionsarchitekturen benötigt. Zukünftige Arbeiten werden daher die Idee fortsetzen, ein neuronales Netzwerk auf dem Chip einzuführen, um eine schnelle, aber genaue Kompression der auf dem Chip erzeugten Daten anzuwenden. Vorläufige Arbeiten wurden in [Huh+18] veröffentlicht. Genauer gesagt, orchestriert die vorgeschlagene Technik ein schnelles zweistufiges künstliches neuronales Netzwerk, das eine signifikante Reduzierung des Datenvolumens der auf dem Chip erzeugten Debug-Daten erreicht. Folglich wird der Retargeting-Prozess von einem neuronalen Netzwerk durchgeführt, anstatt einen heuristischen oder sogar formalen Retargeting-Ansatz zu verwenden, der nicht direkt auf dem Chip ohne die Synthese eines dedizierten Co-Prozessors durchgeführt werden kann. Das vorgeschlagene neuronale Netzwerk wird off-chip trainiert, um den leichtgewichtigen Charakter der skizzierten Lösung beizubehalten, da die Implementierung einer On-Chip-Trainingsfähigkeit deutlich mehr Hardware erfordern würde. Daher werden die Parameter des neuronalen Netzwerks extrahiert und direkt in den resultierenden Schaltkreis kodiert, der nahtlos in die bestehende Test- undDebug-Infrastruktur integriert werden soll. Erste Experimente wurden an einem großen Signaldatensatz durchgeführt, der durch Beobachtung zufällig ausgewählter Signale einer modernen frei zugänglichen Mikroprozessor-Implementierung ermittelt wurde, und beweisen, dass das vorgeschlagene Schema grundsätzlich funktioniert. Die signifikante Reduzierung des resultierenden Datenvolumens trägt zur Verfügbarkeit umfassenderer Debugging-Mechanismen bei.

Kapitel 5
Optimierung SAT-basiertes Retargeting für eingebettete Kompression

SoCs werden heute in der Halbleiterindustrie weit verbreitet eingesetzt, um die anspruchsvollen funktionalen Anforderungen der heutigen Anwendungsszenarien zu erfüllen. Dies führt zwangsläufig zu einer höheren Testkomplexität, da umfassende Testszenarien für die funktionale Verifikation berücksichtigt werden müssen. Aufgrund des SoC-Charakters müssen weitere Herausforderungen bewältigt werden, die den Zugriff während des Tests und der Fehlersuche betreffen. Typischerweise sind Testzugriffsmechanismen in das Design eingebettet, um den erforderlichen Zugriff von verschachtelten Modulen zu gewährleisten. Der IEEE 1149.1 Std. spezifiziert einen TAP, der in industriellen Designs häufig verwendet wird und die Übertragung von Testdaten ermöglicht. Da IEEE 1149.1 nur eine serielle Schnittstelle für die Datenübertragung bietet, die mit einer relativ niedrigen Testtaktfrequenz arbeitet, ist die Bandbreite streng begrenzt. Folglich verbraucht die Übertragung großer Testdaten viel Zeit und führt daher zu einer hohen Gesamt-TAT, das die resultierenden Testkosten direkt erhöht.

VecTHOR wurde in Kap. 4 vorgestellt, um diese Mängel zu beheben und die gesamte TDV sowie die TAT erheblich zu reduzieren. Genauer gesagt, wird eine vollständige Architektur entwickelt, um die Vorteile einer codewortbasierten Kompressionstechnik zu nutzen, die dynamisch konfigurierbar ist und daher auch auf hochentropischen Testdaten anwendbar ist. VecTHOR kann nahtlos in jeden bestehenden IEEE 1149.1-konformen TAP-Controller integriert werden und erfordert nur einen geringen Hardware-Mehraufwand und keine zusätzlichen Pins auf Chipebene. Um diese Kompressionstechnik zu nutzen, müssen vorhandene Testdaten nur einmalig off-chip neu ausgerichtet werden, ohne dass eine Regeneration oder erneute Überprüfung erforderlich ist.

S. Huhn und R. Drechsler, *Design für Testbarkeit, Fehlersuche und Zuverlässigkeit*, https://doi.org/10.1007/978-3-031-45319-9_5

Wie die Experimente in Abschn. 4.5 deutlich zeigen, erzielt VecTHOR vielversprechende Ergebnisse hinsichtlich der Reduzierung der TDV sowie der TAT unter bestimmten Bedingungen. Die Wirksamkeit der Kompression hängt stark von der Auswahl der Codewörter ab, d. h. der Konfiguration des eingebetteten Wörterbuchs, da die Kompressionstechnik hauptsächlich codewortbasiert ist. In Kap. 4 wurde ein heuristischer Ansatz vorgestellt, der es ermöglicht, Testdaten von industriellen Designs effektiv zu verarbeiten, indem die TDV fast halbiert und die TAT um etwa 20 % reduziert. Der Ansatz nutzt jedoch noch nicht sein volles Potenzial, insbesondere bei der Verarbeitung von hochentropischen Testdaten. Ein gieriger (greedy) Algorithmus findet wahrscheinlich nicht die optimalen Codewörter, da ein großer Suchraum existiert, der durch die binomiale Gleichung der Wörterbuchgröße wählt Anzahl der möglichen Codewörter aufgespannt wird. Folglich wird das Wörterbuch nicht optimal gewählt. Daher wird die Kompressionseffektivität reduziert und, welches noch wichtiger ist, ein Mehraufwand an Testzyklen eingeführt. Dies hat einen negativen Einfluss auf die TAT, das zu einer erhöhten Übertragungszeit führt.

Das folgende Kapitel schlägt eine neue formale optimierungsbasierte Technik vor, um einen Satz von optimalen Codewörtern zu bestimmen, d. h. die Konfiguration des eingebetteten Wörterbuchs. Die Bestimmung einer optimalen Konfiguration für einen gegebenen Testdatenstrom wird als PBO-Problem modelliert, für das Löser existieren, die in der Lage sind, in angemessener Zeit geeignete Lösungen zu berechnen. Im Gegensatz zum gierigen Algorithmus von Kap. 4 bestimmt die vorgeschlagene optimierungsbasierte Technik eine optimale Menge von Codewörtern (unter den aktuellen Parametern) und übertrifft daher den gierigen (greedy) Algorithmus bei schwer zu komprimierenden zufälligen Testdaten. Genauer gesagt, wird diese Konfiguration verwendet, um die DDU dynamisch zu konfigurieren, was zu einem erhöhten Kompressionsverhältnis und einer verringerten Anzahl von erforderlichen Testzyklen führt. Verschiedene Experimente werden mit zufälligen Testdaten, mit Debugging-Daten eines JPEG-Coders sowie mit kommerziell repräsentativen funktionalen Verifikationstestdaten für einen modernen Softcore-Mikroprozessor durchgeführt. Zufällige Testdaten haben charakteristischerweise eine hohe Entropie und bestimmen daher in der Regel die untere Grenze für das Kompressionsverhältnis [BT07]. Die Ergebnisse zeigen deutlich, dass der neue optimierungsbasierte Ansatz die Kompressionsergebnisse im Vergleich zu den Ergebnissen heuristischer Techniken, wie sie zuvor in Abschn. 4.3 vorgeschlagen wurden, erheblich verbessert. Eine Reduzierung des TDV um bis zu 37,1 % kann für hochentropische Daten erreicht werden. Der TAT-Mehraufwand früherer Techniken wurde vollständig eliminiert. Tatsächlich kann die TAT für funktionale Verifikationstestdaten sogar um bis zu 20 % im Vergleich zur Zeit reduziert werden, die eine unkomprimierte Datenübertragung verbraucht.

Die Struktur dieses Kapitels ist wie folgt: Abschn. 5.1 beschreibt die DDU und konzentriert sich dabei auf die Bedeutung einer wohldurchdacht gewählten Konfiguration des eingebetteten Wörterbuchs. In Abschn. 5.2 wird das optimierungsbasierte SAT-Modell motiviert und das entwickelte Modellierungsschema zur Berücksichtigung spezifischer Hardware-Beschränkungen im Detail

Tab. 5.1 Beispielkonfigurationen $\mathcal{C}^1$ und $\mathcal{C}^2$ für die Abbildungsfunktion Ψ unter Verwendung von $MCL = 3$

Nr.	CDW	UDW @ $\mathcal{C}^1$	UDW @ $\mathcal{C}^2$
1	$\varnothing$	CDW@$t-1$	CDW@$t-1$
2	0	0	0
3	1	1	1
4	00	1111	01011010
5	01	0101	0110
6	10	0110	0001
7	11	00000000	10010110
8	000	01010101	1100
9	001	1010	1010
10	010	0000	0000
11	011	10101010	10101010
12	100	1000	1000
13	101	1001	1001
14	110	0001	0001
15	111	11111111	11111111

vorgestellt. Die Aggregation des vollständigen Modells zur Optimierungsbasierten Retargeting-Prozedur wird aus algorithmischer Sicht in Abschn. 5.3 skizziert. Der experimentelle Aufbau wird in Abschn. 5.4 vorgestellt, die durchgeführten Experimente werden in Abschn. 5.5 gezeigt, und eine Zusammenfassung und ein Ausblick auf zukünftige Arbeiten werden in Abschn. 5.6 gegeben.

5.1 Dynamische Dekomprimierungseinheit

VecTHOR kombiniert einen IEEE 1149.1-konformen Testzugriffsmechanismus mit einer dynamisch konfigurierbaren Codewort-basierten Kompressionsarchitektur, die auch Laufzeitkodierungsfähigkeiten bietet. Anstatt die ursprünglichen Testdaten direkt über den standardisierten JTAG an das SoC zu übertragen, werden die Testdaten einmal vor der Übertragung von einem geeigneten Retargeting-Werkzeug off-chip vorverarbeitet. Dieses Retargeting-Verfahren erzeugt die komprimierten Testdaten D, bestehend aus einer CDW-Sequenz, die an den erweiterten TAP-Controller übertragen wird. Danach wird die CDW-Sequenz von der DDU on-chip erweitert, d. h., die ursprünglichen (unkomprimierten) Testdaten werden verlustfrei wiederhergestellt.

Die DDU enthält ein eingebettetes Wörterbuch, das die Zuordnung zwischen CDWs und UDWs gemäß den Definitionen auf den Seiten 8 und 10 speichert. Dieses Wörterbuch kann jederzeit zwischen zwei Datenübertragungen dynamisch konfiguriert werden, indem compr_preload aufgerufen wird, wie in Abschn. 4.2.1 (auf Seite 5) beschrieben. Es ist erforderlich, eine Konfiguration C im Voraus zu bestimmen, die dann zur (Neu-)Konfiguration des eingebetteten Wörterbuchs verwendet wird. Der Befehlscode compr_preload wird dem bestimmten C

Tab. 5.2 Anwendung auf beispielhafte Testdaten unter Verwendung der Konfiguration C^1 und C^2

Byte index	0	1	2
Bit index	0 1 2 3 4 5 6 7	0 1 2 3 4 5 6 7	0 1 2 3 4 5 6 7
Configuration $\mathcal{C}_1$			
Uncompressed test data	0 1 0 1 1 0 1 0	0 1 1 0 0 0 0 1	1 0 0 1 0 1 1 0
Compressed test data $\mathcal{D}_1$	01 001	10 110	101 10
Configuration $\mathcal{C}_2$			
Uncompressed test data	0 1 0 1 1 0 1 0	0 1 1 0 0 0 0 1	1 0 0 1 0 1 1 0
Compressed test data $\mathcal{D}_2$	00	01 10	11

vorangestellt, um den Rekonfigurationsprozess zu starten, der dann selektiv die Bilder von Ψ überschreibt.

Eine beispielhafte Implementierung einer solchen Zuordnungsfunktion Ψ wurde in Tab. 5.1 gezeigt. Nach der gleichen Kodierung wie in Kap. 4 angegeben, halten die CDWs „∅,“ „0,“ und „1“ freigelegte Funktionen: „∅“ kodiert die Laufzeitkodierungsfähigkeit, d. h., zum aktuellen Zeitpunkt t wird das zuletzt erfolgreich übertragene CDW (zum Zeitpunkt von $t - 1$) wiederholt. „0“ und „1“ repräsentieren SBIs, die sicherstellen, dass beliebige Testdaten verarbeitet werden können.

Die Tab. 5.1 und 5.2 zeigen ein vereinfachtes Beispiel, um die Bedeutung von wohldurchdacht ausgewählten Codewörtern zu demonstrieren. Zwei verschiedene Konfigurationen $\mathcal{C}^1$ und $\mathcal{C}^2$ werden in Tab. 5.1 präsentiert. Hier wird die Zuordnung zwischen Codewörtern (Spalte CDW) und unkomprimierten Datenwörtern (Spalte UDW) gegeben. Wie in Tab. 5.2 gezeigt, enthält $\mathcal{I}$ 24 Bits und wird zu einer Sequenz von 6 CDWs komprimiert, indem $\mathcal{C}^1$ und zu einer Sequenz von 4 CDWs verwendet wird, indem$\mathcal{C}^2$. Diese CDW-Sequenzen enthalten insgesamt 15 Bits ($\mathcal{C}^1$) und 8 Bits ($\mathcal{C}^2$), d. h., eine TDV-Reduzierung von etwa 37,5 % ($\mathcal{C}^1$) und etwa 66,7 % ($\mathcal{C}^2$) wird erreicht. Wie deutlich gezeigt wird, hat die ausgewählte Konfiguration C einen erheblichen Einfluss auf d ie Kompressionsrate. Eine gute Konfiguration zu bestimmen, ist eine herausfordernde Aufgabe aufgrund von gegenseitigen Abhängigkeiten und Codewort-Überschneidungen im Testdatenstrom.

5.2 Optimierungsmodell für SAT-basiertes Retargeting

VecTHOR bietet einen leistungsstarken Mechanismus zur Reduzierung von TDV und TAT. Die Herausforderung der Codewortauswahl für einen beliebigen Testdatenstrom, insbesondere bei der Verarbeitung von hochentropischen Testdaten, ist jedoch noch nicht zufriedenstellend gelöst. Der Rest dieses Kapitels beschreibt die neu vorgeschlagene Technik, die in der Lage ist, dieses Manko zu beheben. Es wird ein Retargeting-Verfahren vorgestellt, das formale optimierungsbasierte Techniken orchestriert, um eine optimale Konfiguration für das eingebettete Wörterbuch zu bestimmen und darüber hinaus die vorteilhafteste Reihenfolge

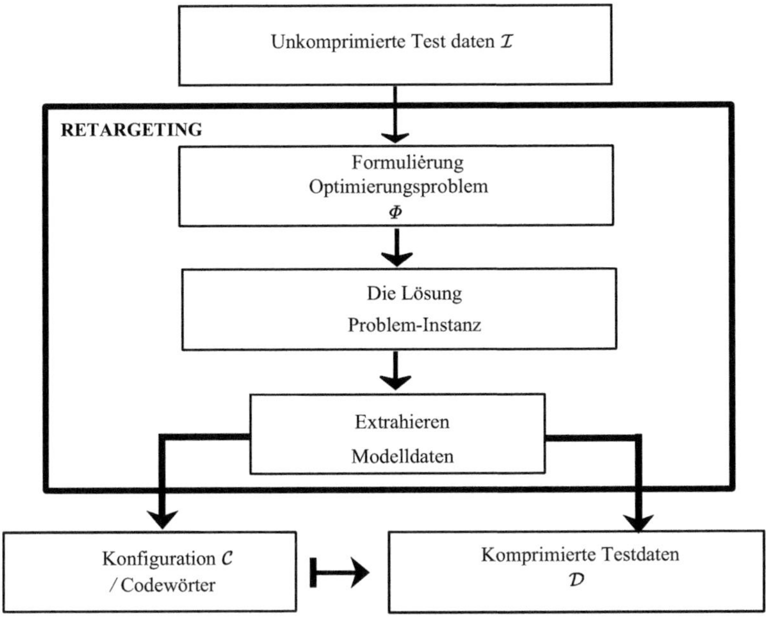

Abb. 5.1 Vorgeschlagener optimierungsbasierter Retargeting-Ablauf

der Ersetzungen zu bestimmen. Die vorgeschlagene Technik wird auf die ausgewählten Parameter von VecTHOR angewendet, wie in Kap. 4 dargestellt, die angenommen werden, um die Hardwarebeschränkung zu berücksichtigen. Das optimierungsbasierte Modell kann jedoch leicht auf beliebige Parameter angewendet werden.

5.2.1 Motivation

Die allgemeine Idee besteht darin, das Retargeting-Problem als formales Optimierungsproblem zu formulieren. Der vorgeschlagene Retargeting-Fluss ist in Abb. 5.1 dargestellt, wo die ursprünglichen unkomprimierten Testdaten I als Eingabe gegeben sind. Es wird ein Optimierungsproblem formuliert, das aus SAT- sowie PB-Beschränkungen und einer Optimierungsfunktion besteht. Ein PBO-Löser wird aufgerufen, um die zuvor generierte Probleminstanz zu lösen. Das Ergebnis ist notwendigerweise ein zufriedenstellendes Modell. Dies ist auf die Einführung von SBIs zurückzuführen, die die Vollständigkeit des Retargeting-Verfahrens gewährleisten und daher können beliebige Testdaten erfolgreich verarbeitet werden. Die Modellparameter werden extrahiert und direkt verwendet, um eine optimale Konfiguration $\mathcal{C}$ sowie die gezielten komprimierten Testdaten D zu bestimmen. Da der TAP-Controller dynamisch konfigurierbar ist, kann die berechnete Konfiguration $\mathcal{C}$ in den Controller geladen werden, um die komprimierten Testdaten D auf dem Chip zu dekomprimieren, was die ursprünglichen unkomprimierten Testdaten I wiederherstellt. Diese Technik ermöglicht eine TDV-Reduzierung der Daten, die seriell in den TAP-Controller übertragen werden müssen. Dieses Verfahren kann auch für partitionierte Datenströme aufgrund der dynamischen Konfiguration verwendet werden.

Die Hardware-Beschränkungen werden unter Berücksichtigung der folgenden Annahmen betrachtet:

1. Ein Schaltkreisdesign, das einen Codewort-basierten TAP-Controller einbettet, der eine DDU enthält, die ein eingebettetes Wörterbuch mit $n = \sum_{i=2}^{MCL} 2^i$ dynamisch konfigurierbaren Einträgen besteht.
2. Drei Wörterbucheinträge sind statisch enthalten, d. h., „$\varnothing$", „0", „1". Wiederum realisiert „$\varnothing$" die Fähigkeit zur Lauflängenkodierung und beide Codewörter mit einer Länge von 1 zur Darstellung beider SBIs. Folglich sind $n - 3$ Codewort-Einträge dynamisch konfigurierbar durch das vorgeschlagene Retargeting-Verfahren.
3. Lassen Sie $u = \{1, 4, 8\}$ die von der TDR-Schnittstelle unterstützte UDW-Länge sein. Dann existieren $2^1 + 2^4 + 2^8$ mögliche boolesche Permutationen. Jede Permutation ist ein Kandidat, um als Codewort in der DDU aufgenommen zu werden.
4. Die eingehende Testdatensequenz I enthält nur vollständig spezifizierte Werte, d. h. „0" und „1".

Auf der Grundlage dieser grundlegenden Bedingungen muss ein formales PBO-Modell erstellt werden, das die automatische Berechnung von gültigen Konfigurationen mit einer optimalen Codewortauswahl ermöglicht. Die Konfiguration des eingebetteten Wörterbuchs mit dieser optimalen Konfiguration führt zu einer erheblichen Reduzierung des TDV und des TAT.

5.2.2 *Erzeugung einer PBO-Instanz*

Die zu entwickelnde PBO-Instanz besteht aus den beiden Komponenten Φ und O. Die Formulierung der Beschränkungen Φ spannt den Lösungsraum auf, so dass jede Lösung des Beschränkungssatzes eine gültige Konfiguration ist und umgekehrt. Die Zielfunktion O wird dann verwendet, um jede Lösung hinsichtlich ihrer Kosten zu bewerten. Dadurch wird die Suche auf die vorteilhafteste Lösung gelenkt.

Zunächst werden die Bedeutungen der Variablen beschrieben, die mit der Probleminstanz in Zusammenhang stehen. Da jedes mögliche Segment im Datenstrom $\mathcal{I}$ muss durch ein Codewort abgedeckt werden, eine Variable v_i^{uC} wird verwendet, um den Status jedes Segments zu bestimmen. Der Parameter i bezeichnet den Versatz des Segments in $\mathcal{I}$. Dieser Versatz muss für jede UDW-Länge u individuell berücksichtigt werden. Ein Beispiel ist in Tab. 5.3 dargestellt, die alle

Tab. 5.3 Beispielhafte Zuordnung von UDW-Segmenten

Byte-Index	0							
Bit-Index	0	1	2	3	4	5	6	7
8C	ν_0^{8C}							
4C	ν_0^{4C}				ν_4^{4C}			
4C		ν_1^{4C}						
4C			ν_2^{4C}					
4C				ν_3^{4C}				
1C	ν_0^{1C}	ν_1^{1C}	ν_2^{1C}	ν_3^{1C}	ν_4^{1C}	ν_5^{1C}	ν_6^{1C}	ν_7^{1C}

möglichen Segmente eines 8-Bit-Datenstroms auflistet. Die Anzahl der möglichen Segmente hängt von u wie folgt ab: Nur ein Segment ist möglich für $u = 8$, $u = 4$ führt zu 5 möglichen Segmenten und schließlich sind 8 Segmente möglich für $u = 1$.

Eine Variable ν_i^{uC} wird eingeführt, um den Status eines bestimmten Segments zu verfolgen. Genauer gesagt, wird die Variable ν_i^{uC} auf „1" gesetzt, wenn das entsprechende Segment der Länge u durch ein Codewort abgedeckt werden soll, das als aktiv bezeichnet wird. Als weiterer Schritt müssen alle möglichen UDW-Permutationen in der Probleminstanz modelliert werden. Dies ist wichtig für die Bestimmung der Codewortbilder, die derzeit Teil der geplanten Konfiguration sind. Zwei Variablen $\nu_{\mathrm{UDW}}^{\mathrm{2CDW}}$ und $\nu_{\mathrm{UDW}}^{\mathrm{3CDW}}$ werden jeder möglichen UDW-Permutation zugewiesen, um die aktiven Bilder zu verfolgen, die konfiguriert werden sollen. Eine Variable reicht nicht aus, da Codewörter unterschiedlicher Länge, d. h. Länge von 2 und 3 Bits, aufgrund der Hardwareanforderungen unterschieden werden müssen. Dabei werden die Codewörter der Länge 1 statisch codiert, da diese SBIs modellieren. Eine Gesamtzahl von $2 \cdot (2^4 + 2^8)$ Variablen sind erforderlich. Zum Beispiel bedeutet $\nu_{0001}^{\mathrm{2CDW}} = 1$, dass das UDW „0001" durch ein Codewort der Länge 2 ersetzt wird. Das tatsächliche Codewort ist für die Berechnung nicht relevant.

Es müssen verschiedene Einschränkungen generiert werden, damit der Lösungsalgorithmus diese Variablen konsistent zuweisen kann. Insgesamt wird die Probleminstanz einschließlich dieser Einschränkungen durch

$$\Phi = \Phi_{\#\mathrm{CDW}} \bullet \Phi_{\mathrm{uC}} \bullet \Phi_{\mathrm{ME}} \bullet \Phi_{\mathrm{RET}}$$

$\Phi_{\#\mathrm{CDW}}$ garantiert, dass die maximale Anzahl von Wörterbucheinträgen nicht überschritten wird, Φ_{uC} stellt sicher, dass alle möglichen Segmente abgedeckt sind, um die Vollständigkeit zu gewährleisten, Φ_{ME} stellt sicher, dass alle Bits der ursprünglichen Testdaten $\mathcal{I}$ genau einmal abgedeckt sind, $\Phi_{\#\mathrm{CDW}}$ garantiert, dass die maximale Anzahl von Wörterbucheinträgen nicht überschritten wird, und schließlich implementiert Φ_{RET} das Retargeting-Verfahren selbst.

Der Rest dieses Abschnitts beschreibt die oben aufgeführten Komponenten der Probleminstanz sequenziell.

Maximale Anzahl von CDWs Es existieren verschiedene Hardware-Einschränkungen, die bei der Implementierung von VecTHOR berücksichtigt werden müssen. Diese Einschränkungen erlauben nur eine begrenzte Anzahl von

Wörterbucheinträgen und daher müssen alle Lösungen aus dem Lösungsraum ausgeschlossen werden, die mehr als die erlaubte Anzahl konfigurieren würden. In unserem Fall sind $2^2 = 4$ verschiedene Einträge für Codewörter der Länge 2 und $2^3 = 8$ verschiedene Einträge für Codewörter der Länge 3 erlaubt. Dies kann als gewichtete Einschränkungen wie folgt modelliert werden:

$$\Phi_{\#\mathrm{CDW}} = \left(\sum_{i=1}^{272} c \cdot v_i^{2\mathrm{CDW}} \leq 4\right) \bullet \left(\sum_{i=1}^{272} c \cdot v_i^{3\mathrm{CDW}} \leq 8\right)$$

mit einem gleichen Gewicht $c = 1$ und x_i das positive Literal, das die Variable $v_{\mathrm{UDW}}^{2\mathrm{CDW}}$ und $v_{\mathrm{UDW}}^{3\mathrm{CDW}}$, jeweils für alle $2^4 + 2^8 = 272$ Permutationen darstellt. Jede *aktive* UDW-Variable, d. h., $v_{\mathrm{UDW}}^{2\mathrm{CDW}} = 1$ oder $v_{\mathrm{UDW}}^{3\mathrm{CDW}} = 1$, erhöht die Summe um 1 und das aktuelle Modell ist nur gültig, wenn das Gesamtgewicht niedriger als die Schwelle ist. Aufgrund der Modellierung dieser Kapazitätsgrenzen – die maximale Anzahl von CDWs – durch die gewichteten Einschränkungen $\Phi_{\#\mathrm{CDW}}$, müssen die CDWs selbst nicht explizit modelliert werden. Dieser Umstand vermeidet einen erheblichen Mehraufwand in Bezug auf die Anzahl der Booleschen Variablen und Klauseln.

5.2.2.1 Äquivalenz

Eine wichtige Eigenschaft zwischen unkomprimierten Testdaten $\mathcal{I}$ und komprimierten Testdaten $\mathcal{D}$ ist die Äquivalenz, die erfüllt sein muss, nachdem $\mathcal{D}$ auf dem Chip dekomprimiert wurde (Lemma 4.8). Es ist erforderlich, dass alle Bits in $\mathcal{I}$ genau durch eine Ersetzung abgedeckt sind, um diese Äquivalenz zu gewährleisten: Nicht abgedeckte sowie mehrfach abgedeckte Bits verletzen diese essenzielle Eigenschaft. Betrachten Sie das grundlegende Beispiel in Tab. 5.3.

Es muss sichergestellt werden, dass jede Bitposition von einem Segment (aktiv) abgedeckt wird. Dies kann erreicht werden, indem man für jede Bitposition eine Klausel hinzufügt, wie folgt: Gegeben die Segmentvariablen $v_1^{uC}, \ldots, v_s^{uC}$ die Bitposition i abdecken, wäre die entsprechende Klausel

$$(v_1^{uC} + \cdots + v_s^{uC})$$

Gleichung 1 Φ_{uC} um eine vollständige Abdeckung von $\mathcal{I}$

$$\begin{aligned}
\Phi_{\mathrm{uC}} = {} & (v_0^{1C} + v_0^{4C} + v_0^{8C}) \bullet (v_7^{1C} + v_4^{4C} + v_0^{8C}) \\
& \bullet (v_1^{1C} + v_0^{4C} + v_1^{4C} + v_0^{8C}) \bullet (v_2^{1C} + v_0^{4C} + v_1^{4C} + v_2^{4C} + v_0^{8C}) \\
& \bullet (v_3^{1C} + v_0^{4C} + v_1^{4C} + v_2^{4C} + v_3^{4C} + v_0^{8C}) \\
& \bullet (v_4^{1C} + v_1^{4C} + v_2^{4C} + v_3^{4C} + v_4^{4C} + v_0^{8C}) \\
& \bullet (v_5^{1C} + v_2^{4C} + v_3^{4C} + v_4^{4C} + v_0^{8C}) \bullet (v_6^{1C} + v_3^{4C} + v_4^{4C} + v_0^{8C})
\end{aligned}$$

Tab. 5.4 Gegenseitige Ausschlüsse von Segmenten (ohne einzelne Bitsegmente)

Nr.	Segmentvar.	Position [Start:Ende]	Konfliktierende Segmentvar.
1	ν_0^{4C}	0:3	$\nu_1^{4C}, \nu_2^{4C}, \nu_3^{4C}, \nu_0^{8C}$
2	ν_1^{4C}	1:4	$\nu_1^{4C}, \nu_2^{4C}, \nu_3^{4C}, \nu_0^{8C}$
3	ν_2^{4C}	2:5	$\nu_1^{4C}, \nu_2^{4C}, \nu_3^{4C}, \nu_0^{8C}$
4	ν_3^{4C}	3:6	$\nu_1^{4C}, \nu_2^{4C}, \nu_3^{4C}, \nu_0^{8C}$
5	ν_4^{4C}	4:7	$\nu_1^{4C}, \nu_2^{4C}, \nu_3^{4C}, \nu_0^{8C}$
6	ν_0^{8C}	0:7	Alle anderen

Gleichung 2 Φ_{ME}**zur Modellierung des wechselseitigen Ausschlusses** $\mathcal{I}$, $ME = \nu_0^{4C}$

$$\begin{aligned}\Phi_{\mathrm{ME}} =&(\bar{\nu}_0^{4C} + \bar{\nu}_1^{4C}) \bullet (\bar{\nu}_0^{4C} + \bar{\nu}_2^{4C}) \bullet (\bar{\nu}_0^{4C} + \bar{\nu}_3^{4C})\\ &\bullet(\bar{\nu}_0^{4C} + \bar{\nu}_0^{8C}) \bullet (\bar{\nu}_0^{4C} + \bar{\nu}_0^{1C}) \bullet (\bar{\nu}_0^{4C} + \bar{\nu}_1^{1C})\\ &\bullet(\bar{\nu}_0^{4C} + \bar{\nu}_2^{1C}) \bullet (\bar{\nu}_0^{4C} + \bar{\nu}_3^{1C})\end{aligned}$$

Diese Klausel ist nicht erfüllt, falls keiner dieser Segmentvariablen aktiviert ist, d. h., das Segment wird überhaupt nicht abgedeckt. In diesem Fall ist die gesamte Probleminstanz nicht erfüllt, welches auf die CNF zurückzuführen ist. Die Konjunktion dieser Klauseln wird durch Φ_{uC} dargestellt. Die entsprechenden Einschränkungen für das Beispiel, wie in Tab. 5.3 angegeben, sind in Gleichung 1 gegeben. Darüber hinaus muss gewährleistet sein, dass aus der Menge aller Segmente, die dieselbe Bitposition abdecken, nur ein Segment als aktiv betrachtet wird. Da die wechselseitig ausschließenden Segmente bekannt sind, werden die Implikationen wie folgt formuliert: Gegeben eine Segmentvariable ν^{uC} und die entsprechenden Segmentvariablen $\nu_1^{uC}, \ldots, \nu_t^{uC}$ von konfliktierenden Segmenten, müssen die folgenden Klauseln hinzugefügt werden:

$$(\overline{\nu}^{uC} + \overline{\nu}_1^{uC}) \bullet \cdots \bullet (\overline{\nu}^{uC} + \overline{\nu}_t^{uC})$$

Diese Klauseln sind nicht erfüllt, wenn mehr als eine Segmentvariable aus einem konfligierenden Segmentsatz aktiv ist. Dies muss für jede zugewiesene Segmentvariable formuliert werden. Die Konjunktion dieser Klauseln wird durch Φ_{ME} bezeichnet. Tab. 5.4 zeigt die Menge der konfligierenden Segmentvariablen für das Beispiel zur Demonstration der Nutzung von wechselseitigem Ausschluss. Gl. 2 gibt die entsprechenden Klauseln für die wechselseitigen Ausschlüsse der Segmentvariablen ν_0^{4C}.

Verfahren zum Retargeting Die Einschränkungen Φ_{RET} stellen eine Verbindung zwischen den unkomprimierten Testdaten $\mathcal{I}$ und den möglichen UDW-Permutationen, also den Wörterbucheinträgen, her. Gegeben ist ein Segment der Länge u, repräsentiert durch die Boolesche Variable ν_i^{uC}, daher deckt das Segment ein Bitsegment zwischen Position i und $(i-1)+u$ ab. Da die spezifische Zuweisung in $\mathcal{I}$ in diesem Segment bekannt ist, ist auch das spezifische UDW w, das dieses Segment abdecken kann, bekannt. Daher kann das Segment nur aktiv sein, wenn w ein Eintrag im Wörterbuch ist, d. h., die Variable $\nu_w^{2\text{CDW}}$ oder $\nu_w^{3\text{CDW}}$ auf „1“ gesetzt ist. Da nur eine begrenzte Anzahl von UDW-Variablen auf „1“ gesetzt werden kann (aufgrund von $\Phi_{\#\text{CDW}}$), besteht die Aufgabe des Lösungsalgorithmus darin, die vorteilhafteste Lösung zu finden.

Für die Kodierung dieser Implikationen müssen die eingehenden Testdaten $\mathcal{I}$ während der Generierung der Probleminstanz analysiert werden. Für jede Segmentvariable ν_i^{uC} muss die binäre Zuweisung zwischen Position i und $(i-1)+u$ sowie die entsprechenden spezifischen UDW-Variablen $\nu_{\text{UDW}}^{2\text{CDW}}$ und $\nu_{\text{UDW}}^{3\text{CDW}}$ bestimmt werden.

Die Klausel

$$(\bar{\nu}_i^{uC} + \nu_{\text{UDW}}^{2\text{CDW}} + \nu_{\text{UDW}}^{3\text{CDW}})$$

wird zu Φ_{RET} hinzugefügt, um sicherzustellen, dass wenn die Segmentvariable aktiv ist, entweder $\nu_{\text{UDW}}^{2\text{CDW}}$ oder $\nu_{\text{UDW}}^{3\text{CDW}}$ auf „1“ gesetzt wird, d. h., es existiert ein Wörterbucheintrag für dieses Segment. Da auch einzelne Bitsegmente für jede Bitposition codiert werden, ist sichergestellt, dass jeder eingehende Testdatenstrom verarbeitet werden kann.

Beispiel 5.1 Gegeben ist die Segmentvariable ν_0^{4C}. Die binäre Zuweisung in $\mathcal{I}$ an der Position $[0:3]$ wird als „0011“ angenommen. Dann sind die entsprechenden UDW-Variablen $\nu_{0011}^{2\text{CDW}}$ und $\nu_{0011}^{3\text{CDW}}$.

Bisher wurden verschiedene Einschränkungen generiert und dem gesamten PBO-Problem hinzugefügt. Im Gegensatz zu klassischem SAT zielt das vorgeschlagene Optimierungs-SAT-Modell nicht nur auf eine befriedigende, sondern auf eine Lösung von bestimmter Qualität ab. Daher wird im Folgenden eine Zielfunktion beschrieben, die es ermöglicht, erfüllende Lösungen von hoher Qualität und daher geringen Kosten zu ermitteln.

5.2.3 Optimierungsfunktion

Die bisher beschriebenen Einschränkungen begrenzen den Lösungsraum der Problemstellung so, dass alle gültigen Konfigurationen Teil des Lösungsraums sind und ungültige Konfigurationen keine Lösungen sind. Eine Optimierungsfunktion ist jedoch unbedingt notwendig, um die Effektivität des Ansatzes zu gewährleisten. Wenn das Problem als Entscheidungsproblem formuliert wird, kann jede gültige Konfiguration potenziell ausgewählt werden. Wahrscheinlich würde ein Lösungsalgorithmus eine Lösung wählen, bei der jede Bitposition durch ein einzelnes Bit-Codewort abgedeckt ist, da dies eine recht einfache zu findende Lösung ist.

Daher muss die Qualität einer Konfiguration kodiert werden, um den Lösungsalgorithmus zu einer kosteneffektiven Lösung zu führen. Die Qualität einer Lösung könnte direkt mit den aktiven Segmenten im Datenstrom assoziiert werden. Für die genaue Berechnung der Länge des komprimierten Datenstroms müssen jedoch drei sogenannte Kostenvariablen mit jedem Segment verknüpft werden. Auswirkungen auf die aktiven Segmente und verwendeten Codewörter können verwendet werden, um die spezifische Länge des komprimierten Datenstroms zu bestimmen. Vorläufige Experimente haben jedoch gezeigt, dass die Reduzierung aktiver SBIs für die Erhöhung der Kompressionsrate am wichtigsten ist. Zur Verbesserung der Laufzeit wurde die Optimierungsfunktion nur auf Basis des Wissens über die Segmentlänge, d. h. unter Verwendung vorhandener Variablen, verwendet. Der Unterschied im Kompressionsverhältnis – im Vergleich zur sehr genauen Lösung – ist nur marginal.

Die Optimierungsfunktion O wird über alle Segmentvariablen formuliert.$v_1^{uC}, \ldots, v_n^{uC}$. Das Gewicht der Variablen hängt von der Anzahl der Bits ab, die das Segment abdeckt. Offensichtlich ist die Lösung je besser, desto mehr Bits ein Segment abdeckt und folglich ist das Gewicht kleiner.[1] Das Ergebnis von O für jedeLösung ist die Summe aller Gewichte, deren Segmentvariablen aktiv sind.

$$\mathcal{O}(\Phi_{\text{COST}}) = \sum_{i=1}^{n} m_i \cdot v_i^u \begin{cases} m_i = 4 & \text{wenn } u \equiv 1\text{C} \\ m_i = 2 & \text{wenn } u \equiv 4\text{C} \\ m_i = 1 & \text{wenn } u \equiv 8\text{C} \end{cases}$$

Neben der Hauptoptimierungsfunktion O wird eine sekundäre Optimierungsfunktion $\mathcal{O}_2$ implementiert. $\mathcal{O}_2$ wird während des Optimierungsprozesses aufgerufen, um die Länge der CDW zu bestimmen, die für eine aktive UDW verwendet werden soll. Diese Funktion bestimmt, ob ein Codewort der Länge 2 oder 3 angenommen wird. Die Hauptidee ist, dass UDWs, die häufiger auftreten, durch kürzere Codewörter mit einer Länge von 2 codiert werden. Ein Zähler $c_w^{\mathcal{D}}$ wird für jede mögliche UDW w während der Instanzgenerierung eingeführt, um die Anzahl der Vorkommen in $\mathcal{D}$ zu verfolgen. $\mathcal{O}_2$ wird über alle Variablen $v_w^{k\text{CDW}}$ mit $k = \{2, 3\}$ aufgebaut.

$$\mathcal{O}_2(\Phi_{\text{COST}}) = \sum_{j=1}^{272} 2 \cdot c_{w_j}^{\mathcal{D}} \cdot v_{w_j}^{2\text{CDW}} + 3 \cdot c_{w_j}^{\mathcal{D}} \cdot v_{w_j}^{3\text{CDW}}$$

Da $\mathcal{O}_2$ eine niedrigere Priorität hat, hat es keinen negativen Einfluss auf das Ergebnis von O, obwohl die Länge (hier 2 oder 3) der CDW für jede aktive UDW so bestimmt wird, dass die resultierenden Kosten minimiert werden. Der Laufzeit-Mehraufwand der Verwendung von $\mathcal{O}_2$ ist vernachlässigbar. Alternativ kann dies in einem Nachbearbeitungsschritt erreicht werden.

Die PBO-Probleminstanz einschließlich beider Optimierungsfunktionen wird einem PBO-Löser gegeben. Ein solcher Löser listet nicht alle Lösungen explizit auf, sondern verwendet Lerntechniken, um den Suchraum effektiv zu traversieren. Während des Suchprozesses werden die besten gefundenen Lösungen aufgelistet, bis bewiesen ist, dass keine bessere Lösung existiert. Wenn der Lösungsprozess aufgrund von Ressourcenbeschränkungen abbricht, wird die bisher beste

[1] Bitte beachten Sie, dass die Lösungsalgorithmen typischerweise eine Minimierung durchführen.

gefundene Lösung als erfüllendes Modell zurückgegeben. Eine Konfiguration und die entsprechende Sequenz von CDWs, die komprimierten Testdaten D, werden direkt aus diesem erfüllendes Modell extrahiert.

5.3 Optimierungsverfahren für SAT-basiertes Retargeting

Dieser Abschnitt beschreibt das Optimierungsverfahren für SAT-basiertes Retargeting, das nahtlos in das bestehende heuristische Retargeting-Werkzeug von Abschn. 4.3 implementiert wurde. Dieser Algorithmus erzeugt die PBO-Probleminstanz, deren Komponenten im letzten Abschnitt ausführlich beschrieben wurden.

Algorithmus 4 beschreibt das Retargeting-Verfahren, das die eingehenden Testdaten $\mathcal{I}$ und die Hardwarebeschränkungen bezüglich der maximalen Anzahl von Einträgen im Wörterbuch der Länge 2 durch n_2 und der Länge 3 durch n_3 sowie die Menge der unterstützten UDW-Längen u erhält.

Algorithmus 4 besteht aus den folgenden Teilen:

1. Die unterstützten UDW-Längen werden einzeln verarbeitet, um sie in $\Phi_{\#\text{CDW}}$, in der Beschränkung Φ_{COST} für die spätere Optimierungsfunktion und in der Retargeting-Komponente Φ_{RET} selbst zu integrieren. Diese Schritte werden für alle Längen von Zeile 5 bis 22 durchgeführt.
2. Die wechselseitigen Ausschlüsse müssen in die PBO-Probleminstanz eingeführt und die Qualitätskriterien müssen mit den Ersetzungen erweitert werden. Dies wird von Zeile 24 bis 29 durchgeführt.
3. Als letzter Schritt wird die gesamte PBO-Probleminstanz zusammengefügt und die Zielfunktion wird initialisiert, um die gegebenen Hardwarebeschränkungen zu berücksichtigen. Daher werden sowohl gewichtete Beschränkungen ($\Phi_{\#\text{CDW}} \leq n_Y$) mit $Y = \{2, 3\}$ als auch Φ_{COST} angehängt, das die notwendigen Kriterien für die Qualität modelliert (Zeilen 31 bis 32). Darüber hinaus wird der PBO-Solver aufgerufen (Zeile 33). Nach der Bestimmung eines erfüllendes Modells werden verschiedene Extraktionsverfahren aufgerufen, um a) die optimale Konfiguration C (Zeile 34) und die komprimierten Testdaten D (Zeile 35) zu generieren.

Schritt 1) oben enthält zwei Unterprogramme, die im Folgenden detaillierter beschrieben werden. Die UDW-Permutationen und die Hardwarebeschränkungen, die die maximale Anzahl von CDWs betreffen, müssen beide wie folgt im eingebetteten Wörterbuch konfiguriert werden:

(I) Alle möglichen UDW-Permutationen für die unterstützte UDW-Länge werden bestimmt.

(II) Zwei Boolesche Variablen $v_j^{2\text{CDW}}$ (Zeile 8) und $v_j^{3\text{CDW}}$ (Zeile 9) werden zugewiesen und die Zuordnung zwischen den UDWs und den entsprechenden Variablen wird im Datencontainer α in Zeile 10 gespeichert.

(III) Eine gewichtete Beschränkung $\Phi_{\#\text{CDW}}$ wird erstellt, um durchzusetzen, dass weniger als n UDWs gleichzeitig aktiv sind (Zeilen 7 bis 14).

Zweitens wird die Verknüpfung hergestellt, die sicherstellt, dass das entsprechende UDW, abhängig von den Daten von $\mathcal{I}$, konfiguriert wird, wenn das Segment aktiv ist. Eine weitere Boolesche Variable ν_i^{uC} wird zugewiesen und der Kontext der Variable wird in α eingefügt. Abhängig von der derzeit betrachteten UDW-Länge wird die Bitposition j des Segmentendes bestimmt und innerhalb eines geeigneten Ersatzes aktiviert (Zeilen 19 bis 20).

Auf der Grundlage der entwickelten PBO-Probleminstanz und des skizzierten formalen Retargeting-Verfahrens wurde das bestehende Retargeting-Werkzeug erheblich erweitert. Die Vorteile der Einführung dieses Optimierungs-SAT-basierten Ansatzes werden im Folgenden durch die Durchführung verschiedener Arten von Experimenten bewertet.

5.4 Experimenteller Aufbau

Dieser Abschnitt beschreibt die experimentelle Einrichtung des vorgeschlagenen Optimierungs-SAT-basierten Retargeting-Ansatzes. Die endgültigen Ergebnisse der entwickelten Retargeting-Technik werden gegen andere bestehende Techniken sowie das standardisierte IEEE 1149.1 Protokoll selbst abgegrenzt. Für die Experimente wurden verschiedene Testfälle berücksichtigt:

1. Zufällige Testdaten mit Größen von 2048 (RTDR_2048) bis 8192 (RTDR_8192) Bytes (erzeugt durch einen pseudozufälligen Zahlen-Generator basierend auf Mersenne Twister).
2. *Goldene* Signaturdaten für eine JPEG-Encoder-Schaltung, die als Eingabe-Debug-Trace-Daten nach der Technik von [DC14] gegeben sind.
3. Kommerziell repräsentative funktionale Verifikationstestfälle der MiBench Benchmark-Suite [Gut+01], die für einen modernen Softcore-Mikroprozessor cross-kompiliert wurden, unter Verwendung einer optimierten Bibliothek für eingebettete Systeme.

Zwei Verilog-Testbänke TB_{LEG} und TB_{COMPR}werden zur Simulation der Testdatenübertragung zu einem CuT zur Validierung der erhaltenen Ergebnisse verwendet. Diese Einrichtung ist im Grunde die gleiche wie die in Abschn. 4.4 auf Seite 17 beschriebene.

Alle Retargeting-Verfahren wurden auf einem Fedora 30 (mit gcc 9.2.1) System mit einem Intel Xenon E3-1240v2 3.4 GHz Prozessor und 32 GB Systemspeicher ausgeführt. Das implementierte Retargeting-Werkzeug ist in C++ geschrieben und clasp 3.1.4 wird als PBO-Löser verwendet [Geb+07].

5.5 Experimentelle Ergebnisse

Dieser Abschnitt bewertet die durchgeführten Experimente bezüglich der hochentropischen, funktionalen Verifikationstestdaten von industriell repräsentativen Schaltkreisen sowie einem exemplarischen Satz von (Debug-)Trace-Daten.

Algorithmus 4 Optimierungs-SAT-basiertes Retargeting-Verfahren

Require: test data $\mathcal{I}$, dictionary size n_2, n_3, UDW lengths u

$\Phi_{\text{RET}} :=$ Empty PBO instance

$\Phi_{\text{\#CDW}} :=$ Weighted constr. for max. entries of length 2 & 3

$\Phi_{\text{COST}} :=$ Weighted clause for quality criteria

$\alpha :=$ Map between meta-type and Boolean variable

for all $X \in u$ **do**

  {Handling UDW permutations & max. entries}

  for $i = 0$ **to** $i \leq 2^X$ **do**

    $\nu_j^{2\text{CDW}} =$ allocBooleanVar() with $j = \text{DecToBin}(i)$

    $\nu_j^{3\text{CDW}} =$ allocBooleanVar() with $j = \text{DecToBin}(i)$

    $\alpha(UDW_j) \rightarrow (\nu_j^{2\text{CDW}}, \nu_j^{3\text{CDW}})$

    $\Phi_{\text{\#2CDW}} = \Phi_{\text{\#2CDW}} + 1 \cdot \text{posLit}(\nu_j^{2\text{CDW}})$

    $\Phi_{\text{\#3CDW}} = \Phi_{\text{\#3CDW}} + 1 \cdot \text{posLit}(\nu_j^{3\text{CDW}})$

    $\Phi_{\text{COST}} = \Phi_{\text{COST}} + c_i \cdot \text{posLit}(\nu_j^{3\text{CDW}}) + c_i \cdot \text{posLit}(\nu_j^{2\text{CDW}})$

  end for

  {Handling replacements and link them to specific UDW}

  for $i = 0$ **to** $i + X < \text{length}(\mathcal{I})$ **do**

    $\nu_i^{uC} =$ allocBooleanVar()

    $\alpha(\text{uC}_i) \rightarrow \nu_i^{uC}$

    $j = \mathcal{I}[i : (i-1) + X]$

    $\Phi_{\text{RET}} = \Phi_{\text{RET}}$
$\bullet($ negLit$(\nu_i^{uC}) +$ posLit$(\alpha(UDW_j)))$

  end for

end for

{Mutual exclusion of conflicting replacements & quality criteria}

for all $\text{uC}_\text{i} \in \alpha$ **do**

  for all $\text{uC}_j \in \text{conflictingOverlaps}(\text{uC}_i)$ **do**

    $\Phi_{\text{RET}} = \Phi_{\text{RET}} \bullet (\text{negLit}(\alpha(\text{uC}_i)) + \text{negLit}(\alpha(\text{uC}_j)))$

  end for

  $\Phi_{\text{COST}} = \Phi_{\text{COST}} + c_X \cdot \text{posLit}(\text{uC}_i)$

end for

{Performing search for model & invoking optimization process}

$\Phi = (\Phi_{\text{RET}} \bullet \Phi_{\text{COST}} \bullet (\Phi_{\text{2CDW}} \leq n_2)) \bullet (\Phi_{\text{3CDW}} \leq n_3))$

$\text{obj} = \mathcal{O}(\Phi_{\text{COST}})$ {objective function}

$\mathcal{M} = \text{findSolution}(\Phi, \text{obj})$

$\mathcal{C} = \text{ExtractConfigurationForActiveUDWs}(\mathcal{M}, \alpha)$

$\mathcal{D} = \text{ExtractReplacements}(\mathcal{M}, \alpha)$

return $\mathcal{D}, \mathcal{C}$

Fünf verschiedene Experimente werden für jeden Benchmark wie folgt durchgeführt:

leg Ruft das IEEE 1149.1 Protokoll ohne jegliche Kompression auf.

Huffman Implementiert ein Retargeting-Verfahren unter Verwendung eines domänenspezifischen Huffman-Algorithmus, das bedeutet, dass die bestehenden Hardware-Beschränkungen bezüglich der TDR-Schnittstelle intern berücksichtigt werden.

heur Verwendet das gierige heuristische Retargeting-Verfahren, wie es von Abschn. 4.3 vorgeschlagen wird, während es den Vorteil der Wortebene-Operation nutzt, um die Laufzeit zu reduzieren.

opt Ruft das Optimierungs-SAT-basierte Retargeting-Verfahren unter Verwendung formaler Techniken mit erschöpfender Durchsuchung des Suchraums auf.

opt-lim Implementiert eine modifizierte Version von opt, um den Rechenaufwand zu begrenzen und die resultierende Laufzeit erheblich zu reduzieren.

Die Ergebnisse bezüglich der Reduzierung des TDV werden detailliert in Tab. 5.6 angegeben. Die Spalte Größe [bit] zeigt das resultierende Datenvolumen und die Spalte TDV red. [%] gibt das Verhältnis der Datenvolumenreduktion an. Analog dazu präsentiert Tab. 5.7 die Ergebnisse bezüglich der Anzahl der Testzyklen (Spalte #Datenzyklen) und der gesamten TAT-Reduzierung (Spalte TAT red. [%]). Das TDV sowie TAT werden als Histogramme in den Abb. 5.2 und 5.3 für einen visuellen Vergleich dargestellt.

Alle erforderlichen Konfigurationsschritte sind in den gemessenen Daten berücksichtigt, d. h., sie sind in den Zahlen der Datenzyklen und Datengröße enthalten. Die verbrauchte Laufzeit in CPU-Minuten und die Instanzgrößen, also die

Tab. 5.5 Laufzeit und Instanzgrößen für das Retargeting von zufälligen Testdaten und Debug-Daten

	#Boolesche Variablen	Laufzeit [min]			
Testname	opt/opt-lim	Huffman	heur	opt	opt-lim
RTDR_256	7800	< 0,01	0,02	11,19	0,07
RTDR_512	15.059	0,01	0,04	21,14	1,69
RTDR_1024	29.678	0,03	0,07	43,75	0,39
RTDR_2048	58.930	0,05	0,19	97,59	0,76
RTDR_4096	117.203	0,10	0,63	190,89	14,85
RTDR_8192	233.997	0,22	2,16	492,08	29,47
DEBUG_JPEG	21.449	< 0,01	0,02	30,86	2,13
SHA	204.388	0,06	0,10	217,10	37,49
MATH	286.954	0,09	0,15	314,28	68,42
DIJKSTRA	222.101	0,06	0,10	183,78	38,76
FFT	289.219	0,08	0,14	356,07	72,11

Tab. 5.6 Optimierung der SAT-basierten Neuausrichtung: TDV-Reduzierung von zufälligen und industriellen Schaltkreisdesigns

	Größe [Bit]					TDV red. [%]			
Testname	Bein	Huffman	Heur	Opt	Opt-Lim	Huffman	Heur	Opt	Opt-Lim
RTDR_256	2048	1635	1570	1239	1315	20,2	23,3	39,5	35,7
RTDR_512	4096	3298	3027	2516	2516	19,5	26,1	38,8	38,8
RTDR_1024	8192	6465	6035	5200	5350	21,1	26,3	36,5	34,7
RTDR_2048	16.384	12.973	12.109	10.444	10.739	20,8	26,1	36,3	34,5
RTDR_4096	32.768	26.005	23.607	20.626	21.282	20,6	28,0	37,1	35,1
RTDR_8192	65.536	51.119	48.529	42.068	43.057	22,0	26,0	35,8	34,3
DEBUG_ JPEG	5632	4134	4069	3470	3470	26,6	27,8	38,4	38,4
SHA	46.944	34.861	28.154	23.271	23.271	25,7	40,1	50,4	50,4
MATH	67.616	57.470	48.217	33.876	35.220	15,0	28,7	49,9	47,9
DIJKSTRA	49.441	34.056	29.172	24.621	25.165	31,2	40,1	50,2	49,1
FFT	66.880	48.856	39.743	34.034	34.310	26,9	40,6	49,1	48,7

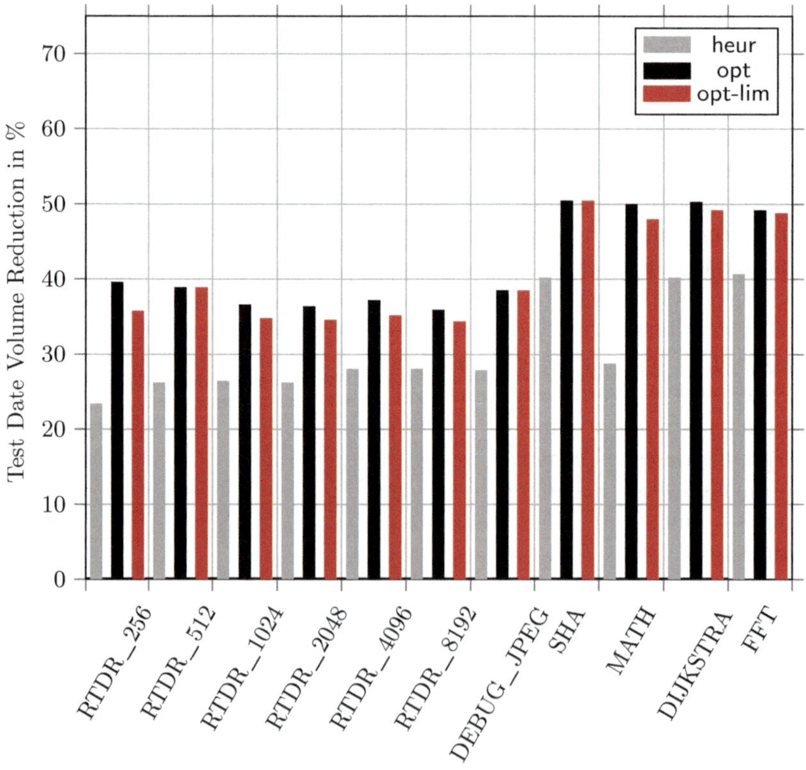

Abb. 5.2 Durchschnittliche TDV-Reduzierung für die Optimierung SAT-basiertes Retargeting

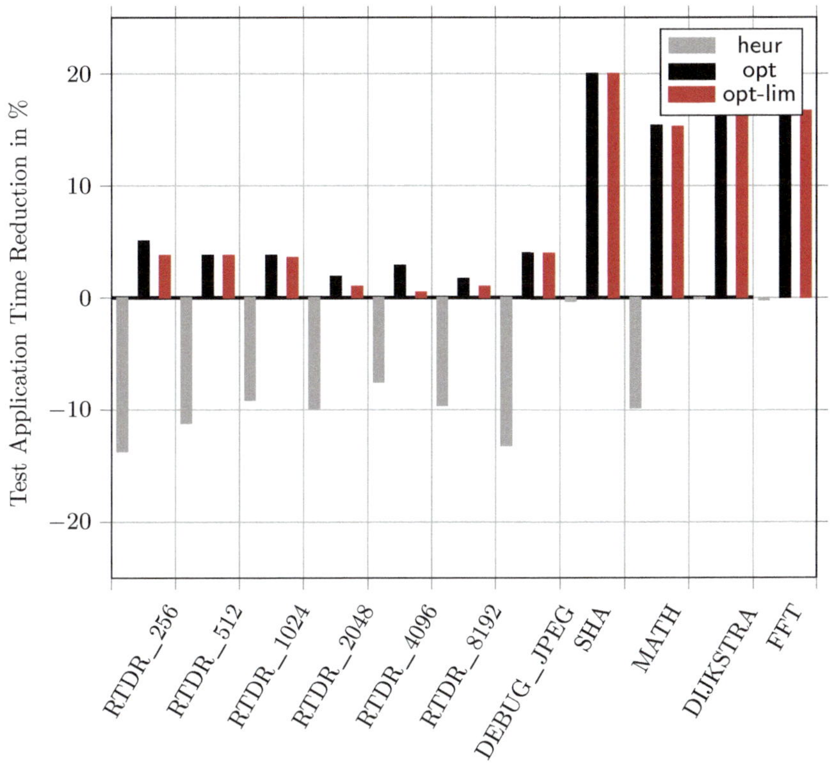

Abb. 5.3 Durchschnittliche TAT-Reduzierung für die Optimierung SAT-basiertes Retargeting

Gesamtzahl der eingeführten Booleschen Variablen, werden weiterhin in Tab. 5.5 dargestellt.

Die Ergebnisse zeigen deutlich, dass die vorgeschlagene opt Technik in der Lage ist, beide Qualitätskriterien – also TDV und TAT Reduzierung – für alle Testfälle im Vergleich zum alten TAP, zuvor vorgeschlagenen Techniken wie [Ila+13] und auch gierigen heuristischen Ansätzen, wie sie von Abschn. 4.3 vorgeschlagen wurden, signifikant zu verbessern. Im Vergleich zum alten TAP kann das TDV für hochentropische Testdaten im Durchschnitt um 36,4 % und bis zu 37,1 % reduziert werden. Früher vorgeschlagene Ansätze erreichten nur eine durchschnittliche Reduzierung von 21,1 % (Huffman) und von 26,7 % (heur). Die Anwendung auf die Debug-Trace-Daten oder auf funktionale Verifikationstestdaten bestätigt diese Ergebnisse. Hier ist die vorgeschlagene Technik in der Lage, das TDV um 47,6 % zu reduzieren.

Beim Vergleich der Laufzeit der verschiedenen Ansätze muss beachtet werden, dass die opt Technik um Größenordnungen mehr Laufzeit benötigt als die heur Technik, was auf die schwierige rechnerische Aufgabe der Lösung

Tab. 5.7 Optimierung der SAT-basierten Neuausrichtung: Reduzierung der TAT von zufälligen und industriellen Schaltkreisdesigns

	#Datenzyklen					TAT red. [%]			
Testname	Bein	Huffman	heur	opt	opt-lim	Huffman	heur	opt	opt-lim
RTDR_256	2053	2580	2334	1949	1973	−25,7	−13,7	5,1	3,8
RTDR_512	4101	5324	4559	3945	3945	−29,8	−11,2	3,8	3,8
RTDR_1024	8197	10211	8942	7901	7901	−24,6	−9,1	3,8	3,6
RTDR_2048	16.389	20.603	18.013	16.082	16.378	−25,7	−9,9	1,9	1,0
RTDR_4096	32.773	41.442	35.236	31.809	32.591	−26,5	−7,5	2,9	0,5
RTDR_8192	65.568	81.951	71.847	64.420	64.494	−25,0	−9,6	1,7	1,5
DEBUG_JPEG	5637	6871	6125	5412	5412	−27,0	−13,2	4,0	4,0
SHA	46.949	51.921	47.090	37.561	37.561	−10,6	−0,3	20,0	20,0
MATH	67.621	84.851	74.253	57.152	57.264	−25,5	−9,8	15,4	15,3
DIJKSTRA	49.446	55.949	49.493	40.533	41.210	−13,2	−0,1	18,0	16,7
FFT	66.885	79.393	67.027	55.345	55.733	−18,7	−0,2	17,3	16,7

einer PBO-Probleminstanz zurückzuführen ist. Es wird auch gezeigt, dass ein großer Laufzeitvorteil dieser formalen Technik erzielt werden kann, selbst wenn die Ressourcen des Lösungsalgorithmus begrenzt sind (*opt-lim*), das das Kompressionsverhältnis nur unerheblich verringert. Der opt-lim Ansatz hält leicht unterschiedliche Parameter für den PBO-Solver bereit, die unter anderem den Aufzählungsprozess steuern. Darüber hinaus wurde der Mangel der heuristischen Retargeting-Technik – wie ursprünglich in Abschn. 4.3 vorgeschlagen – bezüglich des TAT- bei der Verarbeitung von hochentropischen Testdaten vollständig beseitigt. Etwa 26 % mehr Datenzyklen sind erforderlich, wenn der Huffman-Ansatz und die heuristische Technik verwendet werden, die etwa 9 % mehr Datenzyklen bei hochentropischen Testdaten benötigen, das darauf zurückzuführen war, dass die Wörterbucheinträge aufgrund der gierigen Art und Weise nicht gut gewählt wurden. Folglich musste eine große Anzahl von SBIs in die resultierenden komprimierten Testdaten D eingefügt werden. Der vorgeschlagene optimierende SAT-basierte Ansatz leidet nicht unter diesem Umstand aufgrund der Verwendung von formalen Optimierungstechniken und der Einführung einer optimalen Konfiguration C für das eingebettete Wörterbuch. Er ist sogar in der Lage, die Datenzyklen im Durchschnitt um 2,2 % und bis zu 2,9 % für zufällige hochentropische Testdaten und um 15 % im Durchschnitt und bis zu 20,0 % für die Debug-Trace- oder funktionalen Verifikationsdaten zu reduzieren.

5.6 Zusammenfassung und Ausblick

In diesem Kapitel wurde ein optimierender SAT-basierter Ansatz für das Retargeting von eingehenden Testdaten unter Verwendung einer codewortbasierten Kompressionsarchitektur für einen IEEE 1149.1-konformen TAP-Controller vorgeschlagen. Das Problem der Suche nach optimalen Codewörtern wird als PBO-Problem modelliert und formale Lösungstechniken werden genutzt, um vorteilhafte Codewörter und damit eine optimale Konfiguration für das eingebettete Wörterbuch zu finden.

Mehrere Experimente haben gezeigt, dass die TDV- und die TAT-Reduzierung im Vergleich zu anderen bestehenden Techniken durch die Verwendung der vorgeschlagenen formalen Techniken erheblich verbessert wird. Tatsächlich reduziert diese Technik das TDV für funktionale Verifikationstestdaten von industriell repräsentativen Schaltkreisen um bis zu 50,4 %. Das TDV wird sogar für hochentropische Testdaten und Debug-Trace-Daten um bis zu 37,1 % reduziert. Darüber hinaus wird auch das TAT um bis zu 20,0 % im Vergleich zum TAT eines herkömmlichen Transfers bei der Verarbeitung dieser funktionalen Verifikationstestdaten reduziert.

Zusammenfassend wurden kürzlich zwei völlig unterschiedliche Retargeting-Techniken in Betracht gezogen: eine heuristische und eine optimierende SAT-basierte Technik. Im Allgemeinen erreichen beide Techniken eine signifikante TDV-Reduzierung. Die heuristische Technik ermöglicht ein sehr schnelles

Retargeting. Allerdings wird ein messbarer Mehraufwand in Bezug auf das TAT eingeführt, insbesondere bei der Verarbeitung von hochentropischen Testdaten. Im Gegensatz dazu vermeidet die formale Technik jede Erhöhung des TAT auch bei der Verarbeitung von hochentropischen Daten, führt aber einen enormen rechnerischen Aufwand ein. Aufgrund einer sehr hohen Laufzeit ist die Anwendung von formalen Techniken auf riesige TDV begrenzt, das wahrscheinlich erforderlich ist, um die aufkommenden Herausforderungen für den Test und die Fehlersuche der nächsten Generation von ICs zu bewältigen.

Zukünftige Arbeiten betreffen die Einführung einer mehrwertigen Logik in das optimierende SAT-basierte Retargeting-Verfahren. Dies wird die Berücksichtigung von X-Werten ermöglichen, deren tatsächliche Zuweisung frei bestimmt werden kann. Die Einbeziehung dieses höheren Freiheitsgrades in den Retargeting-Prozess wird die Kompressionseffizienz noch weiter verbessern.

Kapitel 6
Rekonfigurierbare TAP-Controller mit eingebetteter Kompression

Die Anwendung formaler Techniken im Rahmen des Retargeting-Verfahrens bietet einen leistungsstarken Mechanismus zur Bestimmung der vorteilhaftesten – im Sinne der TDV- und TAT-Reduzierung – komprimierten Testdaten D sowie einer Konfiguration C. Dieser Ansatz funktioniert gut für kleine und mittelgroße Testdatenvolumina, allerdings ist die maximale Größe der Testdaten, die verarbeitet werden können, streng begrenzt. Dies liegt daran, dass die PBO-Problem-Instanz nicht-linear mit der Größe der Testdaten skaliert und daher die Größe der PBO-Problem-Instanz im Grunde explodiert, wenn große Daten verarbeitet werden. Selbst wenn gut konstruierte PBO-Löser verfügbar sind, sind die Laufzeit und der Speicherverbrauch, die zur Lösung der monolithischen Instanz erforderlich sind, völlig untragbar.

Um dieses Manko zu beheben, schlägt dieses Kapitel ein Partitionierungsschema für das Optimierungs-SAT-basierte Retargeting-Verfahren vor, das es ermöglicht, die monolithische PBO-Instanz in kleinere Teile, die Partitionen, zu zerlegen. Diese Partitionen können dann einzeln verarbeitet werden, während sie nur eine vernachlässigbare Menge an Laufzeit für das Retargeting-Verfahren beanspruchen. Darüber hinaus wird ein partielles Rekonfigurationsschema entwickelt, das es ermöglicht, die Einträge des eingebetteten Wörterbuchs selektiv zu rekonfigurieren, um eine erhebliche Menge an Konfigurationsdaten zu sparen.

Die Struktur dieses Kapitels ist wie folgt: Abschn. 6.1 motiviert die Einführung des Partitionierungs- und Rekonfigurationsschemas und beschreibt die notwendigen Erweiterungen des Optimierungs-SAT-basierten Ansatzes. Diese Erweiterungen adressieren das rechnerisch schwierige Problem der Lösung massiver monolithischer PBO-Instanzen und ermöglichen daher deren

S. Huhn und R. Drechsler, *Design für Testbarkeit, Fehlersuche und Zuverlässigkeit*, https://doi.org/10.1007/978-3-031-45319-9_6

Komprimierung auch bei großen Testdatenvolumina. Dieser Abschnitt zeigt auch eine beispielhafte Rekonfiguration und diskutiert die Auswahl verschiedener Modellparameter. Der experimentelle Aufbau und die experimentelle Auswertung dieses neu vorgeschlagenen partitionsbasierten Ansatzes werden in den Abschn. 6.2 und 6.3 gegeben, gefolgt von einer Zusammenfassung in Abschn. 6.4.

6.1 Partitionsbasiertes Retargeting-Verfahren unter Verwendung formaler Techniken

Die Einführung eines Partitionierungsschemas in das formale Optimierungs-SAT-basierte Retargeting-Verfahren beabsichtigt, die erforderliche Laufzeit und den Speicherverbrauch zur Bestimmung der komprimierten Testdaten D sowie der Konfiguration $\mathcal{C}$ erheblich zu reduzieren. Dieses Verfahren zielt darauf ab, eine starke negative Auswirkung auf die TAT, wie sie typischerweise durch strukturelle Ansätze verursacht wird, zu vermeiden, während nur eine vertretbare Laufzeit für die Bestimmung erfordert wird.

Partitionierung ist ein bekannter Ansatz zur Trennung harter rechnerischer monolithischer Aufgaben in mehrere Teilaufgaben, die leichter zu lösen sind. Im Allgemeinen funktioniert dies gut, sofern es möglich ist, die gesamte rechnerische Aufgabe in mehrere Teilaufgaben zu unterteilen, die unabhängig voneinander verarbeitet werden können. Eine solche Partitionierung direkt auf ein Optimierungs-SAT-basiertes Verfahren anzuwenden, impliziert, dass typischerweise nur lokale Optima bestimmt werden und folglich die lokalen Optima stark vom globalen Optimum abweichen können. Die gesamten Testdaten werden in verschiedene Blöcke aufgeteilt, um die gegebene Retargeting-Aufgabe auf ein Partitionierungsschema zu projizieren. Jeder Block wird dann einzeln verarbeitet (Teilaufgabe), was den erforderlichen Rechenaufwand stark reduziert. Wie bereits oben erwähnt, ergeben sich zwei kritische Herausforderungen, wenn eine Partitionierung eingeführt wird:

1. Die Unabhängigkeit der Teilaufgaben ist nicht gegeben. Daher müssen die Datenabhängigkeiten zwischen diesen Teilaufgaben vom formalen Modell berücksichtigt werden.
2. Es besteht eine starke Abweichung zwischen dem lokalen und dem globalen Optimum – im Sinne der höchsten TDV- und TAT-Reduzierung – die die Wirksamkeit des Retargeting-Verfahrens beeinflussen wird. Um eine negative Auswirkung auf die globale Wirksamkeit zu vermeiden, muss jedes lokale Optimum erreicht werden, das impliziert, dass das lokale und das globale Optimum konvergieren.

Lokal bedeutet, dass nur ein Block (Teilaufgabe) der gesamten Testdaten verarbeitet wird, daher funktioniert eine bestimmte Konfiguration am besten nur für den spezifischen Block. Analog dazu bezieht sich global auf eine Konfiguration, die durch Berücksichtigung aller Testdaten auf einmal bestimmt wird und global am besten funktioniert. Diese Berechnung erfordert jedoch eine sehr hohe Laufzeit für große TDV. Um diese Abweichung zu adressieren, wird angestrebt, alle lokalen Optima zu erreichen, indem das Wörterbuch für jeden Block rekonfiguriert wird. Dies führt jedoch zu deutlich mehr Konfigurationsdaten. Dieser Datenüberhang wird durch die Einführung eines teilweisen Rekonfigurationsschemas angegangen, das den aktuellen Zustand des Wörterbuchs kennt und Einträge nur dann rekonfiguriert, falls es vorteilhaft ist.

Definition 6.1 Lassen Sie I eine Sequenz von Bits $(b_1, b_2, .., b_N)$ sein, die die Ziel-Daten für die Partitionierung repräsentiert und lassen Sie #I $=N$ die Anzahl der Bits in der Sequenz sein.

Dann ist eine Partition $P_{i,j}$ definiert als eine kohärente Teilsequenz $(b_i, b_{i+1}, b_{i+2}, \ldots, b_j)$ mit $i \leq j$ und $i \geq 1$ und $j \leq N$. Die Größe der Partition $P_{i,j}$ wird definiert durch $\#P_{i,j} = j - i + 1$.

6.1.1 *Formales Partitionierungsschema*

Die Partitionierung zielt darauf ab, die gesamten eingehenden Testdaten I in getrennte Teile zu unterteilen, wie formal in Theorem 6.1 dargelegt. Jeder Teil wird dann individuell neu übersetzt, welches eine erhebliche Reduzierung der Laufzeit ermöglicht. Beim Einführen eines Partitionsschemas auf der bestehenden Retargeting-Prozedur müssen mehrere Aspekte berücksichtigt werden. Die Auswahl geeigneter Partitionen ist ein entscheidender Aspekt, da unbedeckte Interdependenzen strikt vermieden werden müssen. Andernfalls kann die Korrektheit des Retargeting-Verfahrens nicht gewährleistet werden. Insbesondere muss die Äquivalenz zwischen UDW und CDW nach der Dekompression auf dem Chip erfüllt sein. Um die Äquivalenz der neu übersetzten Daten bei der Einführung von Partitionen zu erreichen, muss die Auswahl sicherstellen, dass keine Bitposition mehr als einmal von einer Partition abgedeckt wird, wie formal in Theorem 6.2 dargelegt.

Lemma 6.2 *Sei $P_{i,j}$ und $P'_{i',j'}$ zwei Partitionen von I.*
Dann sind die Partitionen P und P' frei von sich überschneidenden Bits, das bedeutet, dass $j<i'$ oder $j'<i$ gültig ist. Mit $P_{i,j} \cap P'_{i',j'} = \emptyset$, ist keine Bitposition in I in mehr als genau einer Partition enthalten.

Selbst wenn die Partition wohldurchdacht ausgewählt wird, ist das bestimmte $\mathcal{C}$ nur optimal für eine einzelne Partition (lokales Optimum). Vorläufige Experimente haben gezeigt, dass, wenn ein Satz von lokal optimalen Codewörtern auf den gesamten Datenstrom angewendet wird, die Effektivität des Ansatzes reduziert wird, das nur zu einer geringen Reduzierung der TDV und der TAT im Vergleich zu den erzielten Ergebnissen führt, als wenn global optimale Codewörter angewendet werden.

Multiple Konfigurationen
Multiple Konfigurationen werden bestimmt, um das Problem zu adressieren, dass Codewörter nur lokal optimal sind. Insbesondere wird eine Konfiguration für jede verarbeitete Partition bestimmt. Diese neue Konfiguration passt das eingebettete Wörterbuch individuell an die Partition an, die dem in Abb. 5.1 gezeigten Schema folgt. Hier wird das eingebettete Wörterbuch durch C_i konfiguriert, bevor der spezifische komprimierte Testdatenblock c_i an das CuT übertragen wird, das den kompressionsbasierten TAP-Controller implementiert. Diese Neukonfiguration löst das Problem bezüglich lokaler und globaler Optima gut. Dies führt jedoch zu großen Konfigurationsdaten, das zu zusätzlichem Datenvolumen sowie Zyklen führt. Die maximale Anzahl von Codewörtern, die während einer Neukonfiguration neu konfiguriert werden, kann begrenzt werden, um den durch mehrere Konfigurationen eingeführten Mehraufwand zu kontrollieren.

Teilweise Neukonfiguration
Die Neukonfiguration des Wörterbuchs wird nur teilweise angewendet, um eine negative Auswirkung auf die TDV und insbesondere auf die TAT zu vermeiden. Daher berücksichtigt das Retargeting-Verfahren den aktuellen Zustand *SD* des Wörterbuchs, d. h. die Codewörter, die während der Verarbeitung der vorherigen Partition konfiguriert wurden. Es wird darauf abgezielt, bereits konfigurierte Einträge für die folgende Partition zu *wiederverwenden,* um letztendlich die Gesamtkonfigurationsdaten zu reduzieren, wie in Theorem 6.3 angegeben.

Lemma 6.3 *Gegeben ist eine geordnete Sequenz von Partitionen* (P_1, P_2, ..., P_m) *und der aktuelle Zustand* $S_D@0$ *des Wörterbuchs zum Zeitpunkt* $t=0$, *d. h., die Codewörter für alle Einträge darin. Der Zeitpunkt* $t=0$ *repräsentiert den Anfangszustand des Wörterbuchs (aufgrund der Synthese des TAP-Controllers).*

Dann erhält das Retargeting-Verfahren ρ *eine Partition* P_i *und den aktuellen Zustand* $S_D@i-1$, *der aufgrund vorheriger Konfigurationen bestimmt wird* C_j *mit* $0 \leq j \leq i-1$. *Darüber hinaus ist eine Konfiguration* C_i *teilweise, falls nur eine Teilmenge von Einträgen enthalten ist.*

6.1.2 Beispielhafte Rekonfiguration

Das partielle Rekonfigurationsschema wird in Tab. 6.1 demonstriert, die beispielhafte Daten für mehrere Rekonfigurationen des eingebetteten Wörterbuchs durch Anwendung von C_0 bis C_n zeigt. Wie bereits erwähnt, jedes C_i wurde durch ρ bestimmt, das die Partition P_i (repräsentiert einen Teil von I) in Bezug auf den aktuellen Zustand des Wörterbuchs verarbeitet. Spalte Nr. zeigt die Nummer des Wörterbucheintrags, Spalte C_0 repräsentiert den Standardzustand des Wörterbuchs, d. h., die Standardkonfiguration, die aufgrund der Synthese programmiert ist. Es wird angenommen, dass das Wörterbuch 12 dynamisch konfigurierbare Einträge

Tab. 6.1 Teilweise Rekonfigurationen des eingebetteten Wörterbuchs mit $\mathcal{C}_0$ bis $\mathcal{C}_n$

Nr.	$\mathcal{C}_0$	$\mathcal{C}_1$	...	$\mathcal{C}_{n-1}$	$\mathcal{C}_n$
1	1111	01011010		1010	0111
2	0101	1110		00010110	0000
3	0110	0101		0110	11110001
4	00110011	10010110		01111000	00110010
5	01010101	1100		0011	$\mathcal{C}_{n-1}$
6	1010	0101		00011111	01010101
7	0000	10001011		0111	$\mathcal{C}_{n-1}$
8	10101010	11101010		1010	$\mathcal{C}_{n-1}$
9	1000	10001111		$\mathcal{C}_{n-2}$	$\mathcal{C}_{n-2}$
10	1001	10010100		$\mathcal{C}_{n-2}$	1000
11	0001	0100		$\mathcal{C}_{n-2}$	$\mathcal{C}_{n-2}$
12	11001100	11101111		$\mathcal{C}_{n-2}$	$\mathcal{C}_{n-2}$
$\sum \mathcal{C}$ [Bit]	–[a]	79		44	36

[a]Standardkonfiguration aufgrund der Synthese

enthält, die Halbbyte- oder Byte-lange Einträge enthalten können.[1] Die Spalten $\mathcal{C}_1$ bis $\mathcal{C}_n$ repräsentieren den Zustand **nach** Anwendung der Konfiguration $\mathcal{C}_i$. Die unterste Zeile $\sum \mathcal{C}$ gibt die Größe der aktuellen Konfiguration in Bit an. Im Falle von $\mathcal{C}_{n-1}$, nur Einträge 1 bis 8 sind enthalten. Daher bleiben die Einträge 9 bis 12 im vorherigen Zustand. $\mathcal{C}_n$ konfiguriert das Wörterbuch weiterhin nur teilweise, insbesondere werden die Einträge 11 und 12 nicht neu konfiguriert. Beide Einträge bleiben in dem Zustand, in dem sie vor mehreren Konfigurationsphasen eingestellt wurden.

Dieses Beispiel zeigt deutlich, dass die Größe der Konfigurationsdaten direkt mit der Anzahl der enthaltenen Einträge sowie mit der Länge (Halbbyte oder Byte-lang) des einzelnen Eintrags skaliert. Die resultierende Konfigurationsgröße variiert von 79 Bit ($\mathcal{C}_1$) bis 36 Bit ($\mathcal{C}_n$). Daher ist es notwendig, die resultierende Größe der Konfigurationsdaten bei der Anwendung des Partitionierungsschemas zu berücksichtigen.

6.1.3 Parametrische Analyse

Dieser Abschnitt führt kurz die erforderliche Anpassung ein, um das Partitionierungsschema für das Optimierungsverfahren der SAT-basierten Retargeting-Technik zu integrieren und beschreibt die Analyse zur Bestimmung des am besten geeigneten Parametersatzes.

[1]Für einen fairen Vergleich werden genau die gleichen Parameter (Hardware-Beschränkungen) angenommen, die auch für die heuristischen sowie optimierenden SAT-basierten Retargeting-Verfahren verwendet werden.

Die erste Partition P_0 wird von einer PBO-Instanz verarbeitet, die dem in Abschn. 5.3 vorgestellten Schema folgt. Alle Klauseln und Variablenzuweisungen, die sich auf den I-Block (u_i, u_{i+1}, …, u_j) beziehen, müssen aus der PBO-Problem-Instanz entfernt werden, um jede nachfolgende Partition $P_{i,j}$ neu zu übersetzen. Darüber hinaus wird der Konfigurationszustand $\mathcal{S}$ des Wörterbuchs nach jedem Retargeting-Schritt extrahiert, da dieser Konfigurationszustand für jeden nachfolgenden berücksichtigt werden muss. Eine Suchfunktion σ ist implementiert, die den aktuellen Konfigurationszustand des Wörterbuches SD enthält, ein komprimiertes Datenwort cdw_i erhält und prüft, ob cdw_i in der aktuellen Konfiguration des Wörterbuchs enthalten ist, so dass

$$\sigma(cdw_i) = \begin{cases} 1 & \text{wenn } cdw_i \in S_D \\ 0 & \text{sonst} \end{cases}$$

Die Optimierungsfunktion muss so modifiziert werden, dass die Konfiguration eines bereits konfigurierten komprimierten Datenworts cdw_i ($\sigma(cdw_i) = 1$) keine weiteren Kosten im Sinne von Konfigurationsdaten verursacht. Darüber hinaus müssen zwei primäre Parameter bewusst ausgewählt werden, da beide die Größe der Konfigurationsdaten sowie die für das Neuausrichtungsverfahren verbrauchte Laufzeit stark beeinflussen. Die Auswirkungen der folgenden zwei Parameter wurden ausführlich für zufällige Testdaten erläutert:

Maximale Anzahl von Codewörtern in der Rekonfiguration r_s
Die Gesamtgröße der Konfiguration $\mathcal{C}_i$ skaliert direkt mit der Anzahl der Codewörter (enthalten in $\mathcal{C}_i$), wie in Tab. 6.1 gezeigt. Diese Zahl kann die Gesamtzahl der dynamisch konfigurierbaren Einträge nicht überschreiten. Rekonfigurationsverhältnisse zwischen einer vollständigen Rekonfiguration (100 %), einer halben Rekonfiguration (50 %) und den beiden Zwischenverhältnissen (der Rekonfiguration) 66,7 % und 83,3 % wurden untersucht. Beachten Sie, dass diese Anteile die maximale Anzahl von erlaubten Codewortrekonfigurationen darstellen, was nicht unbedingt bedeutet, dass die Anzahl der Einträge tatsächlich rekonfiguriert wird.

Maximale Partitionsgröße p_s
Die maximale Größe einer Partition p_s steuert den Rechenaufwand, der benötigt wird, um diese Partition zu verarbeiten. Dieser Aufwand, d. h., die Größe der PBO-Instanz, skaliert nichtlinear mit der Größe der Eingabedaten für die Retargeting-Verfahren. Untersucht wurden verschiedene Partitionsgrößen von 8K, 16K, 32K und 48K.

Abb. 6.1 zeigt die Parameterstudie für die untersuchten $p_s \in \{8K, 16K, 32K, 48K\}$ auf der y-Achse und die maximalen Rekonfigurationen $r_s \in \{6, 8, 10, 12\}$ auf der x-Achse bei der Verarbeitung von hochentropischen Testdaten mit Größen von 64K bis 1024K. Jeder experimentelle Durchlauf wird durch einen Datenpunkt dargestellt und die resultierende TAT-Reduzierung in Prozent wird auf der z-Achse aufgetragen. Darüber hinaus ist die TDV-Reduzierung stabil mit einem

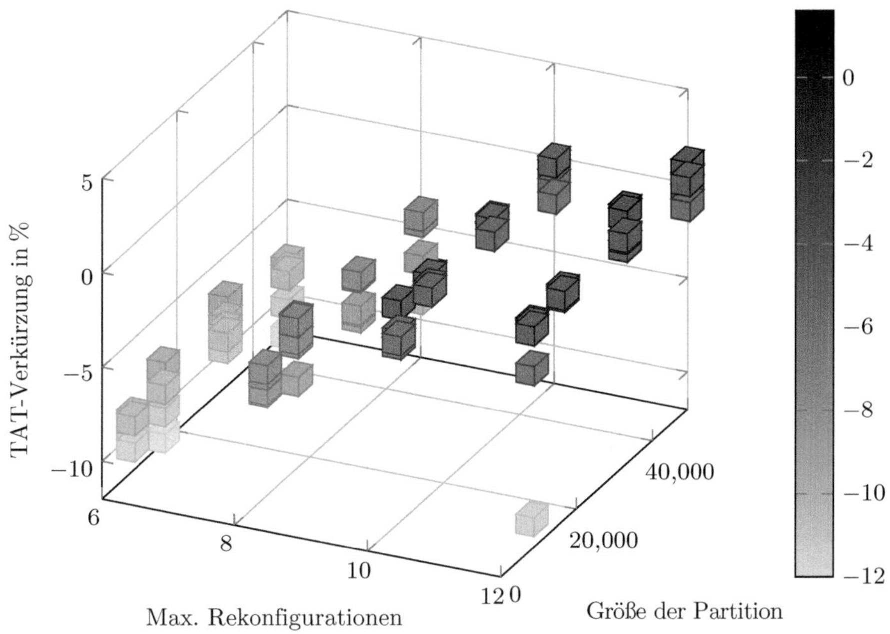

Abb. 6.1 Parameteridentifikation unter Berücksichtigung von TAT

durchschnittlichen Verhältnis von 37,3 % und einer Varianz von 2,3 %. Die TAT variiert jedoch zwischen einer leichten Reduzierung und einer leichten Erhöhung (im Vergleich zur nicht komprimierenden Datenübertragung). Daher wird die TAT-Reduzierung in % durch das graue Farbschema dargestellt: Je dunkler das Grau, desto höher die TAT-Reduzierung und umgekehrt.

Die Auswirkungen der Parameter auf die resultierende Laufzeit sind in Abb. 6.2 dargestellt. Hier werden die $p_s \in \{8K, 16K, 32K, 48K\}$ auf der y-Achse und die maximalen Rekonfigurationen $r_s \in \{6, 8, 10, 12\}$ auf der x-Achse bei der Verarbeitung von hochentropischen Testdaten mit Größen von 64K bis 1024K dargestellt. Jeder experimentelle Durchlauf wird durch einen Datenpunkt dargestellt und die normalisierte Laufzeit in Sekunden wird auf der z-Achse aufgetragen. Die Normalisierung betrifft die eingehenden Testdaten und verwendet eine Größe von 64k als Referenz. Das gleiche graue Farbschema wird in dieser Abbildung verwendet: Je dunkler das Grau, desto höher die resultierende Laufzeit und umgekehrt.

Wie die Abb. 6.1 und 6.2 zeigen, impliziert die Bestimmung eines geeigneten Parametersatzes einen Kompromiss zwischen einer reduzierten TAT oder einer reduzierten Laufzeit. Die Ergebnisse zeigen, dass der Parametersatz von 12 Rekonfigurationen und einer Partitionsgröße von 32768 Bits einen fairen Kompromiss darstellt. Weitere Experimente wurden durchgeführt, die gezeigt haben, dass dieser Parametersatz für nicht-zufällige Testdaten geeignet ist. Dies liegt daran, dass zufällige Testdaten typischerweise schwerer zu komprimieren

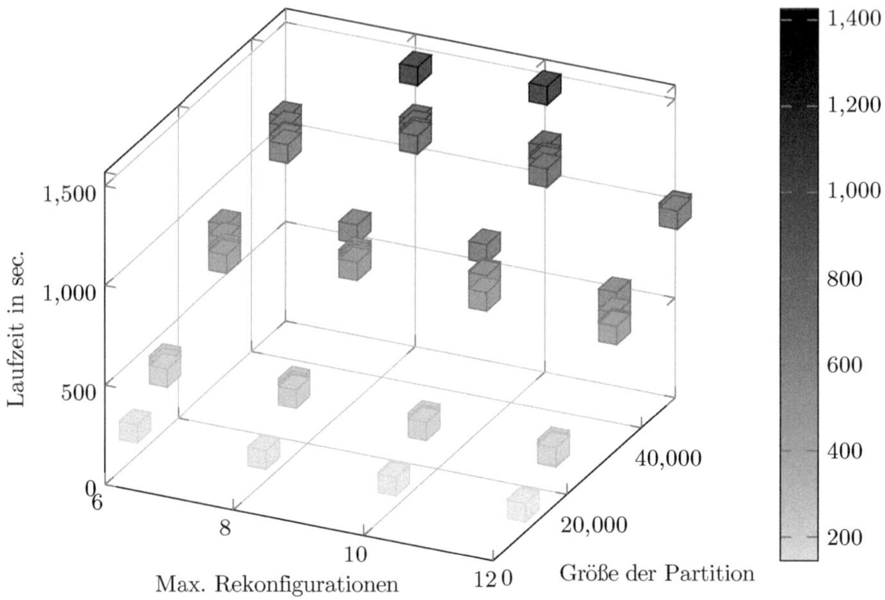

Abb. 6.2 Parameteridentifikation unter Berücksichtigung der Laufzeit

sind, da die Entropie höher ist und somit das Komprimieren von zufälligen Daten den schlechtesten Fall im Sinne der Kompression darstellt [BT07].

6.2 Experimenteller Aufbau

Dieser Abschnitt beschreibt den experimentellen Aufbau des vorgeschlagenen partitionierungsbasierten Retargeting-Ansatzes, der das Optimierungs-SAT-basierte Retargeting-Verfahren von Kap. 5 einbezieht.

Die endgültigen Ergebnisse des entwickelten partitionierungsbasierten Retargeting-Verfahrens part werden gegen die Legacy-Übertragung mit JTAG leg, den heuristischen Ansatz heur, und beide formalen Retargeting-Verfahren opt sowie opt-lim abgegrenzt. Die folgenden Klassen von Testdaten wurden für die Experimente in Betracht gezogen:

1. Große zufällige Testdaten mit Größen von 8192 (RTDR_8192) bis 131.072 (RTDR_131072) Bytes (erzeugt durch einen pseudozufälligen Zahlen-Generator basierend auf Mersenne Twister).
2. Kommerziell repräsentative funktionale Verifikationstestfälle der MiBench Benchmark-Suite [Gut+01], die für einen modernen Softcore-Mikroprozessor mit einer optimierten Bibliothek für eingebettete Systeme cross-kompiliert wurden. Diese Tests beinhalten große Testfälle für JPEG-Kompressoren und -Dekompressoren.

Zwei Verilog-Testbänke TB_{LEG} und TB_{COMPR} werden zur Simulation der Testdatenübertragung an ein CuT zur Validierung der erhaltenen Ergebnisse verwendet. Diese Einrichtung ist im Grunde die gleiche wie die in Abschn. 4.4 auf S. 17 beschriebene.

Alle Retargeting-Verfahren wurden auf einem Fedora 30 (mit gcc 9.2.1) System mit einem Intel Xenon E3-1240v2 3.4 GHz Prozessor und 32 GB Systemspeicher ausgeführt. Die TO wurde auf 86.400s und die MO auf 30GB festgelegt. Die ursprünglichen und unkomprimierten Testdaten wurden vom entwickelten Retargeting-Framework verarbeitet. Dieses Framework ist in C++ geschrieben und ruft clasp 3.1.4 als PBO-Löser [Geb+07] auf und erzeugt schließlich die komprimierten Testdaten sowie die Konfiguration für die eingebettete Kompressionsarchitektur.

6.3 Experimentelle Ergebnisse

Dieser Abschnitt bewertet die durchgeführten Experimente zur Verarbeitung großer Testdatenvolumen mit bis zu 1000K Bits. In Tab. 6.2 werden die Ergebnisse zur TDV-Reduzierung der durchgeführten Experimente wie folgt präsentiert: Die Spalte Größe [Bit] gibt das resultierende Datenvolumen an und die Spalte Datenreduktion [%] gibt das Verhältnis der Datenvolumenreduktion an. Analog dazu zeigt Tab. 6.3 die Ergebnisse bezüglich der Anzahl der Testzyklen (Spalte #Datenzyklen) und der gesamten TAT-Reduzierung (Spalte Zyklenreduktion [%]). Hier bezieht sich heur auf die heuristischen Retargeting-Verfahren von Abschn. 4.3 und opt sowie opt-lim auf die zuvor eingeführten optimierungsbasierten Techniken. Die Spalte part präsentiert die resultierende TDV- und TAT-Reduzierung bei Verwendung des vorgeschlagenen Partitionierungsschemas mit $p_s = 16$K und (bis zu) einer vollständigen Neukonfiguration einschließlich der Rekonfigurationsdaten und Zyklus-Overhead.

Der TDV der part-Technik ist robust und vergleichbar mit opt-lim, wie in Tab. 6.2 gezeigt. Zum Beispiel ermöglicht part die Komprimierung von 1024K hochentropischen Testdaten um 37,3 % und funktionalen Verifikationstestdaten um bis zu 62,8 %. Die Experimente zeigen allgemein, dass die resultierende TDV-Reduzierung für hochentropische Daten geringer ist als für funktionale Verifikationstestdaten. Hinsichtlich der TAT-Reduzierung für die kritischsten hochentropischen Testdaten ist die resultierende TAT-Reduzierung von part leicht niedriger im Vergleich zu opt-lim bei der Verarbeitung der schwer zu komprimierenden hochentropischen Daten. Die Verhältnisse sind jedoch deutlich geringer im Vergleich zur Verwendung von heur, obwohl die Verhältnisse im Vergleich zu opt-lim niedriger sind, wenn die vorgeschlagene Technik auf funktionale Verifikationsdaten angewendet wird. Im Falle der Verarbeitung von 64K führt heur zu einer TAT-Erhöhung von 14,5 %, während part eine TAT-Reduzierung von 1,6 % erreicht. Der TDV und der TAT sind weiterhin in den Abb. 6.3 und 6.4 für einen visuellen Vergleich dargestellt.

Tab. 6.2 Optimierung SAT-basiertes Retargeting mit Partitionierung: TDV-Reduzierung von zufälligen & industriellen Schaltkreisdesigns

Testname	Größe [bit]					TDV red. [%]			
	leg	heur	opt	opt-lim	part	Heur	opt	opt-lim	part
RTDR_8192	65.536	48.529	42.068	43.057	42.575	26,0	35,8	34,3	35,0
RTDR_16384	131.072	89.952	TO	83.476	84.312	31,4	TO	36,3	35,7
RTDR_32768	262.144	177.991	TO	166.299	164.700	32.1	TO	36,6	37,2
RTDR_65536	524.288	355.682	ZU	MO	327.448	32,2	ZU	MO	37,5
RTDR_131072	1.048.576	711.858	ZU	MO	657.303	32,1	ZU	MO	37,3
Patricia	76.864	29.827	31.678	31.781	28.807	61,2	58,7	58,7	62.5
sortieren	76.832	27.444	32.863	26.546	28.585	64,3	57,2	65,4	62,8
Dijkstra	77.441	32.265	33.673	32.793	32.594	58,3	56,5	57,7	57,9
bmath	109.793	48.825	TO	50.013	46.545	55,5	TO	54,4	57,6
blowfish	143.232	73.579	TO	71.242	67.442	48,6	TO	50,3	52,9
cjpeg	703.648	423.315	TO	TO	372.719	39,8	TO	TO	47,0
djpeg	801.922	481.904	TO	TO	417.133	39,9	TO	TO	48,0

Tab. 6.3 Optimierung der SAT-basierten Neuausrichtung mit Partitionierung: TAT-Reduzierung von zufälligen & industriellen Schaltkreisdesigns

Testname	#Datenzyklen					TAT Red. [%]			
	leg	heur	opt	opt-lim	part	heur	opt	opt-lim	part
RTDR_8192	65.541	71.847	64.420	64.494	65.744	−9,6	1,7	1,5	−0,3
RTDR_16384	131.077	151.351	ZU	128.427	130.160	−15,5	ZU	2,0	0,7
RTDR_32768	262.149	300.151	ZU	257.168	257.912	−14,5	ZU	1,9	1,6
RTDR_65536	524.283	600.532	ZU	MO	517.048	−14,5	ZU	MO	1,4
RTDR_131072	1.048.581	1.201.183	ZU	MO	1.046.149	−14,6	ZU	MO	0,2
Patricia	76.869	51.622	54.870	54.926	50.705	32,8	28,6	28,5	34,0
sortieren	76.837	47.733	45.002	45.051	54.074	37,9	41,4	41,4	29,6
Dijkstra	77.446	55.097	59.631	54.945	55.941	28,9	23,0	29,1	27,8
bmath	109.798	82.875	ZU	80.839	85.680	24,5	ZU	26,4	22,0
Kugelfisch	143.237	126.427	ZU	55.426	114.233	11,7	ZU	61,3	20,3
cjpeg	703.653	715.545	ZU	ZU	626.735	−1,7	ZU	ZU	10,9
djpeg	801.927	803.661	ZU	ZU	707.152	−0,2	ZU	ZU	11,8

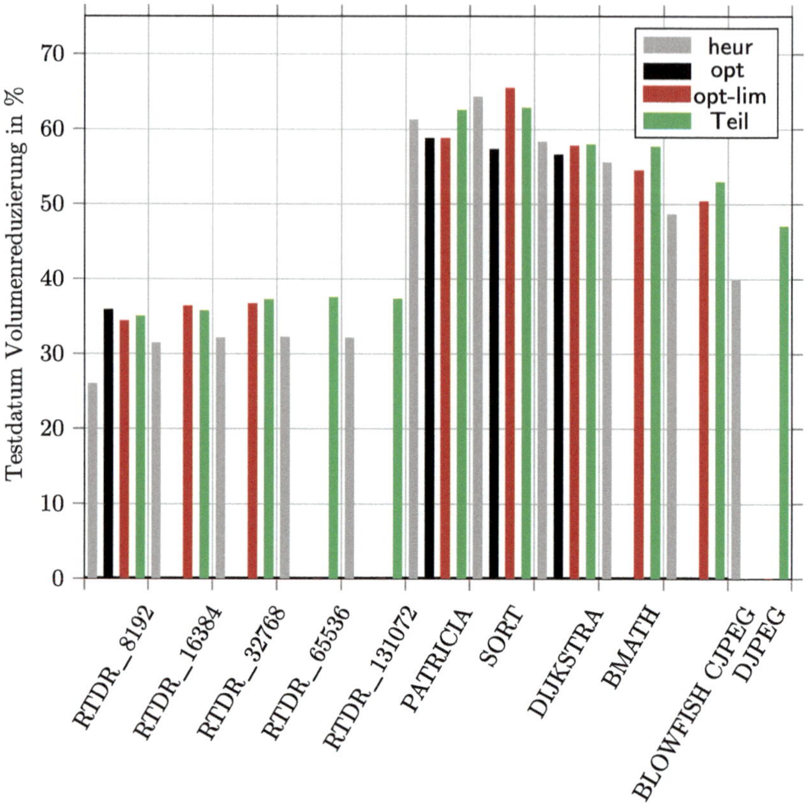

Abb. 6.3 Durchschnittliche TDV-Reduzierung für partitionsbasiertes Retargeting

Abb. 6.5 zeigt einen Laufzeitvergleich (Logskala auf der y-Achse) für verschiedene Testdatenvolumen beider formaler Techniken (opt und opt-lim) im Vergleich zur vorgeschlagenen part Technik. Wie deutlich zu sehen ist, skaliert die Laufzeit des vorgeschlagenen Ansatzes mit zunehmendem Datenvolumen auf eine machbare Weise. Zum Beispiel benötigt part 119s, um 16K zu verarbeiten und 9987s, um 1024K zu verarbeiten, d. h., der Skalierungsfaktor der Laufzeit gegenüber dem Volumenzuwachs beträgt $\frac{83{,}9}{64} \approx 1{,}31$. Im Vergleich dazu skaliert opt-lim mit $\frac{279{,}9}{16} \approx 17{,}49$ während der Verarbeitung von 16K bis 256K, bevor das TO überschritten wird. opt hat das TO bereits überschritten, als 128K Testdaten verarbeitet wurden.

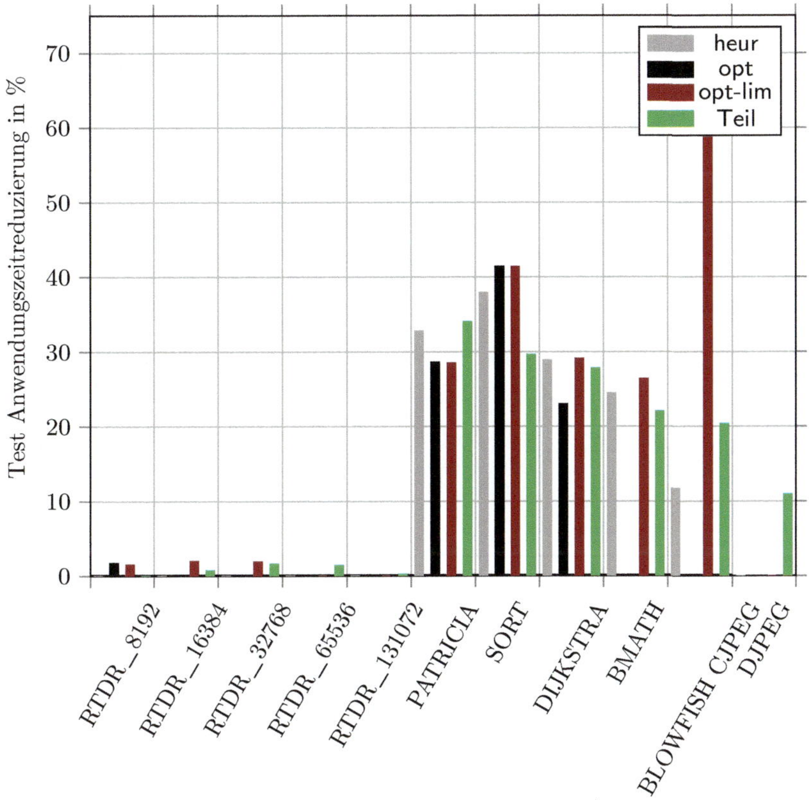

Abb. 6.4 Durchschnittliche TAT-Reduzierung für partitionsbasiertes Retargeting

6.4 Zusammenfassung

In diesem Kapitel wurde eine neue formale, optimierungsbasierte Retargeting-Technik vorgeschlagen, um auch große und hochentropische Testdaten zu verarbeiten, sodass die Vorteile von kompressionsbasierten TAP-Controllern genutzt werden können. Die vorgeschlagene Retargeting-Technik beinhaltet ein Partitionsschema, um den resultierenden Suchraum des zugrunde liegenden formalen Modells zu reduzieren, sodass die Berechnung in einer angemessenen Zeit abgeschlossen wird. Genauer gesagt, wird das grundlegende eingebettete Wörterbuchprinzip von der DDU, das von VecTHOR eingeführt wurde, durch eine teilweise Rekonfigurationsfähigkeit erweitert, um den Rekonfigurationsaufwand erheblich zu reduzieren.

Experimente haben gezeigt, dass die Laufzeit im Vergleich zu anderen bestehenden formalen Techniken erheblich reduziert wurde. Insbesondere wurde der Skalierungsfaktor der Laufzeit gegenüber TDV von 17,49 auf 1,31 reduziert,

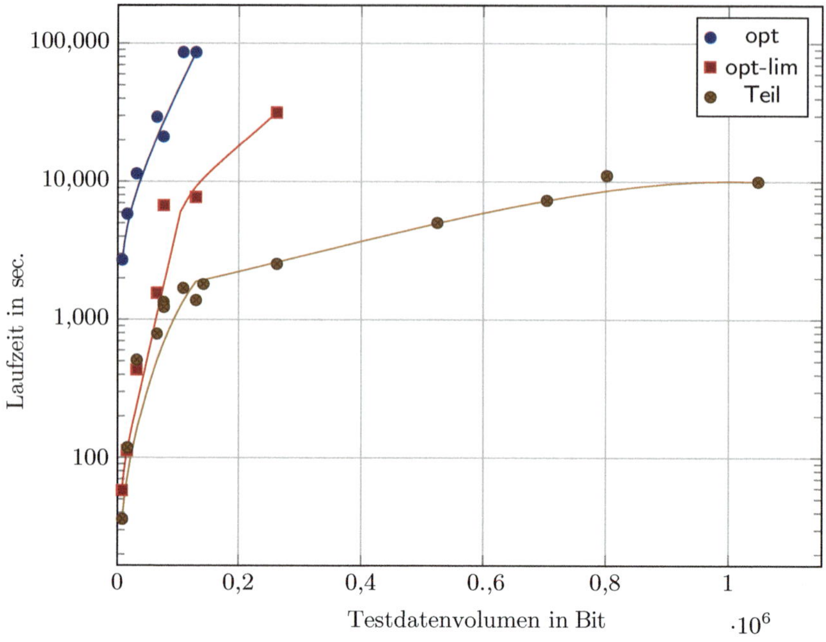

Abb. 6.5 Vergleich der Laufzeit von Retargeting-Techniken

während die TDV- und TAT-Reduktionsraten beibehalten wurden. Aufgrund der reduzierten Laufzeit wurden zufällige Testdaten mit mehr als einer Million Bit erfolgreich übersetzt, während die TDV um ca. 37 % reduziert wurde. Noch wichtiger ist, dass die TDV von funktionalen Verifikationstestdaten von industriell repräsentativen Schaltkreisen um bis zu 50,4 % reduziert wurden. In jedem Testfall, der größere Testdatenvolumen berücksichtigt, wurde eine weitere TAT-Reduktion von bis zu ca. 30 % im Falle von Testdaten von industriell repräsentativen Kandidaten erreicht.

Es wurde deutlich gezeigt, dass das optimierungsbasierte SAT-Retargeting-Verfahren heuristische Ansätze übertrifft, da eine optimale Konfiguration für das eingebettete Wörterbuch bestimmt wird. Aufgrund der schwierigen Rechenaufgabe, die PBO-Problem-Instanz zu lösen, ist dieser Ansatz besser für kleine und mittlere Testvolumina geeignet. Die Laufzeit skaliert nicht-linear, wenn große Testdatenvolumen als monolithische PBO-Problem-Instanz verarbeitet werden und ist daher nicht nachhaltig. Die Einführung eines Partitionierungsansatzes, der den aktuellen Zustand des eingebetteten Wörterbuchs berücksichtigt, in Kombination mit einem teilweisen Rekonfigurationsschema, ermöglicht jedoch die vollständige Nutzung des optimierungsbasierten SAT-Verfahrens. Der vorgeschlagene Ansatz führt zu einer signifikanten TDV- und TAT-Reduktion, obwohl mehr als eine Million Bits berücksichtigt werden.

Kapitel 7
Eingebettete Mehrkanal-Testkompression für Tests mit niedriger Pin-Anzahl

Die neuesten Errungenschaften im Bereich Design und Herstellung von ICs ermöglichen völlig neue Anwendungsszenarien. Beispielsweise integriert die neueste Generation von elektronischen Steuereinheiten eine große Anzahl von ausgefeilten Onboard-ICs, um fortschrittliche Fahrerassistenzsysteme zu implementieren. Aufgrund des sicherheitskritischen Aspekts einer solchen Anwendung müssen verschiedene Arten von Vorschriften, Standards sowie Praktiken berücksichtigt werden. Mögliche Defekte, die während des Herstellungsprozesses aufgetreten sein könnten, müssen zuverlässig erkannt werden, um diesen anspruchsvollen Anforderungen gerecht zu werden [WW03]. Daher ist eine sehr hohe Testabdeckung erforderlich, das zu großen Mengen von Testmustern führt, die während des Herstellungstests ausgeführt werden müssen [MR16].

Eine weitere Herausforderung betrifft die verfügbare Pin-Anzahl. In der industriellen Praxis wird der Test während verschiedener Testumgebungen durchgeführt. Die verfügbare Infrastruktur kann in verschiedenen Umgebungen erheblich variieren. Beispielsweise ist der Burn-in-Test ein wichtiger Schritt, um die erforderliche Qualität des hergestellten IC zu gewährleisten, der unter belastenden Umweltbedingungen wie erhöhter Temperatur durchgeführt wird. Selbst wenn diese harten Bedingungen die Erkennung von Frühausfällen, d. h., die latenten Frühlebensausfälle, beschleunigen, bildet diese Art von Test immer noch einen Engpass des gesamten Tests [KS03]. Darüber hinaus sind spezielle Burn-in-Geräte erforderlich, die nur eine sehr begrenzte Anzahl von Testpins bereitstellen. Andere Testeinsätze nutzen massive Parallelisierung, um die Testkosten zu senken, das wiederum Einschränkungen in Bezug auf die Pin-Anzahl verursacht.

S. Huhn und R. Drechsler, *Design für Testbarkeit, Fehlersuche und Zuverlässigkeit*, https://doi.org/10.1007/978-3-031-45319-9_7

Komplexe Designs nutzen leistungsstarke eingebettete Testkompressionstechniken wie [JT98, JGT99, ICM99, ZL77, Raj+04, LC03, CC01] wie bereits ausführlicher in Abschn. 4.1 diskutiert. Diese Techniken zielen darauf ab, die Gesamttestzeit zu reduzieren und somit Kosten zu sparen. Typischerweise ist spezielle Hardware auf dem Chip eingebettet, die eine Dekompression zur Laufzeit der (komprimierten) Testdaten während der Übertragung zwischen dem ATE und dem CuT ermöglicht.

Kommerziell verfügbare Kompressionstechniken wie [Raj+04] erreichen eine signifikante Kompressionsrate, indem sie bestimmte strukturelle Eigenschaften der Testdaten nutzen. Die Kompressionsrate dieser Techniken skaliert mit dem Anteil der X-Werte und hängt von weiteren Parametern ab, wie der Anzahl der eingefügten Scan-Ketten. Im Allgemeinen muss entweder eine große Anzahl von X-Werten in die Testdaten aufgenommen werden oder die Generierung von Testwürfeln muss im Kompressionsverfahren berücksichtigt werden [MK06], welches eine zeitintensive Aufgabe darstellt. Dies funktioniert gut für viele der Testmuster, jedoch können die restlichen Testmuster überhaupt nicht komprimiert werden; sie werden aufgrund der eingeführten Kompressionsarchitektur *abgelehnt*. Techniken wie [Ace+17] führen konfliktbewusste Testpunkte ein, um die Kompressibilität des Testsatzes weiter zu erhöhen, obwohl dies den Kompressionsabbruch eines einzelnen Testmusters nicht löst.

Im Allgemeinen muss das Testmuster eine große Anzahl von Einschränkungen erfüllen, die von der Kompressionsarchitektur kommen, um komprimierbar zu sein. Da dies nicht immer möglich ist, führen diese abgelehnten Tests zu einem Verlust der Fehlerabdeckung. Dieser Effekt wird in LPCT-Umgebungen, die oben beschrieben wurden, stark verstärkt. In solchen Fällen steigt die Anzahl der nicht komprimierbaren Muster erheblich. Dies liegt daran, dass moderne Kompressionslösungen wie [Dho+16, LR12] die inhärente Eigenschaft haben, dass die Kompressionseffizienz gering ist, wenn nur sehr wenige Pins und daher Datenkanäle zur Verfügung stehen.

Jedes *Abgelehnte Testmuster* (RTP) ist entscheidend, da eine einfache Vernachlässigung die Testabdeckung verringern und somit die Testqualitätsanforderungen verletzen würde. Daher müssen diese RTPs während des Tests angewendet werden, um einen Verlust der Testabdeckung zu vermeiden. Diese RTPs werden dann in einer sequenziellen und vollständig unkomprimierten Art und Weise auf den Chip übertragen, d. h., sie umgehen die Kompressionsarchitektur. Dies führt zu einer negativen Auswirkung auf die Gesamtkompressionsrate und einer signifikanten Erhöhung der Testkosten.

Dieses Kapitel schlägt eine neuartige Hybridarchitektur vor, die eine hochmoderne eingebettete Testkompressionstechnik nahtlos mit einem Codewort-basierten Kompressionsschema kombiniert, das die kostspielige Bypass-Struktur ersetzt. Dieser Ansatz wurde in enger Zusammenarbeit mit Infineon Deutschland entwickelt, um unter anderem sicherzustellen, dass industriell relevante Szenarien berücksichtigt werden und darüber hinaus korrekte Annahmen aus industrieller Perspektive getroffen werden. Der Codewort-basierte Ansatz soll für die RTPs angewendet werden, um die Mängel bestehender Techniken zu beheben. Genauer gesagt, wird der negative Einfluss der RTPs auf die Gesamtkompressionsrate erheblich reduziert. Der eingeführte Hardware-Mehraufwand ist vernachlässigbar und ein leistungsfähiger Retargeting-Ansatz wurde implementiert, basierend auf dem Optimierungssatz-basierten Retargeting-Ansatz, wie in Kap. 5 beschrieben. Die vorgeschlagene Architektur ermöglicht auch die Nutzung bestehender Multikanal-Testkompressionsstrukturen, die typischerweise in industriellen Designs eingeführt werden. Dies ermöglicht eine noch größere Reduzierung der Übertragungszeit der RTPs und damit der resultierenden TAT. Experimente haben gezeigt, dass eine TDV-Reduzierung von bis zu 67,4 % für die RTPs erreicht werden kann. Die resultierende TAT kann durch die Orchestrierung bestehender Multikanalfähigkeiten um bis zu 64,7 % weiter reduziert werden.

Die Struktur dieses Kapitels ist wie folgt organisiert: Abschn. 7.1 beschreibt kurz verwandte Arbeiten zu eingebetteten Testkompressionstechniken einschließlich weiterer Ansätze auf Codewortbasis. Abschn. 7.2 skizziert die vorgeschlagene Hybridkompressionsarchitektur, die hauptsächlich aus drei verschiedenen Komponenten besteht, die in den Unterabschnitten nacheinander beschrieben werden. Erweiterte Themen werden in Abschn. 7.3 vorgestellt, die eine Hardware-Kostenanalyse und eine Erweiterung betreffen, die einen bestehenden Multikanal-Testtopologie nutzt, um die Kompressionseffizienz weiter zu optimieren. Der experimentelle Aufbau wird in Abschn. 7.4 beschrieben und die durchgeführten Ergebnisse werden in Abschn. 7.5 präsentiert. Schließlich fasst Abschn. 7.6 das Papier zusammen.

7.1 Verwandte Arbeiten

Im letzten Jahrzehnt wurden viele verschiedene Testkompressionstechniken in der Literatur vorgeschlagen, die alle darauf abzielen, TDV und TAT zu reduzieren. Die TDV skaliert direkt mit den benötigten Speicherressourcen auf dem ATE, die eine streng begrenzte Ressource darstellen, insbesondere wenn man Testkostenreduktionstechniken wie Multi-Site-Testing [Iye+02] in Betracht zieht.

Architektur der eingebetteten Testkompression

Es ist erforderlich, spezielle Hardware auf dem Chip zu integrieren, um den Transfer von komprimierten Testdaten D von der (externen) Testausrüstung zur CuT zu ermöglichen und so die Vorteile einer eingebetteten Testkompressionstechnik zu nutzen. In Abb. 7.1 wird die Prinziparchitektur wie folgt dargestellt: Die neu eingefügte Hardware implementiert unter anderem einen Laufzeit-Dekompressor, der das Dekomprimieren von D auf dem Chip ohne Informationsverlust ermöglicht. Die unkomprimierten Testdaten I, also die Testmuster, werden von ATPG-Tools bestimmt. Diese Daten werden dann durch ein Retargeting-Verfahren nachbearbeitet, das das tatsächliche Kompressionsschema anwendet und in den komprimierten Testdaten D resultiert.

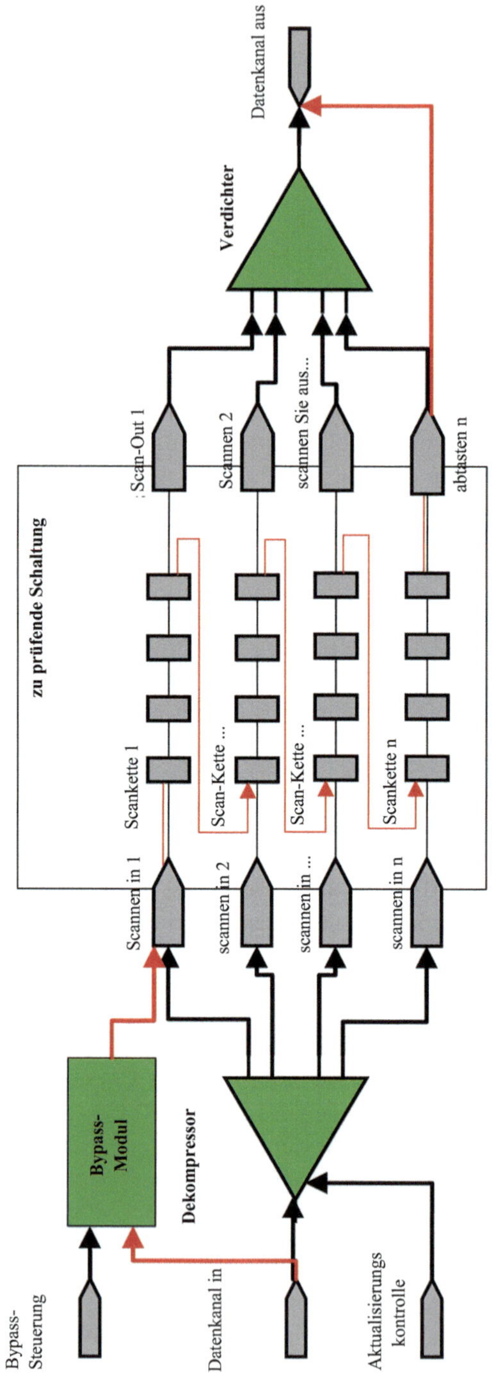

Abb. 7.1 Eingebettetes Testkompressionsschema [Raj+04]

Die modernsten Techniken wie [Raj+04] erreichen eine sehr hohe Kompressionsrate, das meist mit dem Anteil der X-Werte in den verarbeiteten Testmustern skaliert. Daher variiert diese Kompressionsrate stark abhängig von den strukturellen Eigenschaften der Daten, z. B. nehmen die meisten Kompressionsarchitekturen Einschränkungen bzgl. der Verteilung der Scan-Zellenzuweisungen an. Ein kritischerer Umstand ist, dass ein bestimmter Anteil des Gesamttestdatensatzes überhaupt nicht komprimierbar ist, da die generierten Testmuster die Einschränkungen der Kompressionsarchitektur nicht erfüllen. Es ist nicht möglich, dass sie auf dem Chip ohne Informationsverlust dekomprimiert werden, welches auf die strukturellen Eigenschaften dieser Muster zurückzuführen ist. Daher werden sie von der Kompressionsarchitektur abgelehnt. Diese RTPs müssen dann über einen speziellen Bypass-Controller in einer unkomprimierten und sequenziellen Art und Weise übertragen werden, der die Dekompressor-Infrastruktur vollständig umgeht. Dies führt zu einem erheblichen Mehraufwand in Bezug auf die TAT sowie die TDV. Diese RTPs müssen jedoch ausgeführt werden, um einen Verlust der Testabdeckung zu vermeiden, das in Bereichen, in denen eine Null-Fehler-Politik erforderlich ist, von größter Bedeutung ist.

Vier Komponenten müssen auf dem Chip implementiert werden, um eine solche eingebettete Kompressionstechnik zu instanziieren. Diese Komponenten sind wie folgt:

1. Der Dekompressor stellt die unkomprimierten Testmuster wieder her, die dann in die Scan-Ketten geladen werden,
2. der Kompaktor bestimmt die Testantworten der Schaltung, indem er die Ausgänge der Scan-Ketten verarbeitet,
3. der Bypass-Controller definiert den Datenpfad neu (einschließlich einer Konkatenation aller Scan-Ketten), wenn der Bypass für die Übertragung unkomprimierter Daten (in Rot markiert) aktiviert ist, und
4. ein Satz von Pins auf Chipebene, die ein Taktsignal, zwei Steuersignale (für den Kompaktor/Dekompressor und den Bypass-Controller) sowie einen Daten-Eingang und einen Daten-Ausgangskanal für das komprimierte Testmuster und die Testantwort halten.

Typischerweise werden mehrere Datenkanäle eingeführt, wenn industrielle Designs berücksichtigt werden. Dies ermöglicht die Erweiterung der verfügbaren Bandbreite, um die Anforderungen hinsichtlich der TAT zu erfüllen. Im Gegenzug erfordert jeder zusätzlich eingeführte Datenkanal zwei weitere Pins auf Chipebene, deren maximale Anzahl streng begrenzt ist, unter anderem durch das Pad-Frame-Design. Daher muss diese Zahl individuell pro Design gewählt werden, da sie einen Kompromiss zwischen Datenbandbreite und Kosten darstellt.

Codewort-basierte Kompression

Ein wichtiges Kriterium von Kompressionstechniken betrifft die Vollständigkeit des zugrunde liegenden Kompressionsalgorithmus. In diesem Zusammenhang bedeutet die Vollständigkeit der Kompression, dass jede beliebige binäre Sequenz verarbeitet werden kann. Folglich wird keine der möglichen Sequenzen, d. h. Testmuster, abgelehnt. Dadurch wird ein Testabdeckungsverlust einfach durch das Design verhindert. Wie in Kap. 4 eingeführt, werden SBIs in die komprimierten Daten eingefügt, um die Vollständigkeit einer solchen codewort-basierten Technik mit sogar kleinen eingebetteten Wörterbüchern zu gewährleisten. Dieses eingebettete Wörterbuch enthält eine bestimmte Anzahl von Codewörtern, die von der tatsächlichen Wörterbuchgröße abhängt. Das Wörterbuch implementiert eine Abbildungsfunktion Ψ, wobei jedes einzelne (kurze) binäre Codewort cdw_i auf ein (langes) binäres Datenwort udw_i projiziert wird. Analog zu anderen Techniken müssen die ursprünglichen Testdaten von einem Retargeting-Werkzeug nachbearbeitet werden, das die komprimierten Daten ausgibt, d. h. eine Sequenz von Codewörtern $cdw_1 \ldots cdw_n$. Diese Sequenz kann codewortweise durch Ψ zu den ursprünglichen Testdaten ohne Informationsverlust auf dem Chip wiederhergestellt werden, welches eine Implementierung von Ψ als Teil des codewortbasierten Dekompressors in der Hardware erfordert. Einzelne Codewörter können dynamisch vor der Datenübertragung konfiguriert werden, um die Kompressionseffektivität weiter zu verbessern, das durch die DDU realisiert wird.

7.2 Hybride Kompressionsarchitektur

Eingebettete Kompressionstechniken reduzieren die TDV erheblich, das es ermöglicht, selbst große Testsätze von hochkomplexen IC-Designs zu verarbeiten. Allerdings wird ein bestimmter Anteil der gesamten Testmuster manchmal von der Kompressionsinfrastruktur abgelehnt, das zu einem Mangel führt, der die Null-Fehler-Politik für sicherheitskritische Anwendungen gefährdet. Die vorgeschlagene hybride Kompressionsarchitektur behebt diesen Nachteil, indem sie eine moderne eingebettete Kompressionstechnik mit einem codewort-basierten Ansatz kombiniert, der ausschließlich für die RTPs angewendet werden soll. Dadurch kann der erhebliche Mehraufwand, der durch die RTPs eingeführt wird, effektiv reduziert werden, während gleichzeitig die Fehlerabdeckung hoch gehalten wird.

7.2.1 Motivation

Die Grundidee des vorgeschlagenen Ansatzes besteht darin, einen Codewortbasierten Dekompressor anstelle eines einfachen Bypass-Moduls einzuführen, wie es allgemein zur Behandlung von RTPs angewendet wird. Das vorgeschlagene Schema ist in Abb. 7.2 dargestellt und konzentriert sich auf die eingehenden Daten der RTPs, die einmalig vor der Testanwendung neu übersetzt werden müssen. Die neu übersetzten Muster, d. h. eine Sequenz von Codewörtern, werden bitweise an die Schaltung übertragen. Wenn ein Codewort abgeschlossen ist, erweitert der Dekompressor es zum (ursprünglichen) Datenwort und speichert es vorüber-

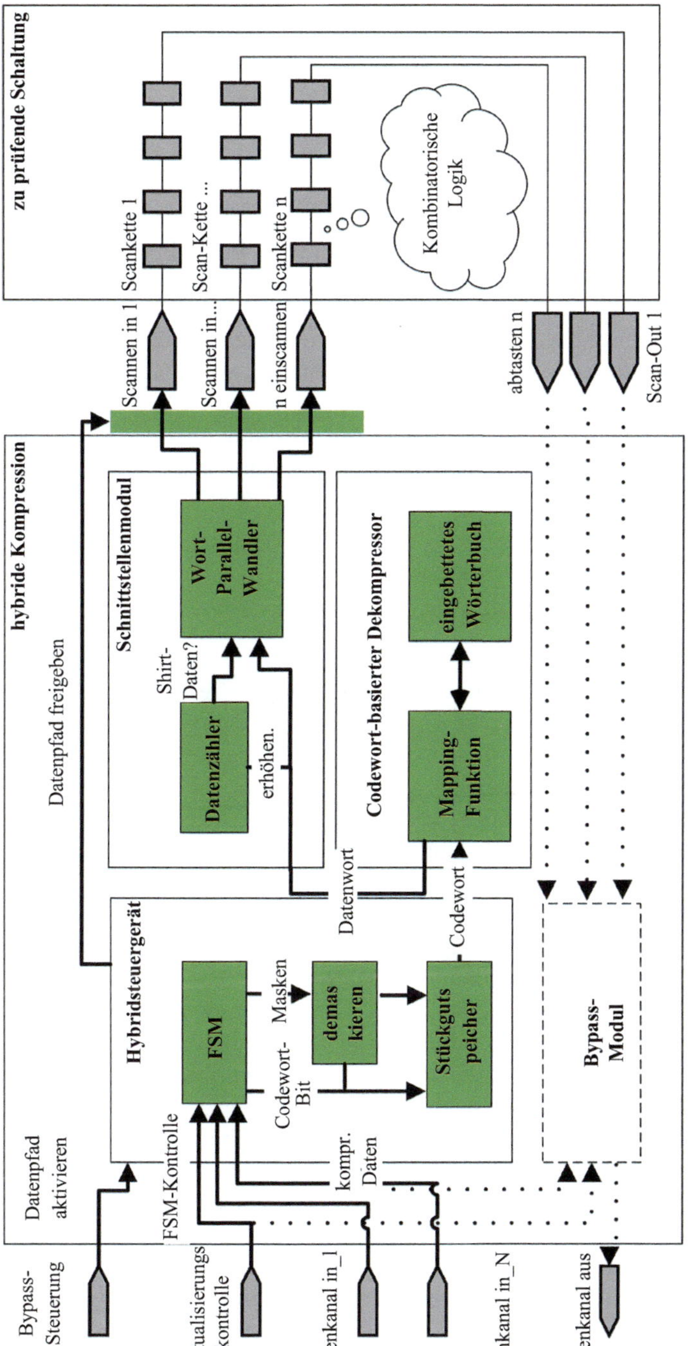

Abb. 7.2 Hybride Kompressionsarchitektur

gehend, bis genügend Daten vorhanden sind, um jeden Eingang der Scan-Ketten gleichzeitig zu speisen. Dies ist eine erhebliche Verbesserung gegenüber dem regulären Bypass, da er die Testdaten parallel in die Scan-Ketten einspeisen kann und nicht seriell, wie es der reguläre Bypass tut.

Zur Implementierung der vorgeschlagenen hybriden Architektur sind drei verschiedene Module erforderlich, wie im Folgenden beschrieben:

1. Der Codewort-basierter Dekompressor implementiert das eingebettete Wörterbuch und bietet eine Schnittstelle zur Abbildungsfunktion Ψ,
2. der Hybride Controller steuert die Operationen der Codewort-basierten Komponenten, was das neu eingeführte Steuersignal hybrid_en beinhaltet, das den externen Datenpfad konfiguriert, und stellt sicher, dass die hybriden Kompressionskomponenten transparent verhalten, wenn sie nicht aktiviert sind, und
3. das Schnittstellenmodul implementiert die Verbindung zwischen dem neu eingeführten Codewort-basierten Dekompressor und den Eingängen der Scan-Ketten.

7.2.2 Codewort-basierter Dekompressor

Dieses Modul implementiert die Codewort-basierte Technik unter Verwendung eines eingebetteten Wörterbuchs, um die RTPs auf dem Chip ohne Informationsverlust zu dekomprimieren. Bedenken Sie, dass diese RTPs einmal durch das Retargeting-Verfahren vor dem Test komprimiert wurden, d. h., die komprimierten Daten bestehen aus einer Sequenz von Codewörtern $cdw_1, \ldots, cdw_n$. Eine Methode zur Bestimmung effizienter Codewörter für gegebene Testdaten wurde bereits in Kap. 5 vorgestellt.

Eine wesentliche Komponente ist das Wörterbuch, das die Codewörter cdw_i in Verbindung mit dem zugehörigen (unkomprimierten) Datenwort udw_i enthält. In diesem Buch wird eine maximale Codewortlänge von drei Bits angenommen, da diese Grenze als guter Kompromiss zwischen Kompressionseffektivität und Hardwarekosten identifiziert wurde. Folglich enthält das eingebettete Wörterbuch $\sum_{i=1}^{3} 2^i = 14$ Einträge, die dynamisch konfiguriert werden können. Jeder Eintrag besteht aus einem binär codierten, eindeutigen Codewort cdw_i (mit einer Länge von 1 bis 3 Bits) und einem zugehörigen (binären) Datenwort udw_i. Dieses Datenwort udw_i tendiert dazu, eine größere Länge $|udw_i|$ zu haben, da dies die Datenmengenreduktion und damit die Kompression ermöglicht. Eine maximale Datenwortlänge von 8 Bits wird angenommen, um die resultierenden Hardwarekosten niedrig zu halten, insbesondere in Bezug auf die Größe des eingebetteten Wörterbuchs. Bedenken Sie das grundlegende Prinzip der Kostenfunktion, wie es in Kap. 4, Theorem 4.10 (auf S. 12) eingeführt wurde: Wenn das Codewort cdw_i auf das Datenwort udw_i konfiguriert ist, dann wird jedes Auftreten von udw_i innerhalb des RTP durch cdw_i ersetzt. Neben diesem eingebetteten Wörterbuch implementiert der Codewort-basierte Dekompressor auch die Abbildungsfunktion $\Psi(cdw_i) \rightarrow udw_i$, die die Funktionalität für die spätere Dekompression bereitstellt.

7.2.3 Hybrider Controller

Dieses Modul implementiert die notwendigen Kontrollstrukturen durch Einführung einer FSM, deren Zustandsübergänge durch das externe Kompressionssteuersignal (update_control) gesteuert und mit der Testuhr synchronisiert werden. Das FSM-Design, das in Abb. 7.3 dargestellt ist, ermöglicht eine Unterscheidung zwischen Daten- und Anweisungs- *(inst)* Zweig, das eine klare Unterscheidung zwischen Daten- und Steuerpfad ermöglicht. Die aktuelle Implementierung umfasst vier verschiedene Anweisungen und folglich werden diese Anweisungen durch sog. Opcodes kodiert, die zwei Bits halten. Diese Länge kann jedoch leicht erweitert werden, um weitere Anweisungen zu unterstützen, falls erforderlich. Die unterstützten Anweisungen sind wie folgt:

„00“ inaktiv; der Hybride Controller bleibt umgangen,
„01“ preload; das eingebettete Wörterbuch kann mit spezifischen Codewörtern konfiguriert werden, die an die Daten angepasst sind,
„10“ komprimieren; Codewort-basierte Kompression ist aktiviert (deaktiviert) und vorbereitet für das Dekomprimieren eingehender RTP, was auch durch Setzen des Signals (hybrid_en) angezeigt wird, das den externen Datenpfad steuert, und
„11“ debug; bietet Trace-Daten für Debug-Zwecke.

Ein entscheidendes Kriterium für das Gesamtdesign des Hybriden Controllers betrifft den Datenpfad des Hybriden Controllers, der vollständig isoliert bleibt, bis das Bypass-Steuersignal gesetzt ist. Dieses Prinzip vermeidet jede unbeabsichtigte Störung, wenn die reguläre Kompressionsinfrastruktur die nicht abgelehnten Testmuster dekomprimiert.

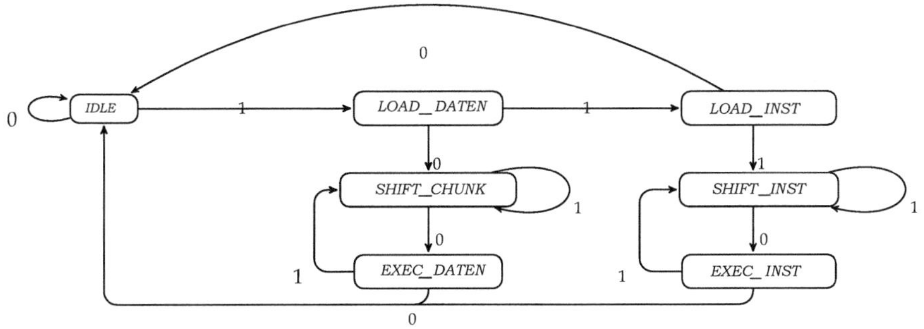

Abb. 7.3 Vereinfachte FSM des Hybriden Controllers: update_control Signal @ Kanten

5. $t = 10..11+x$: Übertragung des ersten Codeworts, das mindestens einen, aber bis zu drei Zyklen benötigt, abhängig von der Anzahl der Chunks. Die Datenbits werden über den Daten-Eingangskanal übertragen.
6. $t = 12+x..13+x$: Das erste Codewort cdw_i ist abgeschlossen, was durch den Zustandsübergang zu exec_dates (induziert durch die Steuersignaländerung von „1" auf „0") angezeigt wird. Die Dekompression wird durch Aufruf von $\Psi(cdw_i)$ durchgeführt, um das Datenwort udw_i in Bezug auf das eingebettete Wörterbuch wiederherzustellen. Anschließend wird udw_i direkt im Erfassungsregister gespeichert und der Datenzähler wird um $|udw_i|$ erhöht.
7. $t = 14+x$: Wenn ein weiteres Codewort cdw_{i+1} übertragen werden muss, wird der Zustand auf shift_chunk geändert und es wird mit Schritt 5) fortgesetzt. Andernfalls wird der Zustand auf idle geändert. Die hybride Kompression kann wieder deaktiviert werden, indem Schritt 2) sowie Schritt 3) wiederholt werden; jedoch beim Laden des Opcode „00". Diese Anweisung deaktiviert den Datenpfad zwischen dem Schnittstellenmodul und den Eingängen der Scan-Ketten. Der komplette Datenpfad des Hybriden Controllers wird isoliert, indem Schritt 1) in umgekehrter Reihenfolge angewendet wird.
   Parallel dazu wird der Wert des Zählers des Schnittstellenmoduls ausgewertet: Wenn Zähler $\geq N$ gültig ist, und die zuletzt empfangenen T Bits werden vom Erfassungsregister zum Aktualisierungsregister verschoben, so dass eine parallele Verschiebeoperation durchgeführt wird ($t = 15 + x$). Darüber hinaus wird der Zähler um T verringert.

Die einzelnen Codewörter des eingebetteten Wörterbuchs können konfiguriert werden, indem zunächst die preload-Anweisung ausgeführt wird [vgl. Schritt 2), 3)] und zweitens die Datenwörter bitweise übertragen werden müssen – analog zu Schritt 4) bis 6). Diese Konfigurationsphase wird nicht weiter diskutiert, um die beispielhafte Anwendung kurz zu halten und, was noch wichtiger ist, da die grundlegenden Prinzipien der Konfiguration in Abschn. 6.1.2 auf S. 4 demonstriert wurden.

7.3 Erweiterte hybride Kompression

Ein wichtiger Aspekt betrifft den geschätzten Hardware-Mehraufwand, der eingeführt wird, wenn ein beliebiges Schaltkreisdesign die hybride Kompressionstechnik implementiert. Darüber hinaus kann beobachtet werden, dass industrielle Designs oft mehrere (Daten-)Kanäle für den Hochvolumen-Herstellungstest verwenden. Der Rest dieses Abschnitts diskutiert beide Aspekte, erstens um eine Kostenmetrik zu formulieren und zweitens um eine Erweiterung des zuvor vorgeschlagenen hybriden Kompressionsschemas zu präsentieren, um die Vorteile einer bestehenden Mehrkanal-Topologie zu nutzen.

7.3.1 Hardware-Kostenmetrik

Die Hardwarekosten vom Codewort-basierten Dekompressor und vom Hybride Controller sind beide völlig unabhängig von der Designgröße, werden aber hauptsächlich durch die Parameter des eingebetteten Wörterbuchs bestimmt. Diese Parameter sind die MCL, die die obere Grenze für eindeutige binäre Codierungen der Codewörter definiert, und die MDL, die die Wortgröße des einzelnen Wörterbucheintrags bestimmt. Wie angegeben, ist MCL auf 3 gesetzt, das maximal 14 Einträge ergibt. Genauer gesagt, enthält das Wörterbuch zwei Einträge mit einer Länge von 1, vier Einträge mit einer Länge von 2, acht Einträge mit einer Länge von 3 usw. Allgemein gesprochen, sind **(a)** $\sum_{i=1}^{MCL} (2^i \cdot i)$ Bits erforderlich, um alle Codewörter zu speichern. Darüber hinaus muss das zugehörige Datenwort (mit einer maximalen Länge von MDL Bits) für alle möglichen Codewörter mit **(b)** $\sum_{i=1}^{MCL} (2^i \cdot MDL)$ Bits berücksichtigt werden.

Im Gegensatz dazu skalieren die Kosten des Hybriden Controllers mit der Anzahl der berücksichtigten Eingänge von Scan-Ketten (T). Die Größe des Aktualisierungsregisters muss gleich **(c)** sein.T, da dies die genaue Anzahl von Bits ist, die benötigt werden, um die parallele Einschiebeoperation durchzuführen. Die empfangenen und dekomprimierten Bits werden im Erfassungsregister gespeichert, das eine Größe von **(d)** $T+MDL-1$ Bits aufnehmen muss. Dies deckt das Szenario ab, dass CR mit $T-1$ Datenbits gefüllt ist (die kritische Menge für die Durchführung der parallelen Einschiebeoperation ist noch nicht erreicht) und ein weiteres Datenwort von MDL. Zusätzlich enthält das Schnittstellenmodul einen (vorzeichenlosen) Datenzähler von **(e)** $\lceil \log_2(T+MDL-1) \rceil$. Einige zusätzliche Register sind erforderlich, um den aktuellen Zustand und die geladene Anweisung des Hybriden Controllers zu speichern und schließlich einen Chunk-Puffer, der **(f)** MCL Bits hält. Die Summierung von (a) bis (f) ergibt

$$
\begin{aligned}
&\underbrace{\sum_{i=1}^{MCL} (2^i \cdot i)}_{(a)} + \underbrace{\sum_{i=1}^{MCL} (2^i \cdot MDL)}_{(b)} + \underbrace{T}_{(c)} + \underbrace{T + MDL - 1}_{(d)} \\
&\quad + \underbrace{\lceil \log_2(T + MDL - 1) \rceil}_{(e)} + \underbrace{MCL}_{(f)} \\
&= \underbrace{\sum_{i=1}^{MCL} [2^i \cdot (i + MDL)]}_{(a)+(b)} + \underbrace{\lceil \log_2(T + MDL - 1) \rceil}_{(e)} \\
&\quad + \underbrace{2T + MDL + MCL - 1}_{(c)+(d)+(f)}
\end{aligned}
$$

mit MCL = „3“ und MDL = „8“

$$2N + \lceil \log_2(N + 7) \rceil + 156$$

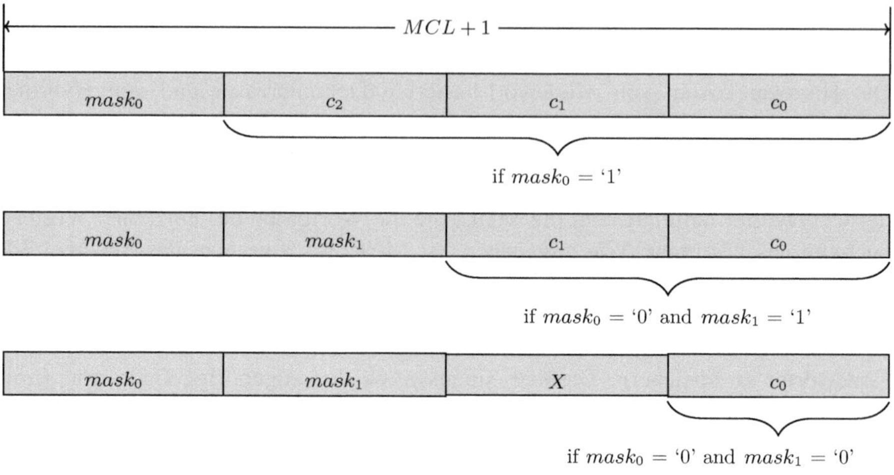

Abb. 7.4 Maschierungsschema der Mehrkanal-Topologie

Wie in (2) gezeigt, steigen die Hardwarekosten über-linear mit der Anzahl der Scan-Ketten. Bei industriellen Designs mit einer großen Anzahl von Scan-Ketten ist der einzelne Eingang nicht zugänglich und mehrere Scan-Ketten sind konkateniert. Diese Konkatenation reduziert massiv die Anzahl der Scan-Ketten-Eingänge, die direkt angetrieben werden müssen. Aus Gründen der Einfachheit wurde diese Technik in dieser Berechnung nicht berücksichtigt.

7.3.2 Mehrkanal-Topologie

Die Übertragung aller komprimierten Datenwörter cdw_0, …, cdw_n wird in einer sequenziellen Art und Weise durchgeführt, wie in der beispielhaften Anwendung in Abschn. 7.2.5 beschrieben. Genauer gesagt, enthält jedes komprimierte Datenwort cdw_i bis zu MCL (hier 3) Chunks c_i mit $i<MCL$, die sequenziell übertragen werden, während der Zustand shift_chunk bis zu MCL-mal iteriert wird. Diese Anzahl der erforderlichen Iterationen kann statisch auf 1 reduziert werden, indem vorhandene Mehrkanalstrukturen genutzt werden, die typischerweise in großen Designs existieren [Jan+11]. Um dies zu erreichen, werden $MCL+1$ Kanäle orchestriert, um alle Chunks eines einzelnen komprimierten Datenworts parallel zu übertragen, während ein zusätzliches Bit für die Implementierung einer Maske belegt wird (Abb. 7.4).

Nehmen Sie an, dass vier Kanäle [3 : 0] verfügbar sind und das aktuelle komprimierte Datenwort aus 3 Bits (Chunks) besteht. In diesem Szenario werden die Chunks des Codeworts durch [2 : 0] gegeben. Die Informationen über die relevanten Bits müssen in der Übertragung codiert werden, da dies für

Tab. 7.1 Industrielle Schaltkreisstatistiken für Hybride Kompression

Schaltkreis	#Scan -Elemente	#Scan-Ketten	#Testmuster	#Blöcke
Ethernet	10.038	5	1049	2
vga_lcd	12.983	14	1286	2
leon3	82.251	81	6332	11
Netcard	96.569	97	9939	12

die Interpretation der Daten wichtig ist. Dies wird durch die Einführung eines Maskierungsschemas erreicht, das die tatsächliche Anzahl der relevanten Kanäle für das aktuell übertragene komprimierte Datenwort widerspiegelt. Die anderen Bits können verworfen werden und werden daher als X-Werte behandelt.

Betrachtet man die Anzahl der verfügbaren Kanäle als $MCL+1$-Bit-breiten Bus $data[MCL:0]$, zeigt das signifikanteste Bit $data[MCL]$, ob alle verbleibenden $data[MCL-1:0]$ verwendet werden, um ein Codewort der Länge MCL zu übertragen. Wenn $data[MCL]$ gesetzt ist, wird das Codewort durch $data[MCL-1:0]$ übertragen. Andernfalls fungiert das $data[MCL-1]$ als diese Maske für die verbleibenden $data[MCL-2:0]$, was darauf hinweist, dass ein Codewort der Länge $MCL-1$ übertragen wird.

Es wird angenommen, dass mindestens $data[0]$ einen Chunk eines Codeworts mit der Länge 1 enthält. Dieses Schema ermöglicht eine weitere Reduzierung der Testanwendungszeit, obwohl es ein weiteres Bit einführt, das gesetzt werden muss, wenn die Maskierungsoperation angewendet wird, das zu einem Verlust der Kompression führt. Allerdings ist während des LPCT die TAT im Allgemeinen kritischer als das TDV.

Im Prinzip kann der vorgeschlagene Ansatz erweitert werden, um eine Übertragung mehrerer Codewörter gleichzeitig zu unterstützen, wenn das Design eine Anzahl von Kanälen aufweist, die mehr als doppelt (plus zwei zusätzliche Maskenbits) die Anzahl des ausgewählten MCL beträgt. Die Unterstützung einer Multi-Codewort-Übertragung erfordert einige zusätzliche Hardwarekomponenten, die in das Design eingeführt werden müssen. Beispielsweise ist ein separates Register erforderlich, um die Chunks des zusätzlichen komprimierten Datenworts zu speichern.

7.4 Experimenteller Aufbau

Dieser Abschnitt beschreibt den experimentellen Aufbau der vorgeschlagenen Technik, die mit verschiedenen industriellen repräsentativen OpenCores sowie Gaisler Research Benchmark Schaltkreisen aus der IWLS 2005 Benchmark-Sammlung [Alb05] durchgeführt wurde.

Die zugrunde liegenden Scan-Fähigkeiten und die eingebettete Testkompression wurden von einem kommerziellen Tool eingefügt. Die Eigenschaften der resultierenden Schaltkreise sind in Tab. 7.1 wie folgt dargestellt: Der Name des Benchmark-Schaltkreises (Spalte circuit), die Gesamtzahl der im Design enthaltenen scannbaren sequenziellen Elemente (Spalte #scan. elements), die Anzahl der eingeführten Scan-Ketten[1] (Spalte #scan chains), die Gesamtzahl der Testmuster, die von dem kommerziellen Tool generiert wurden (Spalte #pattern), und die Anzahl der pro RTP erforderlichen Datenblöcke (Spalte #blocks). Im Falle der leon3 und netcard Schaltkreise existiert eine Mehrkanal-Topologie. Daher wird die neu vorgeschlagene Mehrkanal-Architektur auf der Grundlage dieser beiden industriellen repräsentativen Kandidaten bewertet.

Wie bereits früher angegeben, könnte die Anzahl der RTPs bedeutend sein [Dho+16]. Es hängt jedoch von der Testanwendung ab und kann auch zwischen verschiedenen Synthesedurchläufen variieren. Um reproduzierbare Ergebnisse zu erzielen, berücksichtigen wir daher im Folgenden einen großen Anteil der Testmuster für die experimentelle Auswertung. Die Hardwarekosten der vorgeschlagenen hybriden Kompressionsarchitektur liegen in der gleichen Größenordnung wie die reguläre eingebettete Kompressionshardware, was durch ein kommerzielles Synthesetool validiert wurde.

Das vorgeschlagene Codewort-basierte Kompressionsmodul wird ausschließlich in Verilog implementiert und das entwickelte Modul wird dann innerhalb des Hybriden Controllers instanziiert, wobei verschiedene Verilog Parameter [01] eine einfache Anpassung an weitere Benchmarks ermöglichen. Die Testmuster, die von einem kommerziellen Tool generiert werden, werden dann vom Retargeting-Framework von Kap. 5 verarbeitet, das leicht angepasst wurde. Unter anderem wird es mit einem Partitionierungsansatz von Kap. 6 kombiniert, um die Laufzeit handhabbar zu halten und gleichzeitig die Effektivität weiter zu verbessern. Daher werden Datenblöcke mit einer Größe von 8k für das Retargeting berücksichtigt. Das Retargeting wird auf einem Fedora 30 (mit gcc 9.2.1) System mit einem Intel Xenon E3-1240v2 3.4 GHz Prozessor und 32 GB Systemspeicher ausgeführt. Schließlich wurde ein kommerzielles Tool verwendet, um die (simulierte) Übertragung und Dekompression auf dem Chip durch das neu eingeführte hybride Kompressionsmodul zu validieren.

7.5 Experimentelle Ergebnisse

Die detaillierten Ergebnisse der durchgeführten Experimente werden in Tab. 7.2 sowie in Abb. 7.5 präsentiert. Genauer gesagt, der Name des Benchmark-Schaltkreises und die minimalen, durchschnittlichen und maximalen Werte für die Retargeting-Laufzeit pro Testmuster in Sekunden sowie die TDV- und TAT-Reduzierung in Prozent. Beachten Sie, dass die Konfiguration des eingebetteten Wörterbuchs einmalig vor der Datenblockübertragung angewendet wird. Sowohl

[1]Beachten Sie, dass eine maximale Scan-Kettenlänge von 1024 Elementen berücksichtigt wird.

Tab. 7.2 Hybride Kompression: TDV & TAT Reduzierung von industriellen Schaltkreisen

Schaltung	Neuausrichtung Laufzeit [s]			TDV Red. [%]			TAT Red. [%]		
	min.	durchschn.	max.	min.	durchschn.	max.	min.	durchschn.	max.
Ethernet	13,2	26,4	47,2	31,1	56,4	79,3	34,6	55,5	72,8
vga_lcd	13,6	37,6	42,1	30,6	40,7	56,1	30,5	41,5	47,9
leon3	64,3	293,7	513,2	31,7	48,7	79,2	27,2	48,8	69,4
Netcard	104,4	126,0	230,4	28,5	38,1	67,4	29,6	45,7	65,7

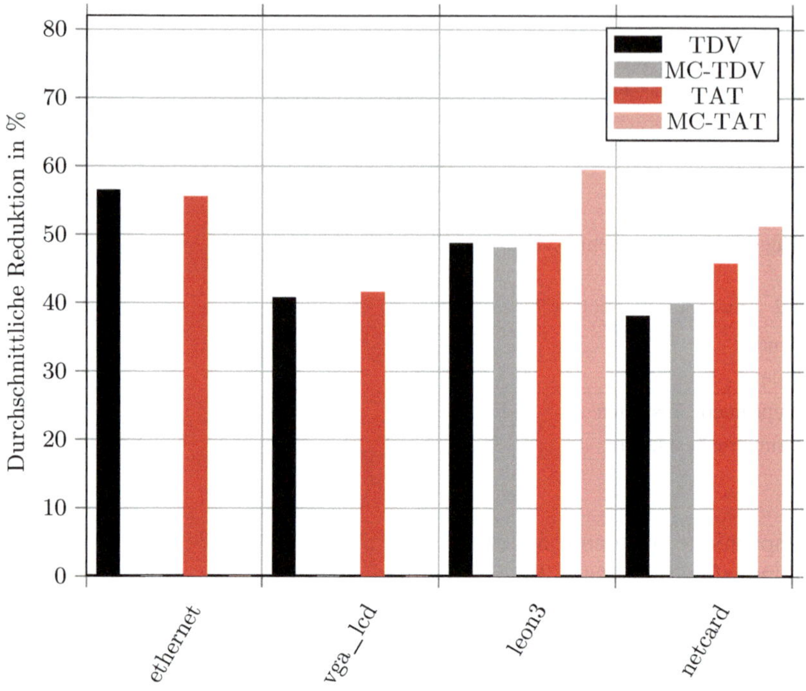

Abb. 7.5 TDV & TAT der hybriden (Mehrkanal) Kompression

die Konfigurationszeit als auch die Konfigurationsbits sind in den Ergebnissen enthalten. Darüber hinaus ist das vorgeschlagene hybride Kompressionsmodul vollständig konstruiert, d. h., jeder beliebige RTP kann übertragen werden und es wird daher kein Testabdeckungsverlust eingeführt. Im Falle des *Netcard* Benchmarks zeigen die Experimente zunächst deutlich, dass die Laufzeit des Retargeting-Prozesses, während verschiedene Designgrößen berücksichtigt werden, stabil **pro** Block ist. Da das Retargeting nur einmalig nach dem Testmustergenerierungsprozess angewendet wurde, ist die Laufzeit handhabbar. Darüber hinaus ruft das Retargeting derzeit nur einen einzigen Thread auf und die einzelnen Blöcke sind Ziele, die parallelisiert werden sollen. Zweitens ist die erreichte Kompressionsrate über die durchgeführten Experimente ebenfalls stabil, das durch eine Standardabweichung der Varianz von 6,4 % (Netcard) angezeigt wird. Im Gegensatz dazu ist die Abweichung zwischen dem Minimum und dem Maximum der erreichten Testzeitreduktion höher, da dies von der Verteilung der Codewörter mit einer Länge von 1, 2 oder 3 abhängt. Daher ist die Testzeitreduktion nicht direkt mit dem Kompressionsverhältnis verbunden. Letzteres wird hauptsächlich durch die zugehörigen Datenwörter bestimmt, auf die die eingeführten Codewörter verweisen. Bei der Verarbeitung des größten Netcard Schaltkreises mit der höchsten Anzahl von Mustern ($N = 9939$) kann das resultierende Testdatenvolumen durch-

Tab. 7.3 Hybride Mehrkanalkompression: TDV & TAT Reduzierung von industriellen Schaltkreisen

Schaltkreis	#Kanäle	Mehrkanal TDV Red. [%]			Mehrkanal TAT Red. [%]		
		min.	durchschn.	max.	min.	durchschn.	max.
Ethernet	1	n/v	n/v	n/v	n/v	n/v	n/v
vga_lcd	1	n/v	n/v	n/v	n/v	n/v	n/v
leon3	4	14,8	48,1	77,9	38,4	59,4	84,8
Netcard	4	20,1	39,8	48,9	34,6	51,2	72,9

schnittlich um 38,1 % erheblich komprimiert werden, in Verbindung mit einer durchschnittlichen Testzeitreduktion von 45,7 %.

Die Ergebnisse der durchgeführten Experimente mit Mehrkanal-Topologien sind in Tab. 7.3 dargestellt, die die Anzahl der verfügbaren Kanäle auf der Chip-Ebene (Spalte #Kanäle) sowie die minimalen, durchschnittlichen und maximalen Reduktionsraten in Prozent für die TDV sowie die TAT gibt. Das Verhältnis von Scan-Ketten zu eingeführten Kanälen hat einen erheblichen Einfluss auf den Anteil der RTPs. Bedenken Sie, dass spezifische Anwendungen wie die LPCT ein sehr hohes Verhältnis aufweisen. Beachten Sie weiterhin, dass der Ansatz mehr als einen Kanal erfordert und daher wurde dieser Ansatz auf der Grundlage des extra großen leon3 sowie netcard Benchmark-Schaltkreise. Die Ergebnisse zeigen deutlich, dass die TAT um bis zu 72,9 % weiter reduziert werden kann, während immer noch eine Kompressionsrate von bis zu 67,4 % erreicht wird.

7.6 Zusammenfassung

In diesem Kapitel wurde eine hybride Architektur vorgeschlagen, die eine hochmoderne eingebettete Kompressionstechnik nahtlos mit einem leichtgewichtigen Codewort-basierten Kompressionsschema kombiniert, um die Verarbeitung von abgelehnten Testmustern zu ermöglichen. Bisher hatten diese RTPs einen negativen Einfluss auf die erzielbare Kompressionsrate und daher blieb ein ungenutztes Potenzial zur Reduzierung der Testkosten bestehen. Die vorgeschlagene Architektur führt nur einen vernachlässigbaren Hardware-Mehraufwand bzgl. der Registeranzahl in das Design ein und der Rechenaufwand für den Vorverarbeitungsschritt, d. h. das Retargeting, ist handhabbar.

Verschiedene Experimente an industriell repräsentativen Designs – mit bis zu etwa 100k Flip-Flops – demonstrieren die Wirksamkeit der vorgeschlagenen hybriden Architektur. Eine signifikante TDV-Reduzierung von bis zu 67,4 % wurde erreicht und, am wichtigsten, ohne jeglichen Verlust an Testabdeckung. Darüber hinaus wurde die TAT sogar stärker um bis zu 64,7 % reduziert. Zusätzlich dazu ermöglicht die vorgeschlagene hybride Architektur die Nutzung bestehender Mehrkanalstrukturen. Dadurch war es möglich, die TAT um bis zu 72,9 % zu reduzieren, bei einer TDV-Reduzierung von bis zu 48,9 %. Insbesondere die massive Reduzierung der TAT spart Testkosten. Die vorgeschlagene hybride Kompressionsarchitektur bildet die neue Basis im Sinne der Testkompression für LPCT-Anwendungen.

Kapitel 8
Verbesserte Zuverlässigkeit durch formale Techniken

Mehrere Durchbrüche auf dem Gebiet des Entwurfs, der Herstellung und des Tests von integrierten Schaltkreisen ermöglichten die Implementierung von hochkomplexen ICs. Diese ICs erfüllen mehrere missions- oder sogar sicherheitskritische Aufgaben gleichzeitig und folgen dabei einem hochkomplexen funktionalen Verhalten.

Die enorme Komplexität und die intensive Umweltinteraktion, insbesondere im Falle von Langzeit autonomen Systemen, führen zu neuen herausfordernden Anforderungen hinsichtlich der Zuverlässigkeit von IC-Entwürfen. Darüber hinaus führen schrumpfende Technologieknoten sowie verschiedene Umwelteinflüsse wie hochenergetische Strahlung, elektrisches Rauschen, Partikelstöße usw. häufig zu einem unbeabsichtigten Verhalten eines IC, das im schlimmsten Fall katastrophale Folgen haben kann. Die sequenziellen Komponenten des IC, also Flip-Flops, sind charakteristisch anfällig für die sogenannten transienten Fehler. Ein solcher Fehler tritt in Form eines umgeschalteten Bits für eine kurze Zeit auf. Wenn dieser Fehler weder logisch, elektrisch noch zeitlich maskiert wird, werden die Ausgangssignale des Systems ungültig und somit wird die funktionale Korrektheit beeinträchtigt. Insbesondere beim Entwurf von ICs für sicherheitskritische Anwendungen müssen die enthaltenen FFs explizit geschützt werden, um ein solches falsches funktionales Verhalten zu vermeiden. Leistungsfähige Mechanismen müssen entwickelt werden, um die IC-Entwürfe zu schützen und somit dieses hochrelevante Forschungsfeld anzusprechen. Diese Mechanismen werden in den IC-Entwurf eingeführt und ermöglichen die Erkennung oder Reaktion auf einen kürzlich aufgetretenen transienten Fehler.

S. Huhn und R. Drechsler, *Design für Testbarkeit, Fehlersuche und Zuverlässigkeit*, https://doi.org/10.1007/978-3-031-45319-9_8

In diesem Zusammenhang ist die Robustheit einer gegebenen Schaltung eine wichtige Metrik, die aus der Anzahl der nicht robusten FFs abgeleitet werden kann, die anfällig für transiente Fehler sind. Die Anzahl der anfälligen (nicht robusten) FFs muss verringert werden, um die Robustheit einer sequenziellen Schaltung zu erhöhen. Zu diesem Zweck werden die entsprechenden FFs *gehärtet,* indem die untersuchte Schaltung erweitert wird, so dass die jeweiligen Werte neu berechnet und im Falle von Fehlern fehlerhafte Signale ersetzt werden können. Diese Neuberechnungen werden in der Regel entweder durch zusätzliche redundante Hardware oder redundante zeitlich verteilte Berechnungen durchgeführt. Genauer gesagt, können bestehende Methoden, die derzeit angewendet werden, um die Robustheit einer gegebenen sequenziellen Schaltung zu erhöhen, grob in die folgenden drei Schemata eingeteilt werden [KCR06]:

- **Raumbasierte** Ansätze, die zusätzliche Logikblöcke einbetten, um eine bestimmte Redundanz zu erzeugen und ihre Robustheit zu erhöhen. Ansätze wie Triple Modular Redundancy [BW89, SB89] oder Error-Correction Code [Luo89, Ham50, SRM14] sind Vertreter dieses Schemas.
- **Zeitbasierte** Ansätze, die das Zeitverhalten der betrachteten Schaltung beeinflussen, um korrekte Ausgangswerte an den FFs zu garantieren. Vertreter dieses Schemas wurden in [Ern+03, Bla+08] vorgeschlagen.
- **Anwendungsspezifische** Ansätze, die nur bestimmte Teile einer Schaltung berücksichtigen, für die eine robuste Lösung explizit abgeleitet werden muss. Beispiele für dieses Schema sind zum Beispiel spezielle fehlertolerante Steuerungsabläufe für Mikroprozessoren [FFM08]. Andere anwendungsspezifische Ansätze nutzen automatisch Invarianten, um die Korrektheit zu gewährleisten, wie Hardware-Behauptungen [HSV13]. Diese Behauptungen werden verwendet, um Verstöße gegen das spezifische funktionale Verhalten während der Verifikation aufzudecken, konzentrieren sich jedoch nicht auf ein spezielles Fehlermodell, das transiente Fehler berücksichtigt, und daher ist keine kompakte Realisierung a priori gegeben.

Allerdings haben all diese Schemata erhebliche Nachteile: Raum-basierte Ansätze führen eine riesige zusätzliche Logik in die Schaltung ein – meist aufgrund einer naiven Multiplikation von sequenziellen Elementen und daher einer Redundanz, die für das funktionale Verhalten überhaupt nicht erforderlich ist. Zeitbasierte Ansätze leiden darunter, dass sie potenziell die Latenz erhöhen, was den Entwurf der Schaltung stark einschränkt. Anwendungsspezifische Ansätze sind auf bestimmte Teile einer Schaltung beschränkt, zum Beispiel den betrachteten Mikroprozessor, das bedeutet, dass sie nicht für beliebige sequenzielle Schaltungen anwendbar sind.

Dieses Kapitel schlägt eine neue Technik vor, um diese Mängel zu beheben, die nicht nur die FF-Werte des ursprünglichen Entwurfs neu berechnet, sondern anwendungsspezifisches Wissen über ihr Verhalten ermittelt. Genauer gesagt, bestimmt die vorgeschlagene Methodik die Beziehungen der FFs und speichert die Bedingungen, unter denen die FFs den gleichen logischen Wert annehmen, um die FFs teilweise zu härten. Dieses Wissen ermöglicht den Einsatz eines speziellen

Logikblocks, der alle entsprechenden FF-Werte vergleicht und daher erkennen kann, ob einer von ihnen einen Fehler erbt. Da mehrere Blöcke eingeführt werden – wie später ausführlicher beschrieben – ermöglicht der vorgeschlagene Ansatz sogar die Erkennung von mehreren transienten Fehlern unter bestimmten Bedingungen. Das vorgeschlagene anwendungsspezifische Wissen wird aus typischen Signalwerten abgeleitet, die im beabsichtigten funktionalen Betrieb auftreten. Herkömmliche Techniken, wie oben beschrieben, decken den gesamten Zustandsraum erschöpfend ab, d. h., diese Techniken decken sogar einen hohen Anteil irrelevanten Zustandsraums ab. Dadurch werden Redundanzen innerhalb des IC ausgenutzt. Selbst wenn verschiedene Optimierungstechniken in einem typischen IC-Designfluss angewendet werden, um redundante Komponenten zu eliminieren, bleibt oft eine erhebliche Menge an funktionaler Äquivalenz übrig und kann für die hier betrachteten Zwecke ausgenutzt werden.

Als Beispiel betrachten Sie einen Volladdierer mit drei Eingängen (*a*, *b*, *c*) und einen Halbaddierer mit zwei Eingängen (*a*, *b*). Beide Addierer haben zwei Ausgänge, die die Summe und das Übertragsausgabebit repräsentieren. Obwohl diese Schaltungen nicht vollständig funktional äquivalent sind (beide realisieren tatsächlich leicht unterschiedliche Funktionen), ist ihr Verhalten identisch, wann immer der Übertragseingang *c* auf „0“ gesetzt wird – die Schaltungen sind teilweise funktional äquivalent und erzeugen den gleichen Wert in bestimmten Zuständen. Die Information, welche Signale in welchem Zustand den gleichen Wert annehmen, kann verwendet werden, um diese Signale miteinander zu vergleichen und dadurch die Robustheit von sequentiellen Schaltungen zu stärken. Beachten Sie, dass eine detailliertere Beschreibung der vorgeschlagenen Idee später in Abschn. 8.1 gegeben wird. Dies führt zu signifikanten Verbesserungen im Vergleich zu den oben überprüften anderen Lösungen: Die Ausnutzung dieser Informationen über partielle Redundanzen ermöglicht es, die Robustheit mit nur einem moderaten Hardware-Mehraufwand in Bezug auf die Gate-Anzahl im Vergleich zu den raumbasierten Ansätzen zu erhöhen. Gleichzeitig wird das zeitliche Verhalten nur vernachlässigbar beeinflusst, insbesondere im Gegensatz zu den zeitbasierten Ansätzen. Der vorgeschlagene Ablauf ist automatisch auf jede sequentielle Schaltung anwendbar und daher nicht auf spezielle Schaltungen wie die bestehenden anwendungsspezifischen Lösungen beschränkt. Die entwickelte Methodik muss die benötigten Informationen ermitteln, d. h. die Beziehungen der FFs und die Bedingungen, unter denen sie den gleichen logischen Wert annehmen. Da dies eine rechnerisch schwierige Aufgabe ist, schlagen wir vor, dies mit einer speziellen Orchestrierung von formalen Methoden wie BMC [Bie+99b], leistungsstarken Lösungen für das SAT-Problem [ES04], SAT-basiertem ATPG [ED10] und kompakten Datenstrukturen wie BDDs [Bry86] zu bewältigen, die in der Lage ist, mit dieser Komplexität umzugehen Schließlich ist dieser Ansatz flexibel in dem Sinne, dass der Designer das Verhältnis zwischen dem Hardware-Mehraufwand und der gewünschten Verbesserung der Robustheit leicht konfigurieren kann.

Die Struktur dieses Kapitels ist wie folgt organisiert: Abschn. 8.1 stellt die vorgeschlagene Methodik im Detail vor und unterscheidet sie von verwandten Arbeiten und skizziert darüber hinaus die allgemeine Idee anhand eines motivierenden Beispiels. In Abschn. 8.2 werden die Kernkomponenten nacheinander eingeführt, nämlich der Partition Enumerator, der Zustandssammler und schließlich das resultierende FDM. Der experimentelle Aufbau wird in Abschn. 8.3 beschrieben, der den simulationsbasierten Robustheitsprüfer enthält. Die experimentelle Bewertung dieser neu vorgeschlagenen wissensbasierten transienten Fehlererkennungsmethodik wird in Abschn. 8.4 vorgestellt. Abschließend fasst Abschn. 8.5 das Papier zusammen und gibt einen Ausblick auf zukünftige Arbeiten.

8.1 Motivation

Die Idee der vorgeschlagenen Methodik ist inspiriert von der Tatsache, dass heutige Schaltungen in der Regel eine große Anzahl von FFs enthalten, die mindestens ein einzelnes Bit, d. h. „0" oder „1", speichern können. Wenn ein einzelnes FF von einem transienten Fehler betroffen ist, wird dieses Bit umgeschaltet. Bestehende Ansätze fügen redundante Logik in das Design ein, z. B. um den korrekten Wert neu zu berechnen, was einen signifikanten Hardware-Mehraufwand verursacht. Gleichzeitig ist der Wert eines beobachteten einzelnen FF oft gleich dem Wert vieler anderer FFs. Es ist möglich, die Beziehung zwischen ihnen zu bestimmen, d. h. die Zustände, in denen bestimmte FFs den gleichen Wert annehmen, da das Verhalten der Schaltung bekannt ist. Anstatt Redundanz für Neuberechnungen einzuführen, wird vorgeschlagen, den Wert eines FF mit den Werten anderer FFs zu vergleichen, von denen bekannt ist, dass sie für den jeweils betrachteten Zustand den gleichen (Ausgangs-)Wert erzeugen sollen. Ein Formalismus ist erforderlich, um diese Idee zu realisieren, der angibt, ob eine Partition von nicht-robusten FFs den gleichen Wert für gegebene erreichbare Zustände annimmt. Dies wird formal als *Äquivalenzeigenschaft (EP)* beschrieben, wie in Theorem 8.1 angegeben.

Definition 8.1 Sei $P_j \subseteq N$ eine Partition von mindestens zwei nicht-robusten FFs und $\widehat{S} \subseteq S^*$ sei die Menge der erreichbaren Zustände, wobei $S*$ den vollständigen Zustandsraum darstellt und $\widehat{S}$ den erreichbaren Zustandsraum einer gegebenen sequentiellen Schaltung widerspiegelt. Dann wird eine Äquivalenzeigenschaft (EP) definiert durch

$$\mathsf{EP}(\widehat{S}, P_j) := \left\{ f_1, \ldots, f_l \in P_j \;\middle|\; \begin{array}{l} \text{alle FFs } f_1, \ldots, f_l \text{ geben den gleichen Wert aus} \\ \text{unter dem gleichen Zustand } s \in \widehat{S} \end{array} \right\}$$

und wird wahr, wenn alle Kombinationen von FFs $f_n, f_m \in P_j$ nehmen in all diesen Zuständen denselben Ausgabewert an $\widehat{S} \subset S^*$.

Beispiel 8.2 Betrachten Sie die in Abb. 8.1 dargestellte Schaltung, die aus fünf FFs besteht, die auf zwei hierarchischen Schaltungsebenen 1 und 2 verteilt sind. Wenn sowohl FF_1 als auch FF_2 (Ebene 1) auf „0" gesetzt sind, dann wird

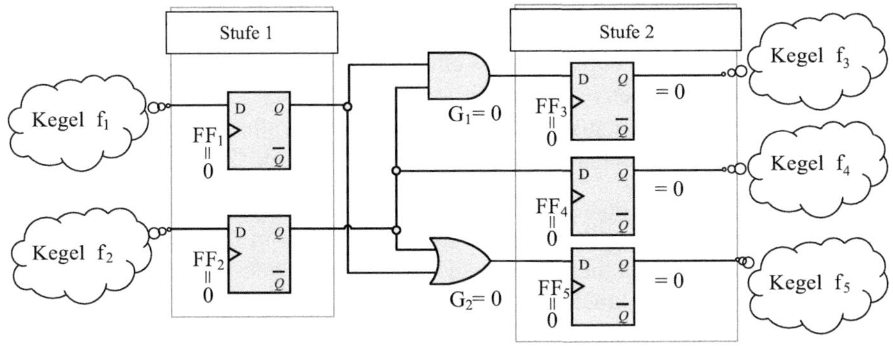

Abb. 8.1 Eine nichtrobuste sequentielle Schaltung

angenommen, dass FF_3, FF_4 und FF_5 (Ebene 2) nach einem einzigen Taktzyklus denselben Ausgangswert „0" haben. Dieses Szenario wird durch eine $\mathsf{EP}(\widehat{S}, P_j)$ mit der Partition $P_j = \{FF_3, FF_4, FF_5\}$ und dem Zustand $s_j \in \widehat{S}$ definiert durch $FF_1 = 0$ und $FF_2 = 0$, d. h., $\mathsf{EP}(\widehat{S}, P_j) = 1$ gilt.

Eine ausgearbeitete Orchestrierung des *EP*-Konzepts in Kombination mit der oben skizzierten Idee ermöglicht es, die Robustheit von sequentiellen Schaltkreisen wie folgt zu verbessern:

1. Bestimmen Sie die Menge $N \subseteq$ SE der nicht robusten FFs des gegebenen sequentiellen Schaltkreises (vgl. Theorem 2.2 auf S. 4). Die Bewertung der Robustheit, wie sie in Abschn. 2.6.1 auf S. 22 überprüft wurde, kann genutzt werden.
2. Betrachten Sie die *Menge der nicht robusten FFs* (N) und bestimmen Sie die ebenenweisen Teilmengen $N_i \cup N_{i+1} \cup \cdots \cup N_L = N$ mit $1 \leq i \leq L$ entsprechend ihren hierarchischen Schaltungsebenen (L ist die Gesamtzahl der hierarchischen Ebenen in einer ranggeordneten Schaltung [Mic03, S. 45]). Gehen Sie außerdem davon aus, dass jeder FF genau eine hierarchische Ebene hat: $N_i \cap N_j = \emptyset\ \forall i \neq j$. Die oben beschriebene Clusterbildung ermöglicht es, alle FF-Vergleiche innerhalb eines einzigen Zeitrahmens durchzuführen. Daher ist diese Clusterbildung entscheidend, um die Komplexität der Berechnung selbst und insbesondere die Kosten der Robustheitsverbesserung zu reduzieren. Folglich besteht keine Notwendigkeit, spezifische FF-Werte über verschiedene Taktzyklen zu halten, z. B. durch die Einführung weiterer – potenziell anfälliger – Zustandselemente, während der Rechenaufwand und die Hardware-Skala massiv erhöht werden. Daher werden die ebenenweisen Mengen der nicht robusten N_i ausschließlich im Folgenden verwendet.
3. Für jede Stufe $1 \leq i \leq L$ und für alle Teilmengen von nicht-robusten FFs $N_i \subseteq N$, bestimmen Sie geeignete Partitionen $P_j \in \mathcal{P}(N_i)$ und eine Menge

von erreichbaren Zuständen $\widehat{S} \subseteq S^*$ so dass alle FFs in P_j den gleichen Wert erzeugen sollen. Dies bedeutet, dass eine Menge von Partitionen bestimmt wird (mit ihren individuellen $\widehat{S}$), für die $\mathsf{EP}(\widehat{S}, P_j) = 1$ gilt.
4. Nutzen Sie das Wissen aus den erhaltenen EPs und synthetisieren Sie ein FDM. Zu diesem Zweck realisieren Sie die folgenden Logikblöcke:

- Aktivator: Erzeugt das *Aktivator-Signal* (A) – das den FDM auslösen soll – und gibt an, ob ($\mathcal{A} = 1$) oder nicht ($\mathcal{A} = 0$) die FFs in P_j sollen den gleichen Wert unter dem aktuellen Zustand $s \in \widehat{S}$ erzeugen. Dieses Signal wird direkt durch den aktuellen Zustand (einzelner Zeitrahmen) der FFs innerhalb des Fan-in-Kegels berechnet. Genauer gesagt, ist es nicht erforderlich, frühere Werte zu berücksichtigen, was ausschließlich durch die hierarchische Sortierung ermöglicht wird, wie oben in Schritt 2) beschrieben.
- Gleichheitsvergleicher: Erzeugt ein *Gleichheitsvergleicher-Signal* (E) und gibt an, ob ($\mathcal{E} = 1$) oder nicht ($\mathcal{E} = 0$) alle FFs einer gegebenen Partition P_j, die für die Verhärtung in Betracht gezogen werden, den gleichen Ausgabewert annehmen.
- Detektor: Erzeugt ein *Fehler signal* (F), das die Erkennung eines Fehlers meldet. Ein Fehler wird erkannt, wenn nicht alle FFs in einer Partition P_j den gleichen Ausgabewert annehmen ($\mathcal{E} = 0$), obwohl sie das für den aktuellen Zustand tun sollen ($\mathcal{A} = 1$) bedeutet $\mathcal{F} = \neg\mathcal{E} \bullet \mathcal{A}$.

Dieses vorgeschlagene FDM erkennt transiente Fehler, die in FFs der betrachteten Schaltung auftreten. Das eingeführte F wird ausgelöst, wenn ein Fehler erkannt wird. Dies ermöglicht die Implementierung von Vorsichtsmaßnahmen gegen fehlerhaftes Verhalten an den POs, beispielsweise durch Zurücksetzen der Schaltung oder Maskieren der betroffenen POs. Da das Signal E direkt von der Ausgabe der gehärteten FFs gesteuert wird, ermöglicht der vorgeschlagene Ansatz die Erkennung von stiller Datenkorruption dieser FFs (mit einer Taktzyklusverzögerung), die noch nicht an einem PO sichtbar sind. Insgesamt führt dies zu einer erhöhten Robustheit. Das Verhältnis der Verbesserung kann dabei gesteuert werden, beispielsweise durch Anpassung der Menge an Wissen, die durch die EPs gesammelt wird.

8.2 Anwendungsspezifisches Wissen

Dieser Abschnitt beschreibt die Methodik zur Bestimmung des anwendungsspezifischen Wissens einer beliebigen sequenziellen Schaltung. Dieses Wissen wird dann verwendet, um ein schaltungsspezifisches FDM zu generieren, das kürzlich aufgetretene transiente Fehler identifizieren kann.

Die Bestimmung von – so weit wie möglich – anwendungsspezifischem Wissen in Bezug auf EPs ist ein wesentlicher Schritt der vorgeschlagenen Methodik. Die Sicherstellung der Vollständigkeit würde erfordern, dass alle möglichen Partitionen $P_j \in \mathcal{P}(N_i)$ aller nicht-robusten FFs auf der gleichen hierarchischen Schaltungsebene berücksichtigt werden. Offensichtlich führt dies zu einer exponentiellen Komplexität, die für praktische Anwendungen nicht realisierbar ist. Darüber hinaus sind die meisten der Partitionen P_j wahrscheinlich sowieso nicht für ein EP geeignet, da für sie möglicherweise keinen Zustand s_j existiert, so dass alle den gleichen Wert annehmen.

Es wird ein Mechanismus eingeführt, der darauf abzielt, *gute* Partitionen effektiv zu bestimmen. Hauptsächlich wird ein SAT-basiertes ATPG-Modell [ED10] wie in Abschn. 3.4 vorgestellt, um die Qualitätskriterien für eine untersuchte Partition zu berechnen. Zusätzlich dazu werden formale Methoden stark ausgenutzt, wie BMC [Bie+99b], leistungsstarke Löser für das SAT-Problem [ES04] und kompakte Datenstrukturen mit BDDs [Bry86].

Dies führt zu einer Methodik, die die Komponenten wie folgt zusammensetzt:

1. Ein Partition Enumerator wählt geeignete Partitionen $P_j \in \mathcal{P}(N_i)$ aus, die zuvor nicht berücksichtigt wurden.
2. Ein Zustandssammler bestimmt die Zustände $\widehat{S}$ unter denen alle FFs in der ausgewählten Partition P_j den gleichen Wert annehmen und bestimmt daher alle $\mathsf{EP}(\widehat{S}, P_j)$ die als wahr bewertet werden.
3. Ein FDM Synthesizer nimmt das erlangte Wissen, realisiert das FDM und integriert die resultierende Logik in den ursprünglichen Schaltkreis.

Der Rest dieses Abschnitts beschreibt jeden Schritt im Detail und veranschaulicht ihn anhand des in Abb. 8.1 gegebenen Schaltkreises.

8.2.1 Gerüst des Partition Enumerators

Der Partition Enumerator soll Partitionen von FFs auswählen, die wahrscheinlich den gleichen Wert in so vielen wie möglich (erreichbaren) Zuständen erzeugen. Alle nicht-robusten FFs (gegeben in N) werden zunächst nach ihrer hierarchischen Schaltungsebene unterschieden. Die FFs einer Schaltungsebene N_L werden dann in Sets von Partitionen unterteilt, die separat betrachtet werden. Es wird jedoch eine Methode benötigt, die einen geeigneten Satz von Partitionen zurückgibt, die *gute* Robustheitsergebnisse liefern, da es nicht praktikabel ist, alle möglichen Partitionen aufzuzählen.

Algorithmus 5 Verfahren zur Aufzählung von Partitionen

Require: set of non-robust FFs: N_i and partition generator: $\mathcal{P}_{\mathsf{GEN}}$
1: Container $\mathcal{Z} = \emptyset$ {Data container for EPs}
2: Context ctx {Overall context}
3: **while** True **do**
4:    Let $P_j = \mathcal{P}_{\mathsf{GEN}}(ctx, N_i)$ {PGEN calls PRAND _or_ PSAT}
5:    **if** $P_j = \emptyset$ **then**
6:       **return** $\mathcal{Z}$
7:    **end if**
8:    $\widehat{S} = \mathsf{StateCollector}(P_j)$
9:    **if** $\widehat{S} \neq \emptyset$ **then**
10:       $\mathcal{Z} = \mathcal{Z} \cup \mathsf{EP}(\widehat{S}, P_j)$
11:       $ctx.\mathsf{accept}(P_j)$
12:    **else**
13:       $ctx.\mathsf{decline}(P_j)$
14:    **end if**
15: **end while**

Zwei verschiedene Methoden werden im Folgenden vorgeschlagen: Die erste Methode $\mathcal{P}_{\mathsf{RAND}}$ ruft eine zufallsgesteuerte Berechnung auf und die zweite $\mathcal{P}_{\mathsf{SAT}}$ nutzt SAT-basierte Techniken. Allerdings unterscheiden sich beide Techniken stark hinsichtlich ihrer Komplexität und Qualität. Das Generieren eines zufälligen Satzes ist erheblich weniger zeitaufwändig als das Lösen einer SAT-Instanz. Im Gegensatz dazu ist die Qualität der aufgezählten Sätze bei der SAT-basierten Methode deutlich besser, da die jeweils geführte Suche das funktionale Verhalten der Schaltung berücksichtigt.

Ein gemeinsames algorithmisches Werkzeug wurde für beide Methoden entwickelt $\mathcal{P}_{\mathsf{RAND}}$ und $\mathcal{P}_{\mathsf{SAT}}$ wie in Algorithmus 5 angegeben. Die nicht robusten FFs N_i und eine Partitions-Generator-Funktion $\mathcal{P}_{\mathsf{GEN}}$ – die die algorithmische Basis beider Methoden teilen – werden als Eingabe bereitgestellt. Die Generatorfunktion erhält zusätzlich ein Kontextobjekt, das den aktuellen Zustand repräsentiert und zwei Funktionen bereitstellt: accept markiert eine Partition zur Annahme und decline markiert, dass der Zustandssammler keinen Zustand identifizieren konnte, der EP erfüllt, was streng erforderlich ist, wie in Theorem 8.1 angegeben.

Der Ansatz bewertet neue Partitionen, solange $\mathcal{P}_{\mathsf{GEN}}$ nicht-leere Partitionen erzeugt, indem entweder die zufallsbasierte $\mathcal{P}_{\mathsf{RAND}}$ oder die neu vorgeschlagene SAT-basierte $\mathcal{P}_{\mathsf{SAT}}$ Technik basierend auf der Wahl des Designers. Im Gegensatz zur $\mathcal{P}_{\mathsf{RAND}}$ Zufallstechnik, ruft $\mathcal{P}_{\mathsf{SAT}}$ die vorgeschlagene Metrik auf, um die Qualität (bezogen auf die angegebenen Kriterien) einer beliebigen Partition zu bestimmen. Dies ermöglicht die Bewertung der Qualität der einzelnen Partition, um vorrangig die beste – wiederum bezogen auf die angegebenen Kriterien – auszuwählen. In jeder Iteration wird die generierte Partition an den Zustandssammler (Zeile 8) übergeben, die die Zustände $\widehat{S}$ berechnet, in denen alle FFs in der derzeit betrachteten Partition P_j den gleichen Wert annehmen (detailliert beschrieben in Abschn. 8.2.4). Wenn mindestens ein Zustand $s \in \widehat{S}$ existiert (Zeilen 9 bis 11), ein EP wird mit den Zuständen $\widehat{S}$ erstellt, die vom Zustandssammler bestimmt werden, sowie der aktuell betrachteten Partition P_j. Dann wird das resultierende

EP in einem globalen Datencontainer $\mathcal{Z}$ gespeichert (später vom FDM-Synthesizer verwendet) und die Partition P_j wird durch Aufrufen von akzept akzeptiert. Im Gegensatz dazu, wenn kein Zustand existiert, d. h., $\widehat{S} = \emptyset$ wird die Partition durch Aufrufen von ablehne abgelehnt.

8.2.2 Zufällige Partitionssuche

Die erste Methode $\mathcal{P}_{\text{RAND}}$ zur Erzeugung von Partitionen wählt zufällig einige FFs aus einer gegebenen Menge aus. Die Erzeugung dieser Partitionen ist sehr schnell, berücksichtigt jedoch keinen logischen Kontext der FFs. Dennoch erzielt dieser naive Ansatz der zufälligen Auswahl von Partitionen bereits starke Verbesserungen in Bezug auf die Robustheit, während der Hardware-Mehraufwand gering bleibt.

Technisch gesehen werden eine Menge von nicht-robusten FFs und eine vordefinierte obere Grenze p_s als Eingabe bereitgestellt. Die resultierende Größe der erzeugten Partition ist kleiner als die vordefinierte Grenze. Der Algorithmus wählt zufällig ein ungedecktes FF aus und fügt es der Partition hinzu. Schließlich wird die Partition daraufhin überprüft, ob es einige Zustände gibt, die EP erfüllen. Wenn es solche Zustände gibt, wird die Partition zur Verhärtung genommen. Andernfalls wird eine andere Partition erzeugt. Schließlich terminiert der Algorithmus, da bereits geprüfte Partitionen gespeichert werden, um Schleifen zu vermeiden.

8.2.3 SAT-basierte Partitionssuche

Aufgrund der enormen Anzahl möglicher Partitionen ist es praktisch nicht machbar, alle aufzuzählen. Daher wird eine weitere Methode vorgeschlagen, die eine SAT-basierte Suche durchführt. Dies adressiert die entscheidende Aufgabe, eine *gute* Teilmenge von vielversprechenden Partitionen zu bestimmen. Die Grundidee der SAT-basierten Suche $\mathcal{P}_{\text{SAT}}$ besteht darin, dass FFs einer Menge P eine *gute* Partition bilden, wenn (a) eine Zuweisung des Eingangskegels existiert, so dass ein auftretender transienter Fehler in einem $FF \in P$ propagiert und mindestens einem PO sichtbar wird und (b) alle FFs von P den gleichen Wert annehmen. Die Gesamtzahl dieser Testmuster (vgl. Theorem 8.3) kann als Metrik angenommen werden, wie formal im Theorem 8.4 für die qualitative Bewertung gegeben. So ist es möglich, verschiedene Mengen von FFs (Partitionen) zu bewerten, d. h., der vielversprechendste Kandidat kann aus dieser Bewertung abgeleitet werden.

Definition 8.3 Gegeben sei eine Menge von nicht-robusten FFs $P \subseteq N_L$ einer Ebene L, ein Testmuster ist eine Menge von Zuweisungen von PIs, so dass ein transienter Fehler eines beliebigen Flip-Flops von P an den POs beobachtbar ist. Alle Testmuster werden als TP(P) bezeichnet.

Definition 8.4 Gegeben ist eine Menge von Testmustern von FFs TP (P). Die Testmuster-Metrik (bezeichnet $\mathcal{M}(P)$ für eine gegebene Partition P) wird definiert als

$$\mathcal{M}(P) = \frac{|\mathsf{TP}(P)|}{2^{|X|}}$$

wo X die Anzahl der PIs sowie FFs im Fan-in-Kegel der Partition P definiert.

Beobachtung 1 *Gegeben seien zwei Mengen von FFs $P_1 \subseteq N_i$ und $P_2 \subseteq N_i$ auf einer Schaltungsebene i und lassen $\mathcal{M}(P_1)$ und $\mathcal{M}(P_2)$ zwei Bewertungen der Mengen von FFs P_1 und P_2 sein, jeweils. Dann, ohne Einschränkung der Allgemeinheit, $\mathcal{M}(P_1) > \mathcal{M}(P_2)$ besagt, dass P_1 besser geeignet ist, eine EP zu erfüllen als P_2. Dies ist auf den relativ hohen Prozentsatz von Zuständen zurückzuführen, die für eine EP in Betracht gezogen werden.*

Formales Modell

Dieser Absatz beschreibt den zugrunde liegenden algorithmischen Ansatz detaillierter, der die Vorteile der Beobachtung 1 nutzt, um schließlich die vorgeschlagene SAT-basierte Partitionssuche zu implementieren. Die vorgeschlagene Methode ist inspiriert von ATPG, insbesondere dem formalen Modell, das typischerweise von SAT-basiertem ATPG verwendet wird [Lar92, Dre+09, EWD13] wie in Abschn. 3.4 eingeführt.

Gegeben ist eine Menge P von FFs, die bewertet werden müssen. Das grundlegende Prinzip des SAT-basierten Ansatzes wird in Abb. 8.2 für die Partition P gezeigt, genauer gesagt, das angenommene Modell des SAT-basierten ATPG [EWD13, DS07] wird gezeigt. Dieses Modell wird verwendet, um die SAT-Instanz zu generieren und besteht hauptsächlich aus folgenden Teilen: Zuerst der fehlerfreie Teilkreis, der sich wie der ursprüngliche Teilschaltkreis verhält. Alle FFs $FF_1, \ldots, FF_3$ der Partition P sind enthalten, deren Ausgänge als gleich angenommen werden. Zusätzlich sind der Eingangskegel all dieser FFs ebenfalls im Teilschaltkreis enthalten, d. h., in Richtung der vorherigen hierarchischen FF-Ebene oder in Richtung der PIs. Zweitens enthält der fehlerhafte Teilkreis ein einzelnes $\widehat{FF}_3 \in \mathcal{P}$ das einen transienten Fehler modelliert. Dabei enthält der Teilkreis den Fan-in- und Fan-out-Kegel vom fehlerfreien sowie fehlerhaften Teilkreis, die vom gleichen Testmuster (TP) angetrieben werden. Es wird angenommen, dass dieser transiente Fehler – während der Fehlerinjektion von [Fey+11] – mindestens ein Signal im Kegel der Testantwort (TR) stört, das direkt von $\widehat{FF}_3$ angetrieben wird. Daher wird eine Boolesche Differenz zwischen den entsprechenden Signalen TR und $\widehat{TR}$ erzwungen. Dieses Modell wird in ein SAT-Problem übersetzt, was zu einer SAT-Instanz führt. Wenn die SAT-Instanz erfüllbar ist, gibt es eine Zuweisung der Primäreingänge – die das Testmuster bilden. Alle Testmuster bis zu einer Obergrenze werden berechnet.

Zusammenfassend wird die Bewertung berechnet, indem $\mathcal{M}(P)$ wie folgt berechnet wird: Gegeben ist eine Menge von nicht-robusten FFs N_L auf einer

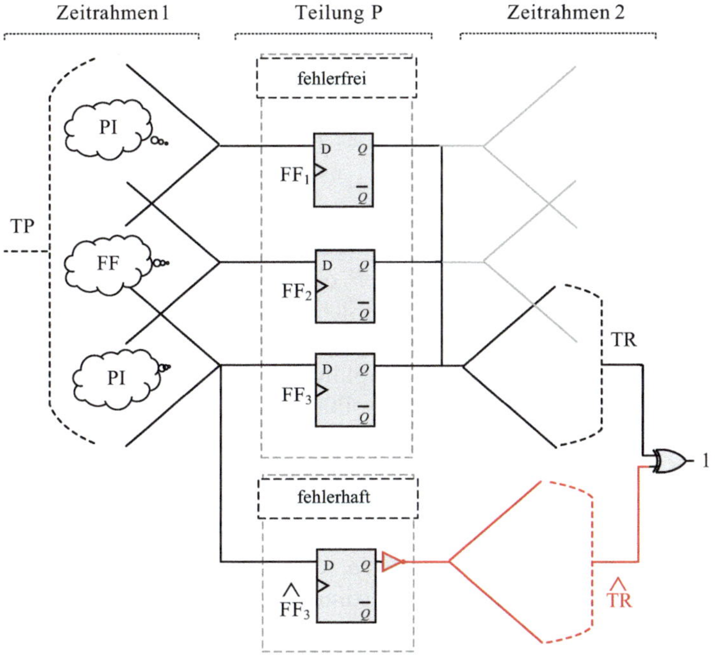

Abb. 8.2 SAT-basiertes ATPG-inspiriertes Schaltkreismodell

Schaltungsebene L. Die SAT-basierte Suche erstellt zunächst zufällig eine vordefinierte Anzahl von Teilmengen $P_1, \ldots, P_n$ von N_L. Ein kombinatorischer ATPG-Ansatz wird verwendet, der den von der Partition umspannten Teil-Schaltkreis berücksichtigt, d. h. den transitiven Eingangskegel des FF, der in der Partition enthalten ist. Dabei berücksichtigt der ATPG nur die PIs oder FFs der vorherigen hierarchischen Schaltungsebene. Für jede Partition wird die Testmuster-Metrik $\mathcal{M}(P)$ ermittelt. Schließlich wird die Partition mit der höchsten Bewertung als beste Partition betrachtet und als Ergebnis zurückgegeben. Um die Effizienz der Implementierung zu verbessern, werden gängige Techniken aus der SAT-basierten ATPG integriert, wie Inkrementelle Erfüllbarkeit [DS07, TED10] und Cone-of-Influence-Reduktion [Loi+13].

8.2.4 *Zustandsbestimmung*

Sobald vielversprechende Partitionen durch den Partition Enumerator bestimmt wurden, besteht die Hauptaufgabe des Zustandssammlers darin, erreichbare Zustände $\widehat{S}$ zu bestimmen, so dass die EP für eine Partition P_j gilt, die durch den Partition Enumerator ermittelt wurde. Diese Zustände werden durch die Koordination des BMC gesammelt, wie in Abschn. 3.5 eingeführt. Die BMC-

Formulierung wird überarbeitet, um einen Pfad von Zuständen zu bestimmen, so dass schließlich die *EP* für die derzeit betrachtete Partition P_j gilt.

Genauer gesagt,

$$\mathsf{SFind}(P_j, l) = I(s_0) \bullet \bigwedge_{0 \leq i < l} T(s_i, s_{i+1}) \bullet \mathcal{P}$$

wird angewendet, wo $\mathcal{P}$ eine logische Formel ist, die EP(s_l, P_j) modelliert. Die Formel SFind ist erfüllbar, wenn es mindestens einen Pfad $s_0 \ldots s_l$ gibt, so dass alle FFs in der aktuell betrachteten Partition P_j den gleichen Ausgangswert im Zustand s_l annehmen. Die Anzahl l der zu berücksichtigenden Übergänge, d. h. die Abrolltiefe des Schaltkreises, kann iterativ erhöht werden, bis entweder ein Zustand s_l bestimmt wurde oder die maximale Abrolltiefe (vom Designer festgelegt) erreicht ist. Die Auswahl der maximalen Abrolltiefe l bei gleichzeitig angemessener Laufzeit ist eine herausfordernde Aufgabe. Um den gesamten Suchraum abzudecken, muss l mit der Vollständigkeitsschwelle, wie in Algorithmus 6 angegeben, abgestimmt werden. Aus praktischer Sicht ist dies jedoch oft nicht machbar und zudem (meist) nicht erforderlich. Für viele praktische Fälle ist es möglich, ein zufriedenstellendes Ergebnis zu erzielen, ohne die Vollständigkeitsschwelle zu erreichen.[1] Wenn kein solcher Pfad bestimmt werden kann, wurde die Partition P_j als ungeeignet befunden, da kein Zustand bestimmt werden konnte, in dem alle FFs in P_j den gleichen Ausgangswert annehmen. Ein weiterer Parameter $u > 0$ wird hinzugefügt, der verhindert, dass der Zustandssammler zu viele Zustände bestimmt. Die Berücksichtigung zu vieler Zustände erhöht die Komplexität des FDM erheblich, ohne die erreichte Robustheit noch wesentlich zu verbessern.

Algorithmus 6 Zustandsbestimmungsverfahren

$\widehat{S} = \emptyset$ {stored as BDD}
for $k = 1$ to l **do**
  $F = \mathsf{SFind}(P_j, k)$
  while $\mathsf{SAT}(F)$ **do**
    if $|\widehat{S}| > u$ **then**
      return $\widehat{S}$
    else
      $\widehat{S} = \widehat{S} \cup s_{i+1}$ {collects state}
      $F = F \bullet \neg s_{i+1}$ {blocks solution}
    end if
  end while
end for
return $\widehat{S}$

[1] Beachten Sie, dass es viele Techniken gibt, die den erreichbaren Zustandsraum von digitalen Schaltkreisen approximieren und daher die Laufzeit erheblich verbessern können [Gru+05, McM03, RS95]. Sie werden jedoch in dieser Arbeit nicht berücksichtigt, um die Darstellung klar zu halten.

Algorithmus 6 beschreibt das Zustandssammlungsverfahren, das die Partition P_j vom Partition Enumerator, die maximale Anzahl u der zu generierenden Zustände sowie die Abrollungstiefe l für das zugrunde liegende BMC-Problem erhält. Die gesammelten Zustände $\widehat{S}$ werden kompakt durch BDDs [Bry86] repräsentiert und in Zeile 1 durch die leere Menge initialisiert. Solange die maximale Anzahl u der zu bestimmenden Zustände nicht erreicht ist (Zeile 6), werden weitere Zustände berechnet. Dies wird erreicht, indem das BMC-Problem (Zeile 3) für die aktuell betrachtete Abrollungstiefe k ($0 < k < l$) formuliert wird. Anschließend wird die resultierende Formulierung (bezeichnet durch F) durch einen SAT-Löser gelöst (Zeile 4). Solange eine erfüllende Lösung bestimmt wird, werden die entsprechenden Zustände zu $\widehat{S}$ hinzugefügt (Zeile 8) und anschließend in der BMC-Formulierung F blockiert, so dass neue Zustände bestimmt werden können (Zeile 9).

Beispiel 8.5 Gegeben ist die exemplarische Partition $P_j = \{FF_3, FF_4, FF_5\}$ wie vom Partition Enumerator bereitgestellt, Zustände sollen so bestimmt werden, dass alle FFs in P_j den gleichen Ausgabewert annehmen. Angenommen, dass beide Kegel f_1 und f_2 in der Schaltung aus Abb. 8.1 keine FFs enthalten, wird eine Instanz des Zustandssammlers gemäß SFind formuliert. Die Lösung dieser Instanz ergibt eine erfüllende Lösung, bei der alle FFs $\{FF_3, FF_4, FF_5\}$ den gleichen Ausgabewert „0“ haben. Daraus ergibt sich, dass $\mathsf{EP}(\widehat{S}, P_j)$ unter dem Zustand $s \in \widehat{S}$ definiert durch $FF_1 = 0$ und $FF_2 = 0$ gilt. Folglich ist die Partition P_j gültig. Im Partition Enumerator (Algorithmus 5) wird dieses EP später im Container Z gespeichert.

8.2.5 *Fehlererkennungsmechanismus*

Die zuvor beschriebenen Methoden liefern einen Datencontainer Z, der alle anwendungsspezifischen Kenntnisse enthält, die in Bezug auf EP*s* erworben wurden, d. h., alle gültigen Partitionen P_j und entsprechende Zustände $\widehat{S}$, die die *EP* erfüllen. Dieses Wissen wird nun genutzt, um ein FDM zu synthetisieren. Genauer gesagt, für jede bestimmte $\mathsf{EP}(\widehat{S}, P_j) \in \mathcal{Z}$ wird ein Fehlersignal $\mathcal{F}$ erzeugt, das auf „1“ gesetzt wird, wann immer die Schaltung in einem Zustand $s \in \widehat{S}$ ist (überprüft durch den Aktivator) und gleichzeitig die FFs in der Partition P_j nicht den gleichen Wert annehmen (überprüft durch den Gleichheitsvergleicher). Wie anfangs erwähnt, ermöglicht der vorgeschlagene Ansatz die Erkennung mehrerer transienter Fehler, wenn sie in FFs disjunktiver Partitionen auftreten. In diesem Fall wird jeder Fehler durch ein separates FDM erkannt und daher ist es durch Konstruktion ausgeschlossen, dass diese Fehler sich gegenseitig maskieren. Im Folgenden werden Details zur Realisierung dieses FDM bereitgestellt.

Tab. 8.1 Laufzeit und FDM-Größen für verschiedene $p_s \in \{8, 16\}$

Schaltung	#Gatter	#FFs	$\mathcal{P}_{\mathsf{RAND}}$ Laufzeit [m]		$\mathcal{P}_{\mathsf{SAT}}$ Laufzeit [m]	
			$p_s = 8$	$p_s = 16$	$p_s = 8$	$p_s = 16$
b05	608	66	<0,10	<0,10	<0,10	0,15
b06	66	9	<0,10	<0,10	<0,10	<0,10
b07	382	51	0,18	0,18	2,96	44,03
b08	168	21	<0,10	<0,10	<0,10	<0,10
b09	131	28	<0,10	<0,10	2,88	11,25
b10	172	17	<0,10	<0,10	0,26	17,18
b11	366	30	<0,10	<0,10	1,50	0,28
b12	1000	121	1,26	1,15	0,71	0,911
b13	309	53	<0,10	0,11	21,98	791,67

Tab. 8.2 FDM-Statistiken für verschiedene $p_s \in \{8, 16\}$

Schaltung	$\mathcal{P}_{\mathsf{SAT}}$ #FDMs		$\mathcal{P}_{\mathsf{SAT}}$ #Knoten	
	$p_s = 8$	$p_s = 16$	$p_s = 8$	$p_s = 16$
b05	1	1	5	4
b06	1	1	5	4
b07	6	3	59	16
b08	1	1	13	13
b09	2	1	43	6
b10	2	1	11	3
b11	3	2	21	10
b12	1	1	30	32
b13	3	2	9	6

8.4 Experimentelle Ergebnisse

Dieser Abschnitt beschreibt die erzielten Ergebnisse der experimentellen Bewertung im Detail, die wie folgt zusammengefasst sind:

- Tab. 8.1 gibt Details zu den betrachteten Benchmark-Schaltungen, d. h. ihren Schaltungsnamen **(Schaltung),** die Anzahl der Gates **(#Gatter)** und die Anzahl der FFs **(<#FFs),** sowie die **Laufzeit** (in CPU-Minuten), die sowohl für den zufälligen $\mathcal{P}_{\mathsf{RAND}}$ als auch für den SAT-basierten $\mathcal{P}_{\mathsf{RAND}}$ benötigt werden, wenn maximale Partitionsgrößen von $p_s \in \{8, 16\}$ angewendet werden.
- Tab. 8.2 gibt in Spalte $\mathcal{P}_{\mathsf{SAT}}$ **#FDM** die Gesamtzahl der in den Schaltkreis eingeführten FDMs an, indem der SAT-basierte Ansatz für beide maximalen Partitionsgößen angewendet wird. Darüber hinaus zeigt die Spalte $\mathcal{P}_{\mathsf{SAT}}$ **#Nodes** die Gesamtzahl der Knoten *aller* Zustandssammler an. Beachten Sie, dass jeder FDM genau einen individuellen Zustandssammler enthält, der als BDD dargestellt wird und daher durch eine Eins-zu-Eins-Zuordnung zwischen Knoten und Multiplexer-Gatter synthetisiert werden kann, wie in [DSF04] angegeben.

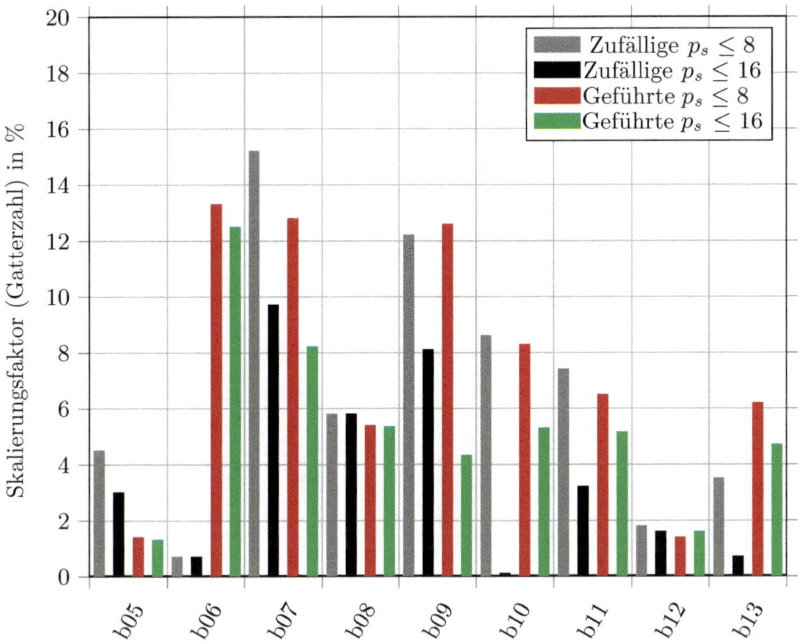

Abb. 8.4 Hardware-Mehraufwand für zufällige und geführte Technik mit $p_s \leq \{8, 16\}$

- Abb. 8.4 zeigt den Hardware-Mehraufwand (in Form einer Gatteranzahl in Prozent), der durch die Anwendung der vorgeschlagenen Methoden verursacht wird, d. h., ein zufällig basierter sowie ein SAT-basierter Ansatz, für die betrachteten maximalen Partitionierungsgrößen.[4]
- Abb. 8.5 zeigt die Robustheit der ursprünglichen Schaltung sowie die Robustheit nach Anwendung beider vorgeschlagener Methoden (wieder für verschiedene maximale Partitionierungsgrößen $p_s \in \{8, 16\}$).
- Abb. 8.6 präsentiert einen direkten Vergleich zwischen dem zufällig basierten und dem SAT-basierten Ansatz: Der Skalierung-Wert auf der X-Achse zeigt den Unterschied $\mathcal{H}_{SG} - \mathcal{H}_{RB}$ des zufällig basierten Skalierungsfaktors $\mathcal{H}_{RB}$ und des SAT-basierten Skalierungsfaktors $\mathcal{H}_{SG}$. Daher ist das *Skalierung*-Balkendiagramm umso niedriger, je geringer der eingeführte Hardware-Mehraufwand ist, während der SAT-basierte Ansatz anstelle des zufällig basierten verwendet wird und umgekehrt. Die resultierende Robustheitsverbesserung der verbesserten Designs (durch Nutzung der vorgeschlagenen Ansätze) $\mathcal{R}_{RB}$ und $\mathcal{R}_{AG}$ werden hinsichtlich der anfänglichen Robustheit des Designs verglichen[5]

[4]Wenn kein Balken angezeigt wird, wird ein Hardware-Mehraufwand von 0 % oder nahe 0 % gemessen.

[5]Beachten Sie, dass die anfängliche Robustheit auf die Struktur des Schaltkreises und genauer gesagt auf die implizit gegebenen Redundanzen zurückzuführen ist, wie in [TD09] beobachtet.

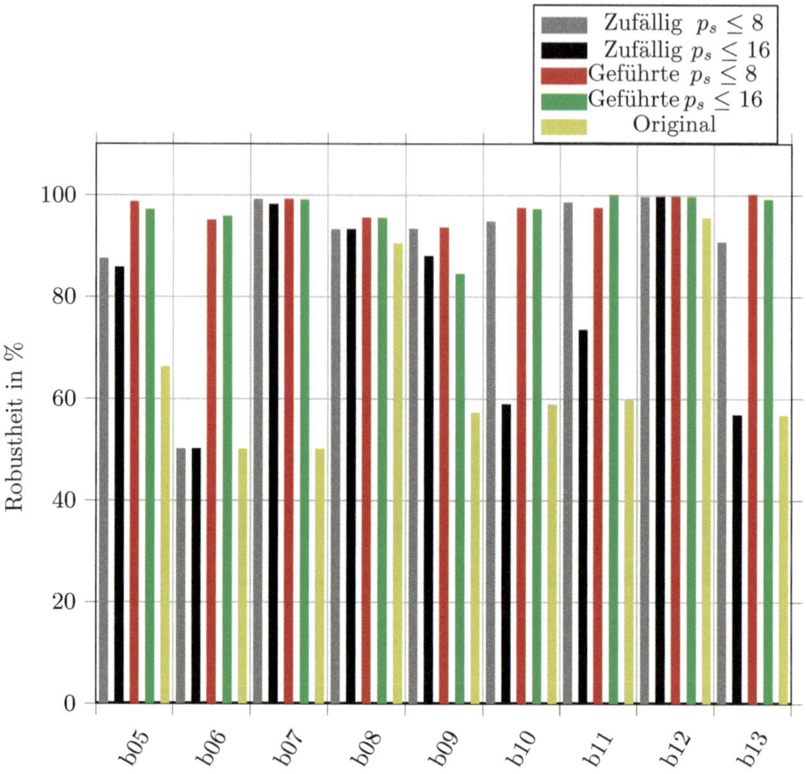

Abb. 8.5 Verbesserung der Robustheit für verbesserte Schaltungen

$\mathcal{R}_{init}$ wird wie folgt bestimmt: $\Delta\mathcal{R}_{RB} = \mathcal{R}_{RB} - \mathcal{R}_{init}$ und $\Delta\mathcal{R}_{SG} = \mathcal{R}_{SG} - \mathcal{R}_{init}$, beziehungsweise. Die Robustheit auf der X-Achse gibt die Differenz beider Robustheitsverbesserungen an: $\Delta\mathcal{R}_{SG} - \Delta\mathcal{R}_{RB}$. Daher gilt: Je höher das Robustheit-Balkendiagramm ist, desto größer ist die Robustheitsverbesserung, die erreicht wird, wenn der SAT-basierte Ansatz anstelle des zufallsbasierten verwendet wird und umgekehrt.

Die Ergebnisse zeigen deutlich den Effekt verschiedener Partitionsgrößen p_s wie in Abb. 8.4 dargestellt: In fast allen Fällen führt eine größere p_s zu einem geringeren Hardware-Mehraufwand. Dies liegt daran, dass größere Partitionen mehr FFs abdecken und daher die Berücksichtigung einer kleineren Gesamtzahl von Partitionen erfordern, was zu weniger FDM-Logik führt. Diese Beobachtung gilt sowohl für den zufallsbasierten als auch für den SAT-basierten Ansatz. Abb. 8.6 stellt einen direkten Vergleich zwischen dem zufallsbasierten und dem SAT-basierten Ansatz dar. Der SAT-basierte Ansatz ermöglicht es, den eingeführten Hardware-Mehraufwand in zwei Dritteln der durchgeführten Experimente zu reduzieren, während mindestens die gleiche (oder sogar eine leicht

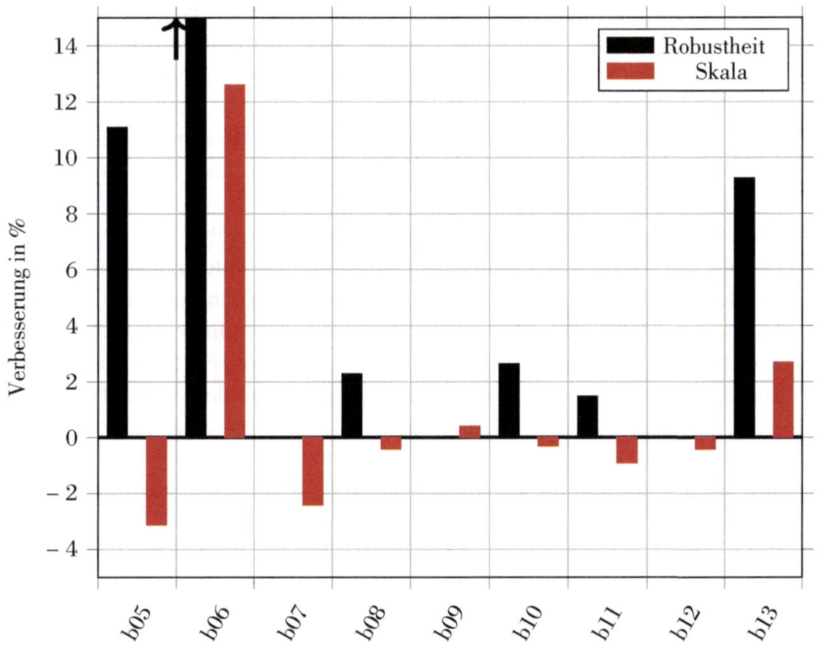

Abb. 8.6 Vergleich zwischen zufallsbasierten und SAT-basierten Ansätzen

höhere) Robustheitsverbesserung erzielt wird. Im Falle der Benchmark-Schaltkreise b06 (b13) zeigt der neu vorgeschlagene SAT-basierte Ansatz deutlich seine Vorteile gegenüber dem Zufallsbasierten: Die Robustheit wird sogar um ca. 55 % (10 %) erhöht. Diese Beobachtung kann auch für den SAT-basierten Ansatz durch Betrachtung der Tab. 8.1 bestätigt werden: Die Anzahl der eingeführten FDMs ist gleich oder niedriger, falls die SAT-basierte Technik mit $p_s \leq 8$ anstelle von $p_s \leq 16$ aufgerufen wird. Zum Beispiel sehen wir 3 (2) FDMs, die in den Schaltkreis b11 mit p_s gleich 8 (16) eingeführt werden. Dies führt zu insgesamt 21 (10) Knoten in den generierten Zustandssammlern. Gleichzeitig reduziert dies die erforderliche Laufzeit, da weniger BMC-Aufrufe durchgeführt werden müssen. Ein erheblicher Anteil der Gesamtlaufzeit wird durch die Sammlung der Zustände und genauer gesagt die Speicherung in einer BDD-Struktur verursacht. Beide Methoden können die Robustheit für b08 nur geringfügig verbessern. Darüber hinaus ist der Hardware-Mehraufwand sogar gleich.

Die vorgeschlagene Methodik bietet eine geeignete Alternative zu zuvor vorgeschlagenen Lösungen, wie zunächst diskutiert. Raum-basierte Ansätze wie Triple Modular Redundancy [BW89, SB89] können 100 % Robustheit garantieren, und sie erfordern normalerweise mehr als das Dreifache der Hardware (d. h., sie ergeben einen Skalierungsfaktor von > 3.0). Im Gegensatz dazu ist die in dieser Arbeit vorgeschlagene Lösung in der Lage, die Robustheit immer auf mehr als 90 % (in einigen Fällen sogar nahezu 100 %) zu verbessern, während im

Durchschnitt nur 5,8 % mehr Hardware dafür benötigt wird. Wie bereits zuvor diskutiert, übertrifft die vorgeschlagene Lösung auch zeitbasierte und anwendungsspezifische Ansätze, da das zeitliche Verhalten in der vorgeschlagenen Lösung kaum beeinflusst wird und die Methodik auf beliebige sequentielle Schaltkreise angewendet werden kann. Dadurch wird ein geeigneter Kompromiss zwischen der Verbesserung der Robustheit und der Minimierung des Hardware- Mehraufwands erreicht.

Die Bestimmung einer *guten* Partition ist eine rechenintensive Aufgabe: Während bei der Berücksichtigung von strukturellen Informationen, wie beim SAT-basierten Ansatz, die Laufzeit erhöht wird. Die Laufzeiten sind handhabbar, obwohl gängige ATPG-Techniken, zum Beispiel die Modellierung von J-Grenze und D-Kette-basierte Propagation, nicht angewendet wurden. Der vorgeschlagene SAT-basierte Ansatz begegnet dieser Herausforderung durch die Nutzung des leistungsfähigen formalen Modells, das von SAT-basierten ATPG-Techniken inspiriert ist, das zu:

1. Verbesserter Robustheit in den meisten Fällen im Vergleich zum zufallsbasierten Ansatz, während die Robustheit in keinem der betrachteten Fälle reduziert wurde und
2. der Skalierungsfaktor ist in fast allen Fällen im Vergleich zum zufallsbasierten Ansatz reduziert oder die Robustheit wurde signifikant verbessert.

Ein Kompromiss zwischen dem Mehraufwand und dem Nutzen kann nach Wahl des Designers angepasst werden, insbesondere bei der Anwendung des SAT-basierten Ansatzes.

8.5 Zusammenfassung und Ausblick

Dieses Kapitel schlägt einen Ansatz zur Verbesserung der Robustheit von sequenziellen Schaltkreisen vor. Die Hauptidee besteht darin, einen Hardware-Mehraufwand zu vermeiden, der oft unnötige Redundanz einführt. Der vorgeschlagene Ansatz nutzt anwendungsspezifisches Wissen über die FFs in jedem erreichbaren Zustand. Es wurde eine Methodik entwickelt, die das entsprechende Wissen erlangt und anschließend für ein FDM nutzt. Eine spezielle Orchestrierung von formalen Techniken wird eingesetzt, um mit der zugrunde liegenden Komplexität umzugehen. Dies führt zu einer Härtungsmethode, die nur einen geringen Anstieg an zusätzlicher Hardware erfordert. Darüber hinaus beeinflusst die vorgeschlagene Methode das zeitliche Verhalten nur unwesentlich – durch die Einführung von nur einer weiteren Verzweigung zu den FFs – und ist automatisch auf beliebige Schaltkreise anwendbar. Die experimentellen Auswertungen bestätigten diese Vorteile: Die Robustheit kann auf ca. 84 % (97 %) erhöht werden, während die Schaltkreisgröße im Durchschnitt nur um den Faktor ca. 1,07 (1,07) bei Anwendung des zufallsbasierten (SAT-basierten) Ansatzes zunimmt.

Zukünftige Arbeiten werden sich auf die Anwendung der vorgeschlagenen Technik auf große (industrielle) Schaltkreise konzentrieren. Eine Methode in diese Richtung betrifft die Berücksichtigung eines kompositionellen Ansatzes. Ein solcher kompositioneller Ansatz wird oft angewendet, um den Suchraum bei der Anwendung formaler Methoden zu reduzieren und folgt der Idee, Teile der Schaltkreise auszuwählen und diese Teile individuell zu bearbeiten. Im Vergleich zum monolithischen Ansatz ermöglicht der kompositionelle eine erhebliche Reduzierung des resultierenden Suchraums, da handhabbare Teile separat gehärtet werden. Darüber hinaus sollte ein alternativer Ansatz zur Bestimmung der vorteilhaftesten Partitionen durch die Entwicklung eines anwendungsspezifischen evolutionären Algorithmus in Verbindung mit einem hardwarebeschleunigten Schaltkreisemulator unter Verwendung von sog. Field Programmable Gate Arrays ausgenutzt werden. Der hardwarebeschleunigte Ansatz ermöglicht die Untersuchung eines vergleichsweise großen Teils des Zustandsraums eines gegebenen sequenziellen Schaltkreises bei der Bestimmung vorteilhafter Kandidaten (Partitionen). Es wird angenommen, dass die Qualität – im Sinne der späteren Robustheitsverbesserung – in Verbindung mit einer Reduzierung der Gesamtlaufzeit des Härtungsverfahrens weiter verbessert werden kann, da die zeitaufwändige Partitionsermittlung und -bewertung ausgelagert wird. Die ermittelten Partitionsdaten werden dann in den regulären Ablauf zurückgespeist, wie in diesem Kapitel vorgestellt, um schließlich die BMC-basierte Synthese des *EP* zu starten und das Design mit der verbesserten Robustheit zu generieren.

Kapitel 9
Schlussfolgerung und Ausblick

Die Integration von DFT-Maßnahmen ist strikt erforderlich, wenn man modernste ICs entwirft, um unter anderem sicherzustellen, dass eine *gute* Testbarkeit im resultierenden Design vorherrscht. Diese Testbarkeit ermöglicht die Durchführung von hochwertigen Fertigungstests, die ein gewisses Vertrauensniveau bieten, dass während des Fertigungsprozesses keine Fehler aufgetreten sind, die die Korrektheit des funktionalen Verhaltens potenziell beeinträchtigen könnten. Die stetig steigende Designkomplexität führt jedoch zu einem signifikanten Anstieg des TDV und damit der TAT, was die Testkosten erhöht. Dieser Effekt wird noch verstärkt, wenn Tests für sicherheitskritische Anwendungen wie Automobilsysteme erstellt werden, die eine Null-Fehler-Politik erzwingen.

In der Literatur wurden verschiedene Testkompressionstechniken vorgeschlagen, die es ermöglichen, das TDV während des Hochvolumen-Fertigungstests unter bestimmten Bedingungen während des Wafer-Tests erheblich zu reduzieren. Diese Techniken sind jedoch beispielsweise während des LPCT nicht zugänglich. Daher ergibt sich eine hohe TAT oder die spezifischen Tests sind aufgrund überschrittener (Tester-) Speicherressourcen sogar nicht anwendbar. Zusätzlich zu diesen Testbarkeitskriterien müssen weitere Anforderungen erfüllt werden, beispielsweise die Gesamtzahl der Eingabe- und Ausgabepins auf Chip-Ebene, deren Anzahl die resultierenden Fertigungskosten stark beeinflusst. Es besteht also ein widersprüchliches Ziel zwischen der Testbarkeit und den Test- sowie Fertigungskosten, für das ein Kompromiss gefunden werden muss. Analog zu den DFT-Maßnahmen werden spezifische Strukturen im Sinne von DFD eingeführt, da ähnliche Probleme beim Debuggen komplexer Systeme bestehen.

S. Huhn und R. Drechsler, *Design für Testbarkeit, Fehlersuche und Zuverlässigkeit*, https://doi.org/10.1007/978-3-031-45319-9_9

Dieses Buch befasst sich mit den genannten Herausforderungen, um den Weg für das IC-Design der nächsten Generation zu ebnen. Insbesondere wurden Maßnahmen entwickelt und implementiert, die eine signifikante Reduzierung des TDV sowie der TAT ermöglichen und damit die resultierenden Testkosten massiv senken. Ein wesentlicher Beitrag dieses Buches umfasst VecTHOR:

VecTHOR implementiert eine Codewort-basierte Kompressionstechnik, die ein dynamisch konfigurierbares Wörterbuch mit einem Lauflängenkodierungsschema kombiniert. Die Kombination dieser Techniken hat sich als sehr effektiv erwiesen, um homogene sowie heterogene Testdatenanteile zu verarbeiten. Die Kompressionstechnik wurde nahtlos in eine IEEE 1149.1-Schale integriert, das einen leichten TAP-Controller mit eingebetteter Kompression ergab, der vollständig mit dem häufig verwendeten IEEE 1149.1 kompatibel ist. Daher soll VecTHOR in ein modernes Design integriert werden, das in jedem Fall einen JTAG-Controller verwendet, um von einer TDV-Reduzierung von 50 % in jedem Testszenario zu profitieren.

Neben der Entwicklung von VecTHOR wurde ein entsprechendes Retargeting-Werkzeug implementiert, das formale Optimierungstechniken auf SAT-Basis einführte, um die komprimierten Testdaten einmalig off-chip zu generieren und einen optimalen Satz an Codewörtern zu bestimmen. Im Gegensatz zum kürzlich verwendeten gierigen (greedy) Algorithmus-basierten Ansatz ermöglichte die optimierungsbasierte Technik eine signifikante Verbesserung der TAT-Reduzierungsergebnisse, insbesondere bei der Verarbeitung schwer zu komprimierender Zufallstestdaten. Es wurde ein ausgeklügeltes Partitionierungsschema entwickelt, das unter anderem den aktuellen Konfigurationszustand des eingebetteten Wörterbuchs berücksichtigte. Dieser partitionierungsbasierte Ansatz ermöglicht die Verarbeitung einer großen Menge von Testdaten aus industriell repräsentativen Anwendungsfällen durch formale optimierungsbasierte Techniken. Dadurch wurde eine Beschleunigung von ca. 18x im Vergleich zum monolithischen optimierungsbasierten Ansatz ohne Anwendung einer Partitionierung erreicht.

Darüber hinaus wurde eine hybride Kompressionsableitung aus VecTHOR entworfen, die in enger Zusammenarbeit mit Infineon Deutschland durchgeführt wurde. Dieser hybride Ansatz behebt die Mängel bestehender Kompressionstechniken speziell im Bereich der Testumgebungen mit geringer Pin-Anzahl, wie sie häufig im Bereich des Null-Fehler-Tests für Automobilanwendungen vorkommen. Zusätzlich zeigte der hybride Ansatz das ungenutzte Potenzial ungenutzter Mehrkanal-Topologien der IC-Designs und reduzierte daher die resultierenden Testdaten um bis zu 74 %, welches die resultierenden Kosten um das Dreifache senkt. Alle entwickelten Techniken wurden ausgiebig mit industriellen und hochentropischen Daten getestet und durch Simulation und Synthese verifiziert und erreichten ein Niveau, auf dem sie potenziell in einer industriellen Umgebung für eine prototypische Integration in einen Testchip eingesetzt werden können.

Formale Techniken wurden weiterhin in Kap. 8 angewendet, um das IC-Design zu *härten,* d. h. die Anfälligkeit gegenüber transienten Fehlern zu reduzieren. Ein solcher transienter Fehler tritt in rauen Umgebungen wie einer hohen Strahlungsintensität auf, die das funktionale Verhalten (potenziell) ungültig machen. Analog zu durch Fertigungsfehler induzierten Fehlern kann ein transienter Fehler, der während des funktionalen Betriebs auftritt, zu denselben katastrophalen Folgen führen, insbesondere wenn er in ein sicherheitskritisches Anwendungsszenario eingebunden ist. Um dies zu erreichen, wurde anwendungsspezifisches Wissen über die strukturellen Abhängigkeiten zwischen FFs in Bezug auf ihre erreichbaren Zustände ausgenutzt. Dieses Wissen wurde verwendet, um Äquivalenzeigenschaften abzuleiten – ein neu entwickeltes formales Konzept zur Beschreibung dieser strukturellen Abhängigkeiten. Zu diesem Zweck wurde eine Methodik eingeführt, die das entsprechende Wissen erlangte und anschließend das Wissen zur Synthese bestimmter FDM-Strukturen nutzte. Eine spezielle Orchestrierung formaler Techniken wurde eingesetzt, die eine Härtungsmethode für beliebige sequenzielle Schaltungen lieferte. Diese Technik führte nur zu einem geringen Hardware-Mehraufwand, der maximal etwa 7 % betrug. Die Robustheit wurde jedoch um bis zu 97 % erhöht.

Zukünftige Arbeiten zielen darauf ab, die in Kap. 8 vorgeschlagene Härtungstechnik zu erweitern, so dass ein transienter Fehler direkt korrigiert werden kann zusätzlich zu seiner Erkennung. Es ist erforderlich, den Zustand der entsprechenden *Äquivalenzeigenschaft* innerhalb des StateCollector zu speichern, um einen erweiterten Ansatz zu implementieren, der die Korrektur eines kürzlich aufgetretenen einzelnen transienten Fehlers innerhalb von zwei aufeinanderfolgenden Taktereignissen ermöglicht, bevor der Fehlerwert beispielsweise eine stille Datenkorruption verursacht. Im Bereich vom DFT wird die zukünftige Arbeit auf eine nahtlose Integration von VecTHOR innerhalb des IJTAG [14] auf verschiedenen Ebenen konzentrieren. Beispielsweise kann VecTHOR als benutzerdefinierter Mantel für ein beliebiges Instrument dienen, als Schnittstelle auf Chip-Ebene des gesamten Netzwerks fungieren oder ausschließlich zur Komprimierung der Konfigurationsdaten des Netzwerks verwendet werden. Darüber hinaus können diese Ebenen kombiniert werden, um eine mehrstufige Kompressionsarchitektur zu bilden, die die Kompression noch weiter verbessern wird. Insbesondere wird erwartet, dass die Integration in die IJTAG-Schnittstelle auf Chip-Ebene ohne Einführung eines großen Hardware-Mehraufwands durchgeführt werden kann, da dieser Zugriff auf Chip-Ebene typischerweise durch einen zustandsbasierten Zugriffsmechanismus wie IEEE 1149.1 realisiert wird. Dadurch würde die Gesamtanwendungszeit eines IJTAG-Netzwerks durch die Integration eines kompressionsbasierten Zugriffsmechanismus um mindestens das Dreifache reduziert. Diese Reduzierung würde völlig neue Testanwendungen ermöglichen, da auch die Neukonfiguration eines einzelnen Scan-Pfads massiv beschleunigt würde. Die beschriebene Erwartung basiert auf dem bereits erreichten Kompressionsverhältnis von ca. 60 % für industriell repräsentative Testdaten, das weiter erhöht werden kann, da die Konfigurationsdaten wiederholende Sequenzen enthalten, die am besten für die Adressierung durch VecTHOR geeignet sind.

Lauflängenkodierungsfähigkeit in das Retargeting-Verfahren ein, die das effektive Zusammenführen langer Serien von gleichen Datenwörtern ermöglicht. Die Dynamic-Compress-Technik nutzt die dynamische Neukonfiguration des eingebetteten Wörterbuchs, was die Kompressionseffizienz erheblich verbessert. Schließlich kombiniert Dynamic-Merge-Compress sowohl die dynamische Neukonfiguration mit der Lauflängenkodierungsfähigkeit und erzielt dadurch die besten Ergebnisse aus dem heuristischen Ansatz hinsichtlich der Reduzierung des TDV und TAT.

1. Compress
2. Merge-Compress
3. Dynamic-Compress
4. Dynamic-Merge-Compress

Neben den heuristischen Ansätzen wurden verschiedene Techniken vorgeschlagen, die formale Techniken einsetzen. Genauer gesagt, wurde die Aufgabe, eine am meisten vorteilhafte Menge von Codewörtern zu bestimmen, auf eine PBO-Instanz abgebildet, was zu den folgenden drei Ansätzen führt:

6. SAT-Compress
7. SAT-Postprocess-Compress
8. Partition-SAT-Compress

Der SAT-Compress ruft den PBO-Solver mit der generierten Zielfunktion auf, wie in Abschn. 5.2.2 (auf Seite 6) beschrieben. Im Vergleich zum heuristischen Ansatz erreicht das SAT-basierte Retargeting-Verfahren ein höheres TDV- und TAT-Verhältnis. Allerdings ist die benötigte Rechenzeit deutlich höher, was die Anwendbarkeit auf große Datenmengen einschränkt. Zusätzlich zu SAT-Compress führt der SAT-Postprocess-Compress eine zweite Optimierungsstufe ein, die darauf abzielt, die TAT noch stärker zu reduzieren, was mehr Rechenzeit erfordert. Um die Verarbeitung von sogar großen Datenmengen zu ermöglichen, führt der Partition-SAT-Compress-Ansatz ein Partitionsschema auf der PBO-Instanz ein. Dadurch kann die Rechenzeit erheblich reduziert werden, während nahezu die gleichen TDV- und TAT-Reduktionsverhältnisse beibehalten werden.

A.2 Retargeting-Werkzeug

Dieser Abschnitt beschreibt das Retargeting-Werkzeug. Zunächst werden die erforderlichen Voraussetzungen diskutiert, gefolgt von einer Präsentation der verfügbaren Parameter zur Anpassung des Retargeting-Verfahrens.

A.2.1 Erste Schritte

Der folgende Absatz beschreibt kurz die Voraussetzungen für den Einstieg in VecTHOR und erklärt die verfügbaren Optionen. Da VecTHOR ausschließlich in C++

implementiert ist und intensiv C++11 Funktionen nutzt, muss eine kompatible C++ Compiler-Version verwendet werden. Der Code wurde mit der GNU Compiler Collection gcc v.4.9 oder neuer getestet. Neben dem Compiler ist die boost C++ Bibliothek [Kar05] erforderlich, die mit Version 1.41.0 kompatibel ist, und die Cross-Building-Plattform CMake in Version 2.8 oder neuer. Das Framework orchestriert clasp 3.1.4 [Geb+07] als die zugrunde liegende PBO-Lösungsmaschine und YAML [BEI09] zur Verarbeitung von benutzerdefinierten Konfigurationsdateien.

Beachten Sie, dass der Retargeting-Rahmen nur im Terminal-Modus arbeitet. Für eine zukünftige Version von VecTHOR ist eine grafische Benutzeroberfläche als zusätzliches Feature geplant. Nachdem die Kompilierung abgeschlossen ist, kann VecTHOR ausgeführt werden, indem das kompilierte und verlinkte ausführbare Programm aufgerufen wird.

A.2.2 Verfügbare Optionen

Es gibt mehrere Möglichkeiten, das Verhalten von VecTHOR zu steuern. Dies kann entweder durch die Verwendung verschiedener Aufrufparameter oder durch die Verwendung der Konfigurationsdatei erfolgen. Wenn VecTHOR mit dem –help Parameter aufgerufen wird, wird die Liste der verfügbaren Aufrufparameter ausgegeben, wie in Auflistung A.1 gezeigt.

Auflistung A.1 Erlaubte Terminaloptionen

Die Aufrufparameter sind wie folgt:

Verbose—Debug—Stats Boolesche Flags zur Steuerung des Protokolllevels, d. h., der verschiedenen Detailstufen, die auf der Konsole ausgegeben werden. Beachten Sie, dass dies möglicherweise Ihren Puffer überschreitet, wenn Sie das Debug-Protokolllevel bei großen eingehenden Testdaten verwenden.

Plot Boolesches Flag zur Steuerung, ob VecTHOR spezifische gnuplot Dateien erstellt, die mit der Puffer Funktion verknüpft sind, die in diesem Buch nicht im Detail beschrieben wurde.

Hex Boolesches Flag zur Aktivierung der Verarbeitung von eingehenden Testdaten (unter Verwendung des ReadTDR Parameters), die in Hex kodiert sind.

STIL Boolesches Flag zur Aktivierung der Verarbeitung von eingehenden Testdaten durch Verwendung einer externen STIL-Parsing-Bibliothek.

compressed_(prefix—suffix) Dateien, die den erforderlichen Präfix und Suffix bezüglich des Testbank-Codes enthalten, um die simulationsbasierte Datenübertragung über den kompressionsbasierten TAP-Controller auszuführen.

dyncompressed_(infix—preload) Dateien, die den erforderlichen Infix und Suffix bezüglich des Testbank-Codes enthalten, um die dynamische Konfiguration des eingebetteten Wörterbuchs durchzuführen. Hierbei bezieht sich Infix auf die erforderlichen Signalübergänge zwischen der Konfiguration von zwei Codewörtern und preload auf den erforderlichen Anweisungscode.

A.2.3 Verfahren zur Neuausrichtung

VecTHOR wird typischerweise auf einen bestehenden Satz von Testdaten angewendet, die zur Nutzung der erheblichen Reduzierung des TDV und des TAT durch VecTHOR neu ausgerichtet werden sollen. Tatsächlich verfügt VecTHOR über einen integrierten pseudozufälligen Zahlengenerator – basierend auf einem Mersenne-Twister-Algorithmus – zur Erzeugung von Testdaten mit hoher Entropie. Diese Funktion ermöglicht eine direkte Bewertung der verwendeten Parametersätze auf schwer zu komprimierenden Daten, wie sie typischerweise durch Daten mit hoher Entropie gegeben sind. Der reguläre Anwendungsfall besteht jedoch darin, die Neuausrichtung direkt auf einer Datei aufzurufen, die die bestehenden Testdaten enthält. Nach Abschluss des Neuausrichtungsprozesses wird eine komprimierte JTAG-Datei ausgegeben. Diese ausgegebene Datei enthält eine vollständige Testbench-Umgebung für eine nahtlose Neusimulation mit digitalen Simulationstools. Die akademische Version Questa Sim-64 10.7c wurde ausschließlich zu diesem Zweck während der Entwicklungsphase von VecTHOR verwendet.

A.2.4 Architektur des Werkzeuges

Dieser Absatz gibt eine kurze Einführung in die zugrundeliegende Softwarearchitektur des VecTHOR-Retargeting-Werkzeuges. Insgesamt besteht VecTHOR aus 21 verschiedenen Klassen, die die drei Hauptkomponenten Dekompressor, Kompressor und Emitter implementieren.

Der Dekompressor realisiert das Umzielungsverfahren durch Bestimmung der vorteilhaftesten Codewort-Menge, das dann zur Konfiguration des eingebetteten Wörterbuchs von VecTHOR verwendet wird. Der Kompressor des Retargeting-Werkzeuges erzeugt dann den komprimierten Testdatenstrom mit einer internen, hoch effizienten Bitvektor-Darstellung. Insbesondere erzeugt der Emitter

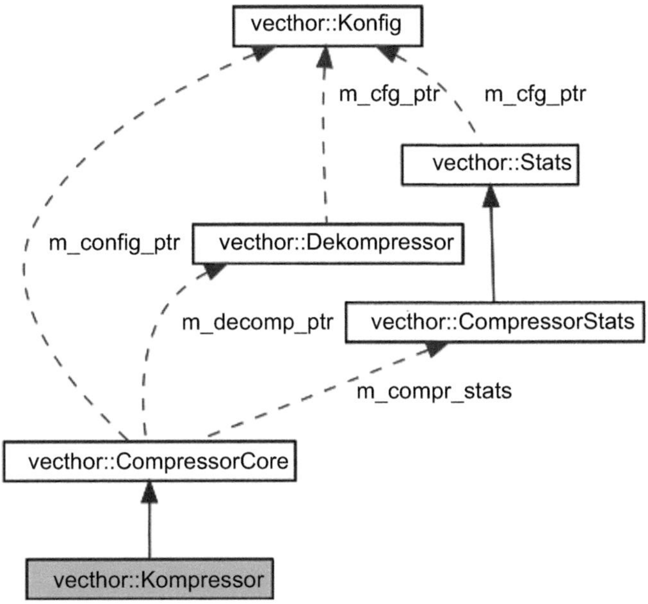

Abb. A.1 Kollaborationsdiagramm der Kompressor-Klasse

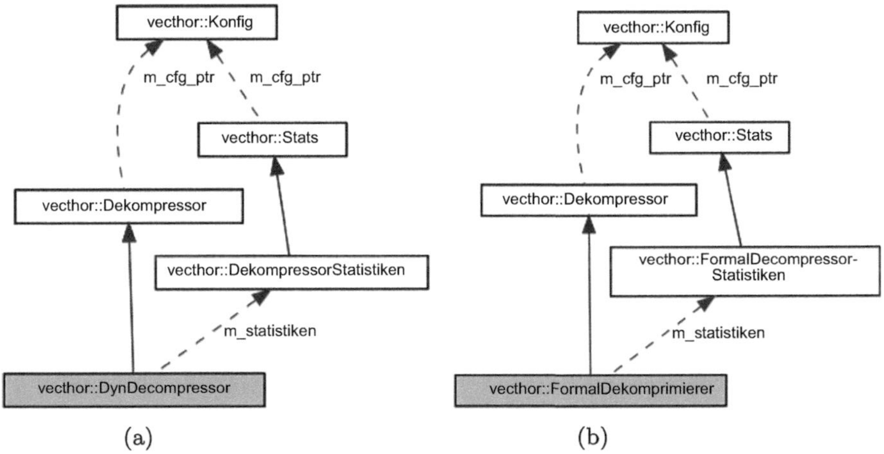

Abb. A.2 Kollaborationsdiagramm der vererbten Dekompressor-Klassen. (**a**) DynDecompressor-Unterklasse. (**b**) FormalDecompressor-Unterklasse

den komprimierten Datenstrom entweder als Testbank-Code für die Neusimulation (unter Verwendung des erweiterten TAP-Controllers) oder durch Ausgabe des erweiterten TAP-Controller-Protokolls über ein angeschlossenes IO-Shield.

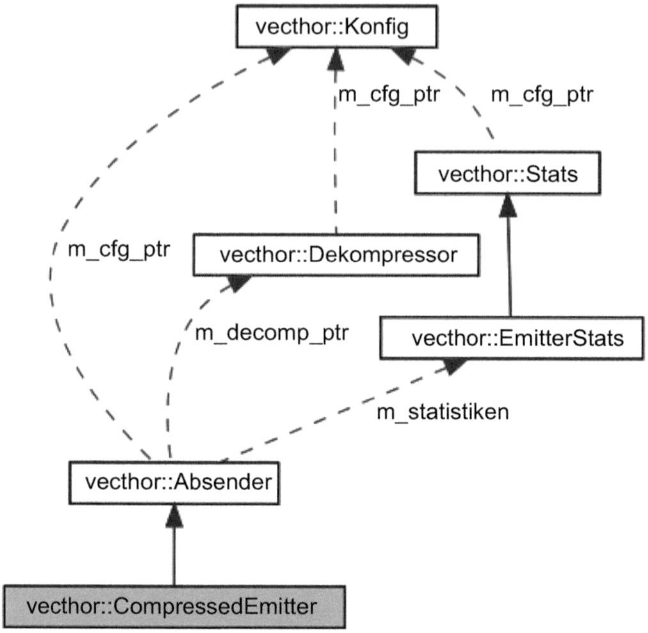

Abb. A.3 Kollaborationsdiagramm der repräsentativen Emitter-Klasse

Verschiedene Vererbungen unter Ausnutzung von virtuellen Klassen wie der Emitter-Klasse ermöglichen eine direkte Erweiterbarkeit zur Unterstützung einer weiteren Datensenke, die Teil des Testablaufes ist. Detailliertere Kollaborationsdiagramme der vier wichtigsten Klassen sind in den Abb. A.1, A.2, A.3 dargestellt.

Beachten Sie, dass diese Abbildungen die gleiche Nomenklatur verwenden, wie sie regelmäßig in DoxyGen [Lar11] Dokumentationsdateien verwendet wird. Genauer gesagt, stellt ein gefülltes graues Feld eine Klasse dar, für die das Kollaborationsdiagramm erstellt wurde, und ein Feld mit schwarzem Rand bezeichnet eine kollaborative Klasse. Die Pfeile haben folgende Bedeutung: Ein dunkelblauer Pfeil visualisiert eine öffentliche – geschützte und private werden nicht gezeigt – Vererbungsbeziehung zwischen zwei Klassen und ein lila gestrichelter Pfeil wird verwendet, wenn eine Klasse von einer anderen Klasse enthalten oder verwendet wird. Alle Pfeile sind mit den Variablen beschriftet, über die die kollaborative Klasse zugänglich ist.

A.3 Geplante Funktionen

Dieser Abschnitt schließt das Buch mit einem kurzen Ausblick auf die geplante Entwicklung von VecTHOR. Eine zukünftige Funktion betrifft eine grafische Benutzeroberfläche, die die Interaktion der Benutzer vereinfachen und wichtige

Informationen über den Fortschritt des Retargeting und den Erfolg der Kompression liefern wird. Aus ingenieurtechnischer Sicht ist auch geplant, bestimmte Teile des Retargeting-Prozesses zu parallelisieren. Darüber hinaus sollte eine Client-Server-Architektur als optionale Funktion eingeführt werden, die eine Verteilung des Retargeting-Kerns und des Emitters ermöglicht, was möglicherweise eine einfachere Integration in bestehende Abläufe ermöglicht.

Aus algorithmischer Sicht ist geplant, ein Mehrwert-Kodierungsschema in das Retargeting-Framework von VecTHOR zu integrieren. Dies impliziert, dass die PBO-Instanz ebenfalls erweitert wird, was die Modellierung von X-Werten ermöglichen wird. Diese Erweiterung erfordert ein effizientes Kodierungsschema und stellt daher eine hochrelevante Forschungsfrage dar. Es wird angenommen, dass dies die Kompressionseffizienz weiter erhöhen wird, da einige Testdaten in verschiedenen Testanwendungen typischerweise nicht spezifiziert sind. Folglich ist das volle Potenzial in einer solchen Situation noch nicht genutzt.

[BS96] M. Böhm, E. Speckenmeyer, A fast parallel SAT-solver — efficient workload balancing. Ann. Math. Artif. Intell. **17**(2), 381–400 (1996). https://doi.org/10.1007/BF02127976

[BT07] K.J. Balakrishnan, N.A. Touba, Relationship between entropy and test data compression. IEEE Trans. VLSI Syst. **26**(2), 386–395 (2007). https://doi.org/10.1109/TCAD.2006.882600

[BW89] A.E. Barbour, A.S. Wojcik, A general constructive approach to fault-tolerant design using redundancy. IEEE Trans. Comput. **38**(1), 15–29 (1989). https://doi.org/10.1109/12.8727

[CC01] A. Chandra, K. Chakrabarty, System-on-a-chip test-data compression and decompression architectures based on Golomb codes. IEEE Trans. VLSI Syst. **20**(3), 355–368 (2001). https://doi.org/10.1109/43.913754

[Cla+18] E.M. Clarke et al., *Model Checking* (MIT press, 2018)

[Cla06] C.J. Clark, *CJTAG: Enhancement to IEEE 1149.1 Uses Concurrent Test to Reduce Test Times* (Kluwer Academic Publishers, 2006)

[Coo71] S.A. Cook, The complexity of theorem-proving procedures, in *Proceedings of the ACM International Symposium on the Theory of Computing* (Shaker Heights, Ohio, USA, 1971), pp. 151–158. https://doi.org/10.1145/800157.805047

[DAC99] M.B. Dwyer, G.S. Avrunin, J.C. Corbett, Patterns in property specifications for finite-state verification, in *Proceedings of the International Conference on Software Engineering* (1999), pp. 411–420. https://doi.org/10.1145/302405.302672

[DC14] S. Deutsch, K. Chakrabarty, Massive signal tracing using on-chip DRAM for in-system silicon debug, in *Proceedings of the International Test Conference* (2014), pp. 1–10. https://doi.org/10.1109/TEST.2014.7035363

[DDG00] R. Drechsler, N. Drechsler, W. Gunther, Fast exact minimization of BDD's. IEEE Trans. Comput. Aided Des. Integr. Circuits Syst. **19**(3), 384–389 (2000). https://doi.org/10.1109/43.833206

[Dho+16] H. Dhotre et al., Automated optimization of scan chain structure for test compression-based designs, in *Proceedings of the IEEE Asian Test Symposium* (2016), pp. 185–190. https://doi.org/10.1109/ATS.2016.60

[DLL62] M. Davis, G. Logemann, D. Loveland, A machine program for theorem-proving. Commun. ACM **5**(7), 394–397 (1962). https://doi.org/10.1145/368273.368557

[DM13] W.R.A. Dias, E.D. Moreno, Code compression using multi-level dictionary, in *IEEE 4th Latin American Symposium on Circuits and Systems (LASCAS)* (2013), pp. 1–4. https://doi.org/10.1109/LASCAS.2013.6519043

[Doy+10] L. Doyen et al., Robustness of sequential circuits, in *Proceedings of the International Conference on Application of Concurrency to System Design* (2010), pp. 77–84. https://doi.org/10.1109/ACSD.2010.26

[DP60] M.D. Davis, H. Putnam, A computing procedure for quantification theory. J. Assoc. Comput. Mach. **7**, 201–215 (1960)

[Dre+09] R. Drechsler et al., *Test Pattern Generation Using Boolean Proof Engines* (Springer, 2009). https://doi.org/10.1007/978-90-481-2360-5

[DS07] S. Disch, C. Scholl, Combinational equivalence checking using incremental SAT solving, output ordering, and resets, in *Proceedings of the ASP Design Automation Conference* (2007), pp. 938–943. https://doi.org/10.1109/ASPDAC.2007.358110

[DS91] B.I. Dervisoglu, G.E. Stong, Design for testability using scanpath techniques for path-delay test and measurement, in *Proceedings of the International Test Conference* (1991), pp. 365–374. https://doi.org/10.1109/TEST.1991.519696

[DSF04] R. Drechsler, J. Shi, G. Fey, Synthesis of fully testable circuits from BDDs. IEEE Trans. Comput. Aided Des. Integr. Circuits Syst. **23**(3), 440–443 (2004). https://doi.org/10.1109/TCAD.2004.823342

[ED10] S. Eggersglüß, R. Drechsler, Robust algorithms for high quality test pattern generation using Boolean satisfiability, in *Proceedings of the International Test Conference* (2010), pp. 1–10. https://doi.org/10.1109/TEST.2010.5699289

[Egg+16a] S. Eggersglüß et al., Formal test point insertion for region-based low-capture-power compact at-speed scan test, in *Proceedings of the IEEE Asian Test Symposium* (2016), pp. 173–178. https://doi.org/10.1109/ATS.2016.41

[Egg+16b] S. Eggersglüß et al., On optimization-based ATPG and its application for highly compacted test sets. IEEE Trans. Comput. Aided Des. Integr. Circuits Syst. **35**(12), 2104–2117 (2016) https://doi.org/10.1109/TCAD.2016.2552822

[Eld59] R.D. Eldred, Test routines based on symbolic logical statements. J. ACM **6**(1), 33–37 (1959). https://doi.org/10.1145/320954.320957

[EMW16] S. Eggersglüß, K. Miyase, X. Wen, SAT-based post-processing for regional capture power reduction in at-speed scan test generation, in *Proceedings of the IEEE European Test Symposium* (2016), pp. 1–6. https://doi.org/10.1109/ETS.2016.7519327

[Ern+03] D. Ernst et al., Razor: a low-power pipeline based on circuit-level timing speculation, in *Proceedings of the IEEE/ACM International Symposium on Microarchitecture* (2003), pp. 7–18. https://doi.org/10.1109/MICRO.2003.1253179

[ES04] N. Eén, N. Sörensson, An extensible SAT-solver, in *Lecture Notes in Computer Science 2919* (2004), pp. 502–518. https://doi.org/10.1007/978-3-540-24605-3_37

[EW77] E.B. Eichelberger, T.W. Williams, A logic design structure for lsi testability, in *Proceedings of the Design Automation Conference* (IEEE Press, 1977), pp. 462–468. https://doi.org/10.1145/62882.62924

[EWD13] S. Eggersglüß, R. Wille, R. Drechsler, Improved SAT-based ATPG: More constraints, better compaction, in *Proceedings of the International Conference on Computer-Aided Design* (2013), pp. 85–90. https://doi.org/10.1109/ICCAD.2013.6691102

[FD08] G. Fey, R. Drechsler, A basis for formal robustness checking, in *Proceedings of the International Symposium on Quality Electronic Design* (2008), pp. 784–789. https://doi.org/10.1109/ISQED.2008.4479838

[Fey+11] G. Fey et al., Effective robustness analysis using bounded model checking techniques. IEEE Trans. Comput. Aided Des. Integr. Circuits Syst. **30**(8), 1239–1252 (2011) https://doi.org/10.1109/TCAD.2011.2120950

[FFM08] N. Farazmand, M. Fazeli, S.G. Miremadi, FEDC: Control flow error detection and correction for embedded systems without program interruption, in *Third International Conference on Availability, Reliability and Security* (2008), pp. 33–38. https://doi.org/10.1109/ARES.2008.199

[FS83] H. Fujiwara, T. Shimono, On the acceleration of test generation algorithms. IEEE Trans. Comput. **C-32**(12), 1137–1144 (1983). https://doi.org/10.1109/TC.1983.1676174

[FSF14] A. Finder, A. Sülflow, G. Fey, Latency analysis for sequential circuits. IEEE Trans. Comput. Aided Des. Integr. Circuits Syst. **33**(4), 643–647 (2014). https://doi.org/10.1109/TCAD.2013.2292501

[GC13] S.K. Goel, K. Chakrabarty, *Testing for Small-Delay Defects in Nanoscale CMOS Integrated Circuits* (CRC Press, 2013). https://doi.org/10.1201/b15549

[Geb+07] M. Gebser et al., Conflict-driven answer set solving, in *Proceedings of the International Joint Conference on Artificial Intelligence* (2007), pp. 386–392. https://doi.org/10.1016/j.artint.2012.04.001

[GMG90] M. Gerner, B. Müller, G. Sandweg, *Selbsttest digitaler Schaltungen* (Springer, 1990)

[GN02] E. Goldberg, Y. Novikov, BerkMin: A fast and robust SAT-solver, in *Proceedings of the Design, Automation and Test in Europe* (2002), pp. 142–149. https://doi.org/10.1109/DATE.2002.998262

[GNR64] J.M. Galey, R.E. Norby, J.P. Roth, Techniques for the diagnosis of switching circuit failures. IEEE Trans. Commun. Electron. **83**(74), 509–514 (1964) https://doi.org/10.1109/TCOME.1964.6539498

[GR81] P. Goel, B.C. Rosales, PODEM-X: An automatic test generation system for VLSI logic structures, in *Proceedings of the Design Automation Conference* (1981), pp. 260–268. https://doi.org/10.1109/DAC.1981.1585361

[Gru+05] O. Grumberg et al., Achieving speedups in distributed symbolic reachability analysis through asynchronous computation, in *Proceedings of the Advanced Research Working Conference on Correct Hardware Design and Verification Methods* (Springer, 2005), pp. 129–145. https://doi.org/10.1007/11560548_12

[Gru09] O. Grumberg, 3-valued abstraction for (bounded) model checking, in *Proceedings of the International Conference Automated Technology for Verification and Analysis* (Springer, 2009), pp. 21–21. https://doi.org/10.1007/978-3-642-04761-9_2

[Gut+01] M.R. Guthaus et al., MiBench: A free, commercially representative embedded benchmark suite, in *Proceedings of the IEEE International Workshop on Workload Characterization* (2001), pp. 3–14. https://doi.org/10.1109/WWC.2001.99739

[Ham50] R.W. Hamming, Error detecting and error correcting codes. Bell Syst. Tech. J. **29**(2), 147–160 (1950). https://doi.org/10.1002/j.1538-7305.1950.tb00463.x

[HED16a] S. Huhn, S. Eggersglüß, R. Drechsler, Leichtgewichtige Datenkompressions-Architektur für IEEE-1149.1-kompatible Testschnittstellen, in *Informal Proceedings of the GI/GMM/ITG Workshop für Testmethoden und Zuverlässigkeit von Schaltungen und Systemen* (2016)

[HED16b] S. Huhn, S. Eggersglüß, R. Drechsler, VecTHOR: Low-cost compression architecture for IEEE-1149.1-compliant TAP controllers, in *Proceedings of the IEEE European Test Symposium* (2016), pp. 1–6. https://doi.org/10.1109/ETS.2016.7519303

[HED17] S. Huhn, S. Eggersglüß, R. Drechsler, Reconfigurable TAP controllers with embedded compression for large test data volume, in *Proceedings of the IEEE Defect and Fault Tolerance in VLSI and Nanotechnology Systems* (2017), pp. 1–6. https://doi.org/10.1109/DFT.2017.8244462

[HED19] S. Huhn, S. Eggersglüß, R. Drechsler, *Enhanced Embedded Test Compression Technique For Processing Incompressible Test Patterns*. Informal Proceedings of the GI/GMM/ITG Workshop für Testmethoden und Zuverlässigkeit von Schaltungen und Systemen (2019)

[Het+99] G. Hetherington et al., Logic BIST for large industrial designs: real issues and case studies, in *Proceedings of the International Test Conference* (1999), pp. 358–367. https://doi.org/10.1109/TEST.1999.805650

[HN06] T. Heijmen, A. Nieuwland, Soft-error rate testing of deep-submicron integrated circuits, in *Proceedings of the IEEE European Test Symposium* (2006), pp. 247–252. https://doi.org/10.1109/ETS.2006.42

[HSV13] S. Hertz, D. Sheridan, S. Vasudevan, Mining hardware assertions with guidance from static analysis. IEEE Trans. Comput. Aided Des. Integr. Circuits Syst. **32**(6), 952–965 (2013). https://doi.org/10.1109/TCAD.2013.2241176

[HTD19a] S. Huhn, D. Tille, R. Drechsler, A hybrid embedded multi-channel test compression architecture for low-pin count test environments in safety-critical systems, in *Proceedings of the International Test Conference in Asia* (2019), pp. 115–120. https://doi.org/10.1109/ITC-Asia.2019.00033

[HTD19b] S. Huhn, D. Tille, R. Drechsler, Hybrid architecture for embedded test compression to process rejected test patterns, in *Proceedings of the IEEE European Test Symposium* (2019), pp. 1–2. https://doi.org/10.1109/ETS.2019.8791508

[Hua+98] S.-Y. Huang et al., Fault-simulation based design error diagnosis for sequential circuits, in *Proceedings of the Design Automation Conference* (1998), pp. 632–637. https://doi.org/10.1109/DAC.1998.724548

[Huh+17a] S. Huhn et al., Enhancing robustness of sequential circuits using application-specific knowledge and formal methods, in *Proceedings of the Asia and South Pacific Design Automation Conference* (2017), pp. 182–187. https://doi.org/10.1109/ASPDAC.2017.7858317

[Huh+17b] S. Huhn et al., Optimization of retargeting for IEEE 1149.1 TAP controllers with embedded compression, in *Proceedings of the IEEE Design, Automation and Test in Europe* (2017), pp. 578–583. https://doi.org/10.23919/DATE.2017.7927053

[Huh+18] S. Huhn et al., *A Codeword-Based Compaction Technique for On-Chip Generated Debug Data Using Two-Stage Artificial Neural Ntworks*. Informal Proceedings of the GI/GMM/ITG Workshop für Testmethoden und Zuverlässigkeit von Schaltungen und Systemen (2018)

[Huh+19] S. Huhn et al., Determing application-specific knowledge for improving robustness of sequential circuits. IEEE Trans. Very Large Scale Integr. Syst., 875–887 (2019). https://doi.org/10.1109/TVLSI.2018.2890601

[01] IEEE Standard Verilog Hardware Description Language, in *IEEE Std 1364-2001* (2001), pp. 1–792. https://doi.org/10.1109/IEEESTD.2001.93352

[13] IEEE Standard for Test Access Port and Boundary-Scan Architecture Redline, in *IEEE Std 1149.1-2013 (Revision of IEEE Std 1149.1-2001) Redline* (2013), pp. 1–899

[14] IEEE Standard for Access and Control of Instrumentation Embedded Within a Semiconductor Device, in *IEEE Std 1687-2014* (2014), pp. 1–283

[Cor11] Intel Corporation, *The Story of the Intel 4004 – Intel's First Microprocessor*, 02/22/2020 (2011). https://www.intel.de/content/www/de/de/history/museum-story-of-intel-4004.html

[Cor13] Intel Corporation, *LGA1150 Socket – Application Guide*, 02/21/2020 (2013). https://www.intel.com/content/dam/www/public/us/en/documents/guides/4th-gen-core-lga1150-socket-guide.pdf

[ICM99] V. Iyengar, K. Chakrabarty, B.T. Murray, Deterministic built-in pattern generation for sequential circuits. J. Electron. Test. **15**(1-2), 97–114 (1999). https://doi.org/10.1023/A:1008384201996

[Ila+13] K. Ilambharathi et al., Domain Specific Hierarchical Huffman Encoding, in *Cornell University Library*, abs/1307.0920 (2013)

[Inc20] Verific Design Automation Inc., *Verific's Parser Platform*, 02/15/2020 (2020). https://www.verific.com

[Iye+02] V. Iyengar et al., Test resource optimization for multi-site testing of SOCs under ATE memory depth constraints, in *Proceedings of the International Test Conference* (2002), pp. 1159–1168. https://doi.org/10.1109/TEST.2002.1041874

[Jan+11] J. Janicki et al., EDT channel bandwidth management in SoC designs with pattern-independent test access mechanism, in *Proceedings of the International Test Conference* (2011), pp. 1–9. https://doi.org/10.1109/TEST.2011.6139170

[JB18] S. Jayanthy, M.C. Bhuvaneswari, *Test Generation of Crosstalk Delay Faults in VLSI Circuits* (Springer, 2018). https://doi.org/10.1007/978-981-13-2493-2

[JG02] N.K. Jha, S. Gupta, *Testing of Digital Systems* (Cambridge University Press, USA, 2002). https://doi.org/10.1017/CBO9780511816321

[JGT99] A. Jas, J. Ghosh-Dastidar, N.A. Touba, Scan vector compression/decompression using statistical coding, in *Proceedings of the VLSI Test Symposium* (1999), pp. 114–120. https://doi.org/10.1109/VTEST.1999.766654

[Jia+12] R. Jia et al., JTAG-based bitstream compression for FPGA configuration, in *Proceedings of the International Conference on Solid-State and Integrated Circuit Technology* (2012), pp. 1–3. https://doi.org/10.1109/ICSICT.2012.6467807

[JT98] A. Jas, N.A. Touba, Test vector decompression via cyclical scan chains and its application to testing core-based designs, in *Proceedings of the International Test Conference* (1998), pp. 458–464. https://doi.org/10.1109/TEST.1998.743186

[JW90] R.G. Jeroslow, J. Wang, Solving propositional satisfiability problems. Ann. Math. Artif. Intell. **1**(1), pp. 167–187 (1990). https://doi.org/10.1007/BF01531077

[Kar05] B. Karlsson, *Beyond the C++ Standard Library: An Introduction to Boost* (Pearson Education, 2005)

[KCR06] F.L. Kastensmidt, L. Carro, R. Reis, *Fault-Tolerance Techniques for SRAM-Based FPGAs* (Springer, 2006). https://doi.org/10.1007/978-0-387-31069-5

[KL93] H. Konuk, T. Larrabee, Explorations of sequential ATPG using Boolean satisfiability, in *Proceedings of the VLSI Test Symposium* (1993), pp. 85–90. https://doi.org/10.1109/VTEST.1993.313303

[Kra+06] U. Krautz et al., Evaluating coverage of error detection logic for soft errors using formal methods, in *Proceedings of the Design, Automation and Test in Europe* (2006), pp. 1–6. https://doi.org/10.1109/DATE.2006.244062

[KS03] D. Kececioglu, F.-B. Sun, *Environmental Stress Screening: Its Quantification, Optimization and Management* (DEStech Publications, Inc, 2003)

[LA04] C. Lattner, V. Adve, LLVM: a compilation framework for lifelong program analysis transformation, in *Proceedings of the International Symposium on Code Generation and Optimization* (2004), pp. 75–86. https://doi.org/10.1109/CGO.2004.1281665

[Lar11] R.S. Laramee, *Bob's Concise Introduction to Doxygen*. Tech. rep. Technical report, The Visual and Interactive Computing Group, Computer Science Department (2011). https://cs.swan.ac.uk/~csbob/teaching/laramee07commentConvention.pdf

[Lar92] T. Larrabee, Test pattern generation using Boolean satisfiability. IEEE Trans. Comput. Aided Des. Integr. Circuits Syst. **11**(1), 4–15 (1992). https://doi.org/10.1109/43.108614

[LC03] L. Li, K. Chakrabarty, Test data compression using dictionaries with fixed-length indices, in *Proceedings of the VLSI Test Symposium* (2003), pp. 219–224. https://doi.org/10.1109/VTEST.2003.1197654

[Lee59] C.Y. Lee, Representation of switching circuits by binary-decision programs. Bell Syst. Tech. J. **38**(4), 985–999 (1959). https://doi.org/10.1002/j.1538-7305.1959.tb01585.x

[Lie06] J. Lienig, *Layoutsynthese elektronischer Schaltungen Grundlegende Algorithmen für die Entwurfsautomatisierung* (Springer, 2006). https://doi.org/10.1007/3-540-29942-4

[Loi+13] C. Loiacono et al., Fast Cone-Of-Influence computation and estimation in problems with multiple properties, in *Proceedings of the Design, Automation and Test in Europe* (2013), pp. 803–806. https://doi.org/10.7873/DATE.2013.170

[LR12] X. Lin, J. Rajski, On utilizing test cube properties to reduce test data volume further, in *Proceedings of the IEEE Asian Test Symposium* (2012), pp. 83–88. https://doi.org/10.1109/ATS.2012.41

[Luo89] Z. Luo, ECC, an extended calculus of constructions, in *Proceedings of the International Symposium on Logic in Computer Science* (1989), pp. 386–395. https://doi.org/10.1109/LICS.1989.39193

[McM03] K.L. McMillan, Interpolation and SAT-based model checking, in *Proceedings of the International Conference on Computer-Aided Verification* (Springer, 2003), pp. 1–13. https://doi.org/10.1007/978-3-540-45069-6_1

[Mic03] A. Miczo, *Digital Logic Testing and Simulation*, Vol. 2 (Wiley, 2003)

[MK06] S. Mitra, K.S. Kim, XPAND: an efficient test stimulus compression technique. IEEE Trans. Comput. **55**(2), 163–173 (2006). https://doi.org/10.1109/TC.2006.31

[MM10] N. Miskov-Zivanov, D. Marculescu, Multiple transient faults in combinational and sequential circuits: A systematic approach. IEEE Trans. Comput. Aided Des. Integr. Circuits Syst. **29**(10), 1614–1627 (2010). https://doi.org/10.1109/TCAD.2010.261131

[Moh09] I. Mohor, *JTAG Test Access Port (TAP)*, 02/15/2020 (2009). http://opencores.org/projects/jtag

[Moo65] G.E. Moore, Cramming more components onto integrated circuits. Electronics **38**(8), 539–535 (1965)

[Mos+01] M.W. Moskewicz et al., Chaff: engineering an efficient SAT solver, in *Proceedings of the Design Automation Conference* (2001), pp. 530–535. https://doi.org/10.1145/378239.379017

[MR16] N. Mukherjee, J. Rajski, Digital testing of ICs for automotive applications, in *Proceedings of the International Conference on VLSI Design* (2016), pp. 14–16. https://doi.org/10.1109/VLSID.2016.134

[MS00] J. Marques-Silva, K. Sakallah, Invited tutorial: Boolean satisfiability algorithms and applications in electronic design automation, in *Proceedings of the International Conference on Computer-Aided Verification* (Springer, Berlin, Heidelberg, 2000), pp. 3–3. https://doi.org/10.1007/10722167_3

[MS99] J.P. Marques-Silva, K.A. Sakallah, GRASP: A search algorithm for propositional satisfiability. IEEE Trans. Comput. **48**(5), 506–521 (1999). https://doi.org/10.1109/12.769433

[Muj19] H. Mujtaba, *AMD 2nd Gen EPYC Rome Processors Feature A Gargantuan 39.54 Billion Transistors, IO Die Pictured in Detail*, 02/15/2020 (2019). https://wccftech.com/amd-2nd-gen-epyc-rome-iod-ccd-chipshots-39-billion-transistors/

[MV08] T.M. Mak, S. Venkataraman, Design for debug and diagnosis, in *System-on-Chip Test Architectures* (2008), pp. 463–504. https://doi.org/10.1016/B978-012373973-5.50015-2

[Nag14] P. Nagaraj, *Test Cost Challenges in LPCT (Low Pin Count Test) Designs*, 02/22/2020 (2014). https://www.edn.com/test-cost-challenges-in-lpct-low-pin-count-test-designs/

[NW99] D. Nayak, D.M.H. Walker, Simulation-based design error diagnosis and correction in combinational digital circuits, in *Proceedings of the VLSI Test Symposium* (1999), pp. 70–78. https://doi.org/10.1109/VTEST.1999.766649

[Raj+04] J. Rajski et al., Embedded deterministic test. IEEE Trans. VLSI Syst. **23**(5), 776–792 (2004). https://doi.org/10.1109/TCAD.2004.826558

[Rie+16] H. Riener et al., metaSMT: focus on your application and not on solver integration. Int. J. Softw. Tool Technol. Trans., 1–17 (2016)

[Rot66] J.P. Roth, Diagnosis of automata failures: A calculus and a method IBM J. Res. Dev. **10**(4), 278–291 (1966). https://doi.org/10.1147/rd.104.0278

[RR02] S.K. Roy, S. Ramesh, Functional verification of system on chips practices, issues and challenges, in *Proceedings of the ASP Design Automation Conference* (2002), pp. 11–13. https://doi.org/10.1109/ASPDAC.2002.994873

[RS95] K. Ravi, F. Somenzi, High-density reachability analysis, in *Proceedings of the International Conference on Computer-Aided Design* (1995), pp. 154–158. https://doi.org/10.1109/ICCAD.1995.480006

[SB89] C.E. Stroud, A.E. Barbour, Design for testability and test generation for static redundancy system level fault-tolerant circuits, in *Proceedings of the International Test Conference* (1989), pp. 812–818. https://doi.org/10.1109/TEST.1989.82370

[SBP16] M. Sauer, B. Becker, I. Polian, PHAETON: A SAT-based framework for timing-aware path sensitization. IEEE Trans. Comput. **65**(6), 1869–1881 (2016). https://doi.org/10.1109/TC.2015.2458869

[SC85] A.P. Sistla, E.M. Clarke, The complexity of propositional linear temporal logics. J. ACM **32**(3), 733–749 (1985). https://doi.org/10.1145/3828.3837

[Sch+99] C. Scholl et al., BDD minimization using symmetries. IEEE Trans. Comput. Aided Des. Integr. Circuits Syst. **18**(2), 81–100 (1999). https://doi.org/10.1109/43.743706

[Som16] F. Somenzi, *CUDD: CU Decision Diagram Package* (University of Colorado at Boulder, 2016). ftp://vlsi.colorado.edu/pub/. 2016-04-11

[SP93] J. Savir, S. Patil, Scan-based transition test. IEEE Trans. Comput. Aided Des. Integr. Circuits Syst. **12**(8), 1232–1241 (1993). https://doi.org/10.1109/43.238615

[SP94] J. Savir, S. Patil, Broad-side delay test. IEEE Trans. Comput. Aided Des. Integr. Circuits Syst. **13**(8), 1057–1064 (1994). https://doi.org/10.1109/43.298042

[SRM14] A. Sanchez-Macian, P. Reviriego, J.A. Maestro, Hamming SEC-DAED and extended hamming SEC-DED-TAED codes through selective shortening and bit placement. IEEE Trans. Device Mater. Reliab. **14**(1), 574–576 (2014). https://doi.org/10.1109/TDMR.2012.224753

[TD09] D. Tille, R. Drechsler, A fast untestability proof for SAT-based ATPG, in *Proceedings of the IEEE Symposium on Design and Diag. of Electronic Circuits and Systems* (2009), pp. 38–43. https://doi.org/10.1109/DDECS.2009.5012096

[TED10] D. Tille, S. Eggersgluss, R. Drechsler, Incremental solving techniques for SAT-based ATPG. IEEE Trans. Comput. Aided Des. Integr. Circuits Syst. **29**(7), 1125–1130 (2010). https://doi.org/10.1109/TCAD.2010.2044673

[Tse83] G. Tseitin, On the complexity of derivation in propositional calculus, in *Studies in Constructive Mathematics and Mathematical Logic, Part 2*, Vol. 8 (Springer, 1983), pp. 466–483. https://doi.org/10.1007/978-3-642-81955-1_28

[Vel04] M.N. Velev, Encoding global unobservability for efficient translation to SAT, in *Proceedings of the International Conference on Theory and Applications of Satisfiability Testing* (2004), pp. 197–204

[VG02] B. Vermeulen, S.K. Goel, Design for debug: catching design errors in digital chips. IEEE Des. Test Comput. **19**(3), 35–43 (2002). https://doi.org/10.1109/MDT.2002.103792

[VG14] B. Vermeulen, K. Goossens, The complexity of debugging system chips. *Debugging Systems-on-Chip: Embedded Systems* (Springer, 2014), pp. 139–155. https://doi.org/10.1007/978-3-319-06242-6_6

[Vic+05] D.W. Victor et al., Functional verification of the POWER5 microprocessor and POWER5 multiprocessor systems. IBM J. Res. Dev. **49**(4-5), 541–553 (2005). https://doi.org/10.1147/rd.494.0541

[WLR19] C. Wu, K. Lee, S.M. Reddy, An efficient diagnosis-aware ATPG procedure to enhance diagnosis resolution and test compaction. IEEE Trans. VLSI Syst. **27**(9), 2105–2118 (2019). https://doi.org/10.1109/TVLSI.2019.2919233

[WP02] F.G. Wolff, C. Papachristou, Multiscan-based test compression and hardware decompression using LZ77, in *Proceedings of the International Test Conference* (2002), pp. 331–339. https://doi.org/10.1109/TEST.2002.1041776

[WTH04] A. Wurtenberger, C.S. Tautermann, S. Hellebrand, Data compression for multiple scan chains using dictionaries with corrections, in *Proceedings of the International Test Conference* (2004), pp. 926–935. https://doi.org/10.1109/TEST.2004.1387357

[WW03] M. Weber, J. Weisbrod, Requirements engineering in automotive development-experiences and challenges. Trans. IEEE Softw. **20**(1), 16–24 (2003)

[WWW06] L.-T. Wang, C.-W. Wu, X. Wen, *VLSI Test Principles and Architectures: Design for Testability (Systems on Silicon)* (Morgan Kaufmann Publishers, San Francisco, CA, USA, 2006)

[ZL77] J. Ziv, A. Lempel, A universal algorithm for sequential data compression. IEEE Trans. Inf. Theory **23**(3), 337–343 (1977). https://doi.org/10.1109/TIT.1977.1055714

[ZS03] Y. Zorian, S. Shoukourian, Embedded-memory test and repair: infrastructure IP for SoC yield. IEEE Trans. Design Test Comput. **20**(3), 58–66 (2003). https://doi.org/10.1109/MDT.2003.1198687

<u>GPSR Compliance</u>

The European Union's (EU) General Product Safety Regulation (GPSR) is a set of rules that requires consumer products to be safe and our obligations to ensure this.

If you have any concerns about our products, you can contact us on ProductSafety@springernature.com

In case Publisher is established outside the EU, the EU authorized representative is:

Springer Nature Customer Service Center GmbH
Europaplatz 3
69115 Heidelberg, Germany

Batch number: 10703855

Printed by Printforce, the Netherlands